バイオのための微生物基礎知識

Fundamentals of Microbiology, for Bioscientist and Biotechnologist

ヒトをとりまくミクロ生命体

扇元敬司 [著]

講談社

序文

　本書はバイオサイエンスやバイオテクノロジーを学ぶ学生や市民のための教養教育科目「微生物学」の教科書または参考書である．コンセプトは，ヒトをとりまく微生物の基礎知識を簡明に記述することである．構成は各種の微生物について形態，生態，性状などの事項の記述に特化した．そのためほかの講義や教科書で学ぶ生化学や免疫学などの事項は大幅に割愛した．さらにまた中学や高校で「生物」を選択しなかった学生にも理解できるような表現を用い，自然科学が不得意な学生でも親しめる簡潔な記述をするように心がけた．

　2002年に講談社から刊行された前書「バイオのための基礎微生物学」は幸いにも好評で，すでに10刷を重ねてきた．しかし刊行後，約10年間が経過した現在では学生や市民の細菌やウイルスについての認識，たとえば社会的不安を煽っている感染症の多発や環境汚染などに関与する微生物機能に対する関心は大幅に変化している．

　このような現状を踏まえて個々の微生物種の特性や作用の記述を増やした本書「バイオのための微生物基礎知識　ヒトをとりまくミクロ生命体」を企画した．前書は微生物学の全体像を記述した「バイオのための微生物学総論」，そして本書は「バイオのための微生物学各論」と位置づけられる．したがって微生物の起源，研究史，微生物の構造，微生物の増殖様式，微生物の遺伝育種などについて，さらに詳細な内容を必要とする場合には「バイオのための基礎微生物学」を併用されたい．

　なお本書の微生物の和名や慣用語は原則として日本細菌学会用語委員会編「微生物学用語集　英和・和英」南山堂（2007）によった．また細菌，真菌の分類体系や菌種記載は，*Bergey's Manual of Systematic Bacteriology*, 2nd ed. Vol. 1〜5（2001〜刊行中），*Arsworth & Bsby'S Dictionary of the Fungi*, 9th ed.（2001）に準拠した．

　ご多忙のなかで微生物学に関する有益なご助言で執筆作業を支えていただいた幸田力博士（昭和大），有田安那修士（十文字女子大），東北大同門会有志，また本書の長期にわたる企画編集出版にご尽力いただいた小笠原弘高氏，奥薗淳子氏をはじめ講談社の関係各位に厚く御礼申し上げる．

2012年　早春
杉並西荻窪　寓居にて

扇元　敬司

Contents

目　　次

Contents 目　次 iv

CHAPTER 1　第1章　微生物の起源と研究の歴史 1

1.1　ミクロコスモスの探査 1
1.2　地球上の生命の起源は？ 1
　　Ⓐ　元素から化学進化に　2　　Ⓑ　原始地球上ではRNAワールドからDNAワールドへ　2
1.3　始原微生物の誕生 3
　　Ⓐ　最初の微生物は　3　　Ⓑ　地球環境の変遷　3
1.4　真核微生物へのみち 4
　　Ⓐ　細胞構造の変化　4　　Ⓑ　分子進化　4
1.5　人類と微生物の出会い 4
1.6　科学としての微生物学 5
　　Ⓐ　微生物の発見は　5　　Ⓑ　微生物は自然に発生するのか　5　　Ⓒ　三つの微生物研究法　6
1.7　病原菌発見．ワクチン開発 6
　　Ⓐ　病原菌の発見　6　　Ⓑ　ワクチンの開発　7
1.8　微生物機能の開発と微生物産業の発展 7
1.9　化学療法剤・抗生物質の開発 9
　　Ⓐ　化学療法剤の開発　9　　Ⓑ　抗生物質の発見　9
1.10　自然環境の微生物 9
　　Ⓐ　地球環境保全への参画　9　　Ⓑ　共生生命体の環境微生物　11
　　第1章　まとめ 12

CHAPTER 2　第2章　微生物の区分・構造・変異 13

2.1　微生物の区分 13
　　Ⓐ　微生物の種類　13　　Ⓑ　地球上の生物　13　　Ⓒ　生物の分類体系　14
　　Ⓓ　微生物分類の手続き　14　　Ⓔ　微生物の分類階級　14
2.2　微生物の大きさと菌数 15
　　Ⓐ　顕微鏡　15　　Ⓑ　大きさの単位（微生物の大きさ）　16　　Ⓒ　菌数の表記　17
　　Ⓓ　生菌数：CFU（生菌数の単位）　17
2.3　自然環境の微生物叢 18
2.4　微生物の構造 18
　　Ⓐ　真核微生物（真菌類・原虫・藻類）の構造　18　　Ⓑ　原核生物（細菌・古細菌）の構造　18

　　　　Ⓒ 細菌の菌形と配列　19
2.5　原核生物（細菌・古細菌）の微細構造　20
　　　　Ⓐ 表層構造による細菌の区分　20　　Ⓑ 細菌・古細菌の細胞壁　20
　　　　Ⓒ 莢膜（カプセル）　22　　Ⓓ 細胞質膜　22　　Ⓔ 細胞質内顆粒　22
　　　　Ⓕ 核様構造　23　　Ⓖ 芽胞　24　　Ⓗ 鞭毛　25　　Ⓘ 線毛　25　　Ⓙ 軸糸　26
2.6　微生物の変異 26
　　　　Ⓐ 生命の連続性　26　　Ⓑ 微生物の突然変異　26　　Ⓒ 突然変異の区分　27
2.7　変異菌株の取得 27
　　　　Ⓐ 変異菌株の取得　27　　Ⓑ 薬剤耐性菌の育種　29　　Ⓒ 栄養要求菌の育種　30
2.8　変異菌 DNA の性質 30
　　　　Ⓐ DNA 塩基の変化　30　　Ⓑ 突然変異のパターン　30　　Ⓒ DNA 損傷の修復　31
2.9　遺伝形質の伝達 32
　　　　Ⓐ プラスミド　32　　Ⓑ トランスポゾン　32　　Ⓒ 遺伝的組換え　33
　第 2 章　まとめ 33

CHAPTER 3　第 3 章　微生物の増殖・栄養・代謝　35

3.1　微生物の増殖様式 35
3.2　原核生物（細菌・古細菌）の増殖 35
3.3　真核微生物の増殖 36
　　　　Ⓐ 生活環の形成　36　　Ⓑ 真菌類の増殖　37　　Ⓒ 原虫類の増殖　37
3.4　微生物増殖の環境要因 37
　　　　Ⓐ 酸素　37　　Ⓑ 二酸化炭素　38　　Ⓒ 温度　38　　Ⓓ pH　39
　　　　Ⓔ 浸透圧と塩類　39　　Ⓕ 光線　40　　Ⓖ 他の生物との相互作用　40
3.5　菌体の成分 40
　　　　Ⓐ 菌体の化学組成　40　　Ⓑ 微量栄養素　41
3.6　微生物の栄養 41
　　　　Ⓐ 微生物の栄養タイプ　41　　Ⓑ 微生物の栄養素　42
3.7　微生物の培養と培地 43
　　　　Ⓐ 培地の種類　43　　Ⓑ 培地素材　43　　Ⓒ 培養方法　44　　Ⓓ 微生物定量法　44
3.8　微生物の代謝・調節 45
　　　　Ⓐ 代謝の基礎デザイン　45　　Ⓑ 菌体合成系　46　　Ⓒ 代謝調節　46
3.9　地球上の物質循環 47
3.10　微生物による汚水処理 47
　　　　Ⓐ 微生物による汚水処理　47　　Ⓑ 排水・汚水の汚濁指標　48
　第 3 章　まとめ 49

目次

CHAPTER 4　第4章　原核生物の性状と種類（1）
ヒトに関する細菌 50

- 4.1　原核生物の分類 50
  - Ⓐ　原核生物の記載数　50　　Ⓑ　便宜的な分類区分　50
- 4.2　ヒトに関する細菌 50
  - Ⓐ　グラム陽性球菌（体表常在性）　50　　Ⓑ　グラム陰性球菌・球桿菌（ヒト寄生性・日和見感染性）　55
  - Ⓒ　グラム陰性桿菌1（腸管内病原性）　57　　Ⓓ　グラム陰性桿菌2（腸管内・日和見感染）　62
  - Ⓔ　グラム陰性桿菌3（腸管内・水系親和性）　64　　Ⓕ　グラム陰性桿菌4（好気性・呼吸器日和見感染）　69
  - Ⓖ　グラム陰性桿菌5（好気性・ヒト動物の共通感染菌）　71　　Ⓗ　偏性嫌気性グラム陰性桿菌　73
  - Ⓘ　有芽胞グラム陽性桿菌　73　　Ⓙ　無芽胞性グラム陽性桿菌1　77
  - Ⓚ　無芽胞性グラム陽性桿菌2（抗酸菌）　78　　Ⓛ　らせん菌・スピロヘータ群　79
  - Ⓜ　放線菌（*Actinomycetes*）　81　　Ⓝ　偏性細胞内寄生菌群　82
  - Ⓞ　マイコプラズマ（*Mycoplasma*）　85
- 第4章　まとめ 85

CHAPTER 5　第5章　原核生物の性状と種類（2）
環境に関する細菌・古細菌 87

- 5.1　細　菌（BACTERIA） 87
  - Ⓐ　深根性菌群　88　　Ⓑ　酸素非発生型光合成菌群　88　　Ⓒ　酸素発生型光合成菌群　90
  - Ⓓ　化学合成独立栄養菌群　91　　Ⓔ　環境浄化菌群　92　　Ⓕ　窒素固定菌群　94
  - Ⓖ　植物共生性菌群　95
- 5.2　古細菌（ARCHAEA） 96
  - Ⓐ　古細菌の分類　96　　Ⓑ　古細菌の主な種類　96
- 第5章　まとめ 99

CHAPTER 6　第6章　ウイルスの性状と種類 100

- 6.1　ウイルスの特徴 100
  - Ⓐ　ウイルスの発見　100　　Ⓑ　ウイルスとは　100　　Ⓒ　ウイルスの分類　101
  - Ⓓ　ウイルスの命名　101
- 6.2　ウイルスのかたちと構造 101
  - Ⓐ　ウイルスのかたち　101　　Ⓑ　ウイルスの構造　105
- 6.3　ウイルスの増殖 105
  - Ⓐ　ウイルスの増殖過程　105　　Ⓑ　ウイルス感染症のパターン　107
  - Ⓒ　ウイルスの干渉　108
- 6.4　抗ウイルス薬剤 108
- 6.5　ウイルスの分類と種類 109
  - Ⓐ　DNA型ウイルス　109　　Ⓑ　RNA型ウイルス　113　　Ⓒ　ウイロイドとプリオン　129
  - Ⓓ　バクテリオファージの性状と種類　131

第 6 章　まとめ 133

CHAPTER 7　第 7 章　真核微生物（真菌類・原虫・藻類） 134

7.1　真核微生物の構造 134
7.2　真菌類のかたちと種類 134
Ⓐ　真菌類の特徴　134　　Ⓑ　真菌類の分類　135
7.3　糸状菌のかたちと種類 137
Ⓐ　糸状菌のかたち　137　　Ⓑ　糸状菌の主な種類　138
7.4　酵　母 143
Ⓐ　酵母のかたち　143　　Ⓑ　酵母の細胞構造　143　　Ⓒ　酵母の分類　144
Ⓓ　酵母の主な種類　144
7.5　二形性真菌類 146
7.6　病原性の真菌類 147
Ⓐ　深在性真菌症（全身性真菌症）　148　　Ⓑ　深部皮膚真菌症　152　　Ⓒ　皮膚糸状菌症　153
Ⓓ　マイコトキシン症（カビ毒）　153
7.7　原　虫（原生動物） 155
Ⓐ　原虫のあらまし　155　　Ⓑ　ヒトに関連のある原虫類　156
7.8　藻　類 158
Ⓐ　藻類の形態と構造　159　　Ⓑ　藻類の増殖　159　　Ⓒ　藻類の生態　159
Ⓓ　藻類の利用　159
7.9　地　衣　類 160
Ⓐ　地衣類の種類　160　　Ⓑ　地衣類の構造　160　　Ⓒ　地衣類の増殖　160
Ⓓ　地衣類の共生と利用　160

第 7 章　まとめ 161

CHAPTER 8　第 8 章　滅菌と消毒・微生物の制御 162

8.1　消毒・滅菌 162
Ⓐ　用語　162　　Ⓑ　微生物の死滅　163　　Ⓒ　微生物の制御法　163
Ⓓ　加熱滅菌の方法　163　　Ⓔ　加熱滅菌の効果表示　164　　Ⓕ　濾過滅菌法　165
Ⓖ　照射滅菌法　165　　Ⓗ　化学滅菌法　166
8.2　消毒剤 166
Ⓐ　消毒剤の種類　166　　Ⓑ　消毒剤の効果・使用区分・効力検定法　169
8.3　化学療法剤 170
Ⓐ　化学療法と化学療法剤　170　　Ⓑ　選択毒性　170　　Ⓒ　化学療法指数　170
Ⓓ　主な化学療法剤　171
8.4　抗生物質 171
Ⓐ　抗生物質とは　171　　Ⓑ　抗生物質の検索法　172
8.5　薬剤感受性と薬剤耐性 172
Ⓐ　薬剤感受性　172　　Ⓑ　薬剤耐性　173

目次

8.6 食物の腐敗・変質 173
  Ⓐ 腐敗と変質 173　　Ⓑ 食物の保存法 175
8.7 バイオセーフティ 176
  Ⓐ バイオハザードとバイオセーフティ 176　　Ⓑ バイオセーフティレベル（BSL） 177
第8章 まとめ 178

CHAPTER 9　第9章　ヒトと微生物 179

9.1 ヒトと微生物の出会い 179
9.2 微生物叢の成立 179
9.3 ヒトの常在微生物叢 179
  Ⓐ 皮膚の微生物叢 180　　Ⓑ 上気道・口腔微生物叢 180　　Ⓒ 膣内微生物叢 181
  Ⓓ 腸管微生物叢 182　　Ⓔ 健康と常在微生物叢 183
9.4 ヒトと微生物のバランス 184
  Ⓐ 宿主と寄生体の関係 184　　Ⓑ 微生物の感染と発症 185
  Ⓒ 微生物の感染様式 186　　Ⓓ わが国の感染症法（感染症の法律） 187
  Ⓔ 動物とヒトの共通感染症 191
9.5 微生物の侵入と病原因子 193
  Ⓐ 微生物の侵入門戸 193　　Ⓑ 菌体のヒトへの付着 193
  Ⓒ 生体への侵入：菌体の増殖 193　　Ⓓ 病原性と感染性日和見 196
  Ⓔ 細菌の毒素産生 196
9.6 ヒト生体による感染防御 197
  Ⓐ 生体防御の基本型 197　　Ⓑ 生体の異物（病原体）認識 198
  Ⓒ 傷害からの自己保全 198　　Ⓓ ヒトの免疫システム 198
第9章 まとめ 200

Self Check　セルフチェック演習問題 201

References　参考文献 216

Index　索　引 217

CHAPTER 1
微生物の起源と研究の歴史

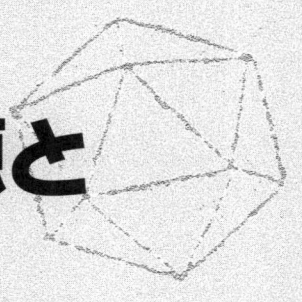

1.1 ミクロコスモスの探査

　秩序と調和のある体系を保有している宇宙のことをコスモスというが，われわれの目に見えない地球上の生き物の世界のことを「ミクロコスモス」と呼ぶことがある．微生物学は，このミクロコスモスの出来事を探査するための学問である．

　あの宇宙小惑星探査衛星「はやぶさ」のように，君も，ミクロコスモスの探査をしてみないか？　宇宙における小惑星のような無数ともいえる未知の微小な生き物「**微生物**」が，ミクロコスモスの世界には存在しているのだ．

　さて，その微生物は，どこから来たのであろうか？　そして人類と出会ったのはいつのころであったのであろうか，そして，その運命は？

　さあ，無限の広大な未知の微小宇宙：ミクロコスモス世界の探査に出かけよう!!

1.2 地球上の生命の起源は？

　多種多様な地球上の生物には代謝様式や遺伝情報などに多くの仕組みが見られる．しかし，すべての生物には，共通の遺伝様式や代謝様式が存在している．このようなことから現在の地球上に存在している生物は，おそらく共通の祖先，それも微生物から進化してきたであろうと考えられている．

米国の著名な女性科学者リン・マーグリスは，「われわれの祖先，その起源はバクテリア（細菌）なのだ．では，初めてのバクテリアはどこから来たのであろうか？」と疑問を投げかけている〔拙著，「バイオのための基礎微生物学」（2002）講談社参照〕．

A 元素から化学進化に

ビッグバン（宇宙創成）によって宇宙空間では水素やヘリウムなどが生起し，恒星内部では元素進化を繰り返しているという．これらの進化した元素は分子から化学物質へと化学進化していったことが想像されている．

B 原始地球上ではRNAワールドからDNAワールドへ

約46億年前に誕生した原始地球は次第に冷却して，大気中の雨などの成分を蓄積して，**原始スープ**と呼ばれる原始の海が形成された．二酸化炭素なども海水に溶けこみ炭酸塩となって原始の海に沈殿した．そこには強い紫外線が太陽から降り注ぎ，激しい雷雲の自然放電や活発な火山活動が絶え間なく起こっていた．溶解しているシアン化水素，ホルムアルデヒド，それらの塩基からアミノ酸や糖など単純な有機物，さらにタンパク質や核酸などが，複雑な重合体を形成して，始原生命が構成される化学進化の過程が推し進められた．約10億年かけた原始地球上の化学進化から始原生命体が誕生したのは**約36億年前**といわれている．

原始の海のなかで，原始RNAを無生物的に合成し，RNAだけで複製と進化という生命の基本的活動が可能なRNA型生命体が誕生し，**RNAワールド**が成立する．その後，RNAゲノムをDNAに転写してDNAで支配される現存の生命体が誕生した．情報伝達の複製や蓄積がおもにDNAによって担われるようになった時代を**DNAワールド**と呼ぶ（**図1.1**）．

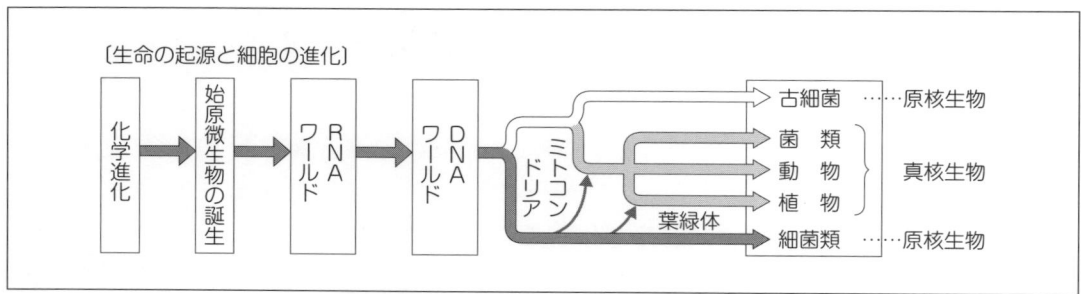

図1.1 化学進化から　微生物誕生へ

1.3 始原微生物の誕生

A 最初の微生物は

　アミノ酸や糖など豊富な有機物が充満した原始のスープの海では，DNAワールドを構築した始原DNA型生命体は，その後も，たゆみなく増殖と進化を続ける．しかし，地球の冷却化とともに原始スープ中の有機物生産はしだいに減少してきた．始原生命体は旺盛な嫌気的増殖を持続し，地球上に出現してから約5億年後には増殖基質の有機物材料を使い果たしてしまった．その頃には，原始大気組成の二酸化炭素は急激に増加していた．このような地球環境の変動によって，出現したのは硫化水素などを水素源として太陽からの光エネルギーによって二酸化炭素を固定して有機物をつくる独立栄養生命体．そして，さらに無機物の代わりに水を水素源として光合成を行い，酸素を放出する**酸素発生型光合成菌群**であるシアノバクテリアのような微生物が生まれた．

B 地球環境の変遷

　シアノバクテリアの光合成によって放出された酸素は，初期の頃は原始海中の鉄を酸化して酸化鉄となった．この酸化鉄は二酸化ケイ素と交互に堆積し縞状鉄鉱石を形成した．水中の鉄が酸素により消費されると酸素はやがて原始大気に放出された．大気にはこれまで存在しなかった酸素が増加し，約6億年前には現在の酸素量の約1%が存在していたが，酸素の増加はきわめて速く，約50年間で現存の地球環境の大気酸素量を生産した．
　原始地球上の水と原始大気に充満した二酸化炭素，そして無限ともいえる太陽からの光エネルギーを利用したシアノバクテリアは，爆発的に増殖した．地球環境の酸素は急激に増加して上空でオゾン層が形成され成層圏ができた．これまでの強力で生物には有害な紫外線が遮られ，生物は陸上へ進出し，陸上植物の繁茂は，酸素増加と二酸化炭素固定をさらに促進した．微生物の出現は地球環境を変え，環境の変動は，また新しい種類の微生物，さらにはより高度な様々な生物をも生み出してきたのである．

1.4　真核微生物へのみち

A　細胞構造の変化

　原始大気組成の水素や二酸化炭素などからアミノ酸や糖などの簡単な有機物に進化した．原始タンパク質や原始核酸などの重合体は，やがて自己維持と自己再生産が可能な生命体へと進化した．この生命体の長い代謝様式の進化と共に細胞構造もまた変化した．化学進化を続けた始原生命体は原核生物に，そして原核生物の細胞構造が進化した結果，約15億年前に真核生物が誕生し真核生物の多細胞体制化が推し進められ，約10億年前に多細胞生物が出現した．

B　分子進化

　生物進化が集団全体で起きた変化とすると，生物の突然変異は個々の個体で起こるDNA上の変化である．このようなDNAの進化，すなわち分子進化の仕組みの多くはDNA複製と関係しており，塩基置換や重複，欠失などによる突然変異が生起するとされている．

1.5　人類と微生物の出会い

　私たち人間は，他の生物と多くの関わりあいをもち，日々の営みをしているが，なかでも，微生物とはいろいろな関係にある．酒やチーズまたナットウなどの「発酵食品」，また，ごみの腐敗分解や水処理などの「環境浄化」や耕地の「肥沃化」などは，いずれも微生物の働きによるものである．このような微生物の働きは光の部分として，私たちの生活に豊かな恵みを与えている．しかし，一方では食品の**腐敗**や**感染症**（伝染病）の病原体など私たちの生命をおびやかすものも多い．中世ヨーロッパのペスト流行，コレラの大流行，21世紀になっても新型インフルエンザ，口蹄疫などの伝染病の原因微生物の働きは，暗い影の部分として甚大な被害を与えている．

1.6 科学としての微生物学

A 微生物の発見は

　発酵食品や感染症でその働きを体験していた微生物の正体を，人類が初めて知ったのは17世紀後半である．それはオランダのレーウェンフックによる，**顕微鏡**を用いた微生物の発見である．当時の科学者たちは，レーウェンフックの微生物発見をきっかけに，微生物がどのような発生をするのか，またどのような活動をするのかについて興味を持つようになった．

B 微生物は自然に発生するのか

a）自然発生説の否定

　17世紀の多くの人びとは，「微生物は自然に発生する」という自然発生説を信じており，激しい論争が繰り広げられていた．しかし，この論争はフランスの化学者パストゥールの実験によって終止符が打たれた．彼はパストゥールフラスコと呼ばれるフラスコに煮沸スープを入れて放置し「無菌状態が維持される」ことを示し，スープには微生物が自然に発生しないことを確証したのである（**図 1.2**）．

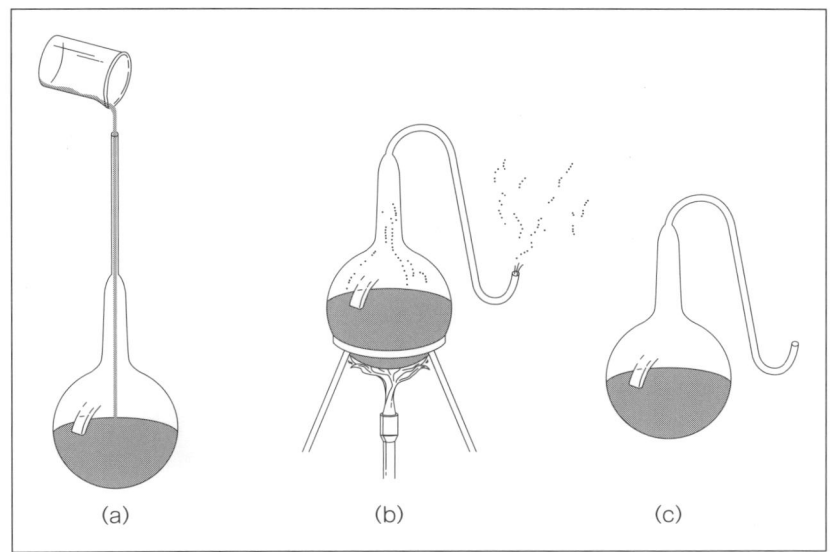

図 1.2　パストゥールフラスコの実験（生命自然発生説の否定）
1861年パストゥールは，パストゥールフラスコにブイヨン（肉のスープ）を入れ（a），フラスコの首を火でとかしてS形に曲げて，これを数分間煮沸した（b）．その後，冷えたスープには長期にわたり微生物が増殖せず，透明な状態が維持された（c）．

b）滅菌法の確立

パストゥールが実験した，微生物を殺したり減少させたりする方法は，**滅菌法**と呼ばれる微生物操作の基本的な方法である．彼は，またブドウ酒の風味をそこなわない滅菌方法として，ブドウ酒を60℃前後で数分間加熱する**低温殺菌法**を開発した．これは現在も牛乳などの滅菌に用いられパストゥーリゼーション（pasteurization）とも呼ばれている．

c）純粋培養法の確立

微生物を純粋に分離して培養することを開発したのは，ドイツの臨床医のコッホである．コッホは，微生物が水滴のようなコロニー（集落）を形成することを見出し，これを取り出して培養すると同じ種類だけが多数できる「純粋培養法」を開発した．この純粋培養法は微生物を知る重要な操作法として微生物学の発展に大きく影響を与えた．

C 三つの微生物研究法

科学の研究は，新しい方法や技術の開発と利用が可能となって，初めて大きく飛躍できる．地球上の多種多様の微生物を探査する微生物学が科学として完成するためには，レーウェンフック，パストゥール，コッホなどをはじめとする先駆的な人びとによって開発された三つの研究方法の開発が必要であった．すなわち，目では見えない生物を取り扱う「顕微鏡の開発」，特定の微生物を殺滅する「滅菌法」，そして特定の微生物だけを分離して増殖させる「純粋培養法」の三つであった．

1.7 病原菌発見，ワクチン開発

A 病原菌の発見

微生物学の研究法の確立によって，19世紀中頃から末まで約20年間にわたって，コッホをはじめとする人びとは多くの病原菌を発見した．炭疽菌の培養（コッホ，1876），コレラ菌の培養（コッホ，1881），結核菌の分離（コッホ，1882），チフス菌の分離（ガフキー，1884），などである．日本人による業績も多く，破傷風菌の培養（北里柴三郎，1889），ペスト菌の発見（北里・エルザン，1894），赤痢菌の発見（志賀潔，1898），梅毒トレポネーマの発見（野口英世，1913）などが有名である．

B ワクチンの開発

イギリスのジェンナーは 1796 年にウシ天然痘の膿をヒトに接種すると，ヒトは天然痘に感染しなくなることを報告した．その後パストゥールは，生体の「免疫記憶」を利用したワクチンによる予防法を開発した．多くの研究が積み重ねられ，やがて狂犬病のワクチン（1882 年），炭疽病ワクチン（1881 年）などが実用化された．

1.8 微生物機能の開発と微生物産業の発展

ヒトや動物の病気と微生物の関係が研究され，その関係を示す生体の免疫応答が人類の前に少しずつ姿をあらわした頃，微生物を利用した醸造産業や発酵産業も黎明期を迎えていた．

a）ビール酵母の純粋培養

17 世紀後半，すでに産業として確立していた発酵食品を製造する「醸造業」は，デンマークのハンゼンによるビール酵母の純粋培養（1878 年）に成功した．

b）自然発酵から純粋発酵へ

このようなビール酵母の研究に続き，ブドウ酒，パン，日本酒，しょうゆ，みそ，などからの酵母の分離研究，食酢，ヨーグルト，ザワークラウトなどからの乳酸菌や酢酸菌の培養や作用が研究された．すなわち，これまで人類が経験的に修得していた自然発酵による微生物の利用から，科学的に人為的なコントロール可能な純粋発酵の時代へと移行した．

c）有機酸発酵の生産物

微生物による発酵生産物である乳酸，クエン酸，グルコン酸などの有機酸の工業生産が進行した．発酵工業のあるものは，のちに石油化学や有機合成工業などの進出によって衰退したものもあるが，微生物代謝産物の発酵生産は重要な生物産業である．また，視点を変えた有用微生物の探索が活発に続けられている．とくにわが国の研究者によって開発された**アミノ酸発酵**や，呈味性ヌクレオチドなどの**核酸関連物質**の発酵生産は，その後の微生物工業の展開に影響を与えている．

d）微生物のいない発酵

パストゥールは，微生物は生きているときにだけ，さまざまな生命現象を引き起こしており，発酵は微生物の生命力そのものであると信じていた．彼が没してから5年後の1897年に，ドイツのブフナーは酵母をすりつぶして濾過した液が糖を発酵させることを発見し，発酵作用をもっている酵素をチマーゼと名づけた．この発見は，生きた細胞がなくても酵素によって発酵が行われることを示したものである．

e）酵素剤の生産

酵素の産業的な利用も盛んに行われるようになったが，微生物からの酵素製剤の製造が**高峰譲吉**によって行われた．彼は1894年に黄麹カビからタカジアスターゼを発見したが，これを世界で初めて微生物からの酵素製品として工業化し消化剤として販売した．高峰が用いた同じ黄麹カビからは，またタンパク質を分解するプロテアーゼが酵素製品として利用されている．微生物の酵素は，微生物から菌体外に分泌されたり，菌体内で他の物質と結合していたり，単独で菌体内に存在したりする．これらの酵素は，微生物の菌体を破砕し溶液に溶解できるように可溶化してから利用している．

f）酵素袋の微生物

やがて酵母のアルコール発酵，細菌の乳酸発酵は，動物筋肉の解糖系と基本的に同じであることや，微生物増殖の栄養因子が動物栄養のビタミン類と同一であることなどが明らかにされた．このように微生物の生命現象は，動物や植物などの生き物と原則的に同じ仕組みによることが示されたが，その反動として微生物を「酵素の袋」として化学成分のかたまりのように取り扱い，生物であることを忘れてしまう研究者もあった．

g）菌体の利用

微生物の菌体を直接，食品や動物飼料に利用することも行われている．ビール酵母の菌体，乳酸菌体や酪酸菌体の粉末や錠剤などは，整腸剤として，また藻類の一種スピルナ，クロレラは**健康食品**として市販され利用されている．さらに未利用資源である木材廃液や亜硫酸パルプ廃液などを培地原料として大量の酵母菌体を製造し，これを食品に利用したり動物の飼料酵母として使用している．このような菌体利用は主に菌体中のタンパク質利用が行われていることから，これらの微生物菌体をSCP（単細胞タンパク）と呼んでいる．

h) 少量発酵生産

　発酵食品の製造を行う醸造業は，やがて微生物の代謝産物を製造する発酵産業となり，現在では微生物工業となった．大量の微生物生産物の製造から，次第に，微量でも希少価値のある物質の探索が行われるようになった．イネの馬鹿苗病菌からの植物ホルモンのジベレリン，綿果病原菌からのビタミン B_2 の生産，またソルボース発酵を利用したビタミン C など，微生物工業は食品のみならず医薬品産業として大きく発展するようになった．

1.9　化学療法剤・抗生物質の開発

A 化学療法剤の開発

　化学薬剤をヒトに投与して疾病を治療する方法を化学療法，そして，この薬剤を化学療法剤という．そのなかで微生物が産生した薬剤は抗生物質である．19 世紀初頭，エーリヒと志賀潔は，化学物質が薬剤として有効であることを見出し，その後，梅毒の治療薬に化学合成剤サルバルサンを秦左八郎とともに発見し，化学療法による感染症の治療が実用化された．

B 抗生物質の発見

　ペニシリンの発見をはじめとする抗生物質の発見と実用化は応用微生物学を大きく発展させた．1929 年イギリスのフレミングが発見した青糸状菌からのペニシリンは，第 2 次世界大戦中にアメリカとイギリスの共同研究が行われ 1943 年に大量培養された．さらに 1945 年にアメリカのワックスマンらによって放線菌から**ストレプトマイシン**が発見された．この代表的な 2 種の抗生物質の発見は，スルホンアミド剤などの化学療法剤などに加えて臨床医学の治療法を一変させた．

1.10　自然環境の微生物

A 地球環境保全への参画

　新たな微生物の応用分野として注目を集めているひとつに地球環境問題への参画がある．元来，微生物は地球上の物質循環のなかで高分子物質を

分解して他種生物への利用や元素への還元に重要な役割を果たしてきている．この微生物の生態学的な役割に沿って活性汚泥法やメタン発酵法が**汚水処理**に用いられており，また戦争，災害，タンカー事故などでの重油流出の処理には**微生物浄化**が試みられている．さらにまた鉱工業分野には微生物を利用して鉱物の精錬処理を行う**バクテリアリーチング**と呼ばれる技術が実用化されている．

a) 環境微生物の探索

1670年代にレーウェンフックの観察した微生物は，雨水，ほこり，湖沼の汚水，歯垢など自然界に由来した材料であった．また1880年代に炭疽菌の研究をしたコッホは，この炭疽菌が土壌に由来するヒトと動物に共通の病原菌であることから，ドイツ各地の土壌中の細菌を計数して培養した．そして土壌中には多種多様の微生物が存在していることを明らかにした．

この頃，オランダのベイエリングは農業生産の基礎となる土壌肥沃度に貢献している土壌微生物の研究を集積培養法によって発展させた．またドイツのシュレージングらは汚水浄化の過程で細菌が硝酸を生成することを1877年に明らかにした．さらに1879年にフランスのミケルは，塵芥や堆肥中には高温の発酵熱に耐えている好熱性菌が生息していることを認めているが，これは現在の**極限環境微生物**と呼ばれる微生物のことである．このように土壌や湖沼など自然環境における微生物の正体は19世紀後半には次第に明らかにされてきた．

b) 硝化菌群の発見

1862年にパストゥールは，土壌の物質変動の多くが細菌などの微生物の作用によって生起し，とくに当時の火薬原料であった硝酸塩は，土壌中の微生物によって化成されて堆積するのであろうと推論した．この論に刺激された多くの研究者は，競ってアンモニアから硝酸生成を行う硝酸化成菌の検索を行った．そのなかで1892年にロシアのヴィノグラドスキーは土壌から硝化菌の分離に成功した．この硝酸化成菌（硝化菌ともいう）の研究は，自然生態系における窒素循環のなかで微生物の役割を明らかにした先駆的研究である．そのため彼はオランダのベイエリングとともに「環境微生物学」の開祖ともされている．

この頃には英国の都市水処理機構の開発がさかんに行われるようになり，1893年に「**散水濾床法**」が完成し1914年には「**活性汚泥法**」がアーデンらにより開発された．

c）窒素固定菌の分離

ヴィノグラドスキーは，また根粒細菌や窒素固定性クロストリジウム菌など窒素固定菌の発見と分離，さらに脱窒作用菌の検索のなかで好気土壌からセルロース分解性菌サイトファガの発見と分離（1929）をした．その後，多くの好気性セルロース分解菌が腐植土壌や腐朽木材などから見出され生態的役割が明らかにされた．

d）嫌気性セルロース分解菌

一方，嫌気性セルロース分解菌の培養は困難で好気性微生物とは異なる新技術の開発が必要であり，多くの研究者たちが開発に取り組んだ．1946年に嫌気環境にあるルーメン（反芻胃）内からの嫌気性セルロース分解菌の純粋培養に成功したのはカリフォルニア大のハンゲートであった．ハンゲートは予備還元をした培地を試験管内壁に付着させて培養する**ロールチューブ**を開発した．この研究技術はセルロース分解菌検索のみならず，その後のヒトや動物体内や極限環境などの微生物の検索に大きく貢献した．

B 共生生命体の環境微生物

培養技術の進歩によって，生物が生存不可能とされていた偏性嫌気や超高熱などの極限環境にも多種多様な微生物が活動していることが次第に明らかになってきた．このような極限環境の微生物の分離とともに，その活動様相の一端を明らかにしたのはイリノイ大のブライアントらであった．

1967年，彼らは研究室に永年保存されていたメタン菌株をロールチューブ法で培養したところ，二つの菌種が相互に依存して**栄養共生**（syntrophism）を営んでいることを明らかにした．そこでは有機物からの水素生成菌と水素からのメタン生成菌が共存共生（symbiotic association）して有機物からメタンを生成していたのである．このようなメタン菌共生系からうかがえるように，環境微生物の多くは他種の生物との「共生生命体」として生存して地球上で活動していると考えられている．これらの微生物は地球環境問題の解決の担い手として期待されている．地球環境の汚染の浄化に微生物利用の研究が期待され，新たな環境微生物研究法，共生生命体としての微生物群の新機能の解明の手立てが求められている．

第1章 微生物の起源と研究の歴史 | 第5章 | 第6章 | 第7章 | 第8章 | 第9章 ヒトと微生物

第1章 まとめ

❶微生物の光（ひかり）と影（かげ）

1. 微生物のブリリアント・イメージ

    発酵食品→ワイン，ヨーグルト，チーズ，醤油，味噌，納豆など

    環境浄化→汚水処理，生ゴミ処理，糞尿処理，生態系維持

    土壌肥沃化→森林，水田，畑などの耕地造営

2. 微生物のダーク・イメージ

    感染症→ペスト，コレラ，赤痢，結核，エイズ，インフルエンザなど

❷微生物学の歴史（まとめ）

1. 17世紀後半～18世紀：三つの微生物研究法の開発

    顕微鏡操作法（レーウェンフック），滅菌法（パストゥール），純粋培養法（コッホ）

2. 18世紀後半～19世紀：微生物の発見

    病原菌（コッホ，志賀潔ら），ビール酵母（ハンゼン）

3. 19世紀後半～20世紀：発酵工業の発達

    酵素（ブフナー），抗生物質（フレミング，ワックスマン）

4. 20世紀後半～21世紀：微生物産業と環境保全

    微生物工業，汚水処理など

CHAPTER 2

微生物の区分・構造・変異

2.1 微生物の区分

A 微生物の種類

微生物は,「肉眼で見ることができない微小な生物」を指す便宜的な俗称である.ふつうは直径1 mm以下の単細胞生物や形態的,機能的分化のほとんどない多細胞生物をいう.

この微生物は,おもに細胞構造によって**原核生物**と**真核生物**および**ウイルス**に分けられている.原核生物は細菌(bacteria)と古細菌(archaea),真核生物は真菌類(fungus)の糸状菌(カビ:mold),酵母(yeast)および原虫(原生動物:protozoa),藻類(真核微細藻類:alege)である.またウイルス(virus)はDNA型ウイルスとRNA型ウイルスに分けられている.なお感染性タンパク質のプリオン(purion)やウイロイドも,便宜上,ここに含まれる.

B 地球上の生物

この地球上には,われわれ人類を含めて少なくとも300万種類以上の生物が現存しており,その約10%は微生物と呼ばれる生物である.

C 生物の分類体系

a) 分類階級

生物学では，地球上に存在するいろいろな生物について，近縁関係にある種（シュ：species）を属（ゾク：genus）にまとめ，属を科（カ：family）へ，科から目（モク：order）へ，目から綱（コウ：class）へ，綱から門（モン）へ，そして界（カイ：kingdom）にまとめている．このような生物の体系の各段階を分類階級（階層：taxonomic rank）といい，この体系はスウェーデンのリンネによって提唱されて以来，およそ1世紀かかって確立されたものである．

b) 二名法

リンネはまた，あらゆる生物はラテン語によって二つの部分から構成される学名で表すという二名法を提唱した．この命名法では，学名のはじめの部分は，同じ属にすべて共通で，次の部分は種に固有の名前となる．

D 微生物分類の手続き

微生物の分類の手続きは，次のようなプロセスで行われる．
1) 記　載：ある微生物について，その表現形質や遺伝形質を記述する
2) 同　定：微生物の形質を既知の微生物のそれらと対比させる
3) 分　類：微生物相互の類縁関係を定めて位置づけをする
4) 命　名：その微生物の学名を決める

E 微生物の分類階級

a) 微生物の分類階級

微生物の分類体系は上述した生物一般の分類に準じる．**表2.1**に大腸菌を例にした階層体系を示した．

表2.1　微生物の分類階級

分類階級	学　名（例）	和　名（例）
ドメイン（domain）	Bacteria	バクテリア（細菌）
門（phylum）	Proteobacteria	プロトバクテリア
綱（class）	Alphaproteobacteria	アルファプロトバクテリア
目（order）	Enterobacteriales	腸内細菌目
科（family）	Enterobacteriaceae	腸内細菌科
属（genus）	Escherichia	エシュエリヒア
種（species）	coli	大腸菌

表 2.2　微生物の分類亜種

亜　種	性　状
生物型（biovar, biotype）	生理学的性状，生化学的性状
血清型（serovar, serotype）	抗原性状，液性免疫性状
病原型（pathovar, pathotype）	宿主病原性
ファージ型（phagotype, phagetype）	ファージ溶原性状
形態型（morphovar, morphotype）	特異的形態性状

なお動物学や植物学では門（動物学では phylum，植物学では division）の上位に界の階級があるが，*Bergey's Manual* 第 2 版では微生物には「界」は消滅しており「ドメイン」を最上位としている．

b）微生物の分類亜種

各階級のほかに必要な場合には，各階級の下に中間の階級をおくが，この場合には亜（ア：sub）をつけ，**亜種**，**亜目**などとする．さらに亜種より下位の階層には**生物型**（biovar）や**血清型**（serovar）などの菌種内分類群を示す（**表 2.2**）．

2.2　微生物の大きさと菌数

A　顕微鏡

微生物は，その存在を顕微鏡によって確認する．微生物学の研究では，顕微鏡は重要なアイテムとなる．眼鏡をかけないヒトの目は直径 0.1 mm 以下の物体は見えない．顕微鏡には光学顕微鏡と電子顕微鏡がある．

a）光学顕微鏡

0.3 μm までの物体は光学顕微鏡で観察できる．光学顕微鏡は，接眼レンズ，対物レンズ，コンデンサー（集光器）から構成されている．微生物の観察は，10 倍か 15 倍の接眼レンズを使用し，真菌類や原虫の観察は 20 倍か 40 倍の対物レンズ，細菌の観察は 1,000 倍の対物レンズで油浸法を用いることが多い（**図 2.1**）．光学顕微鏡観察は以下の方法がある．

1) **明視野法**：通常の微生物標本に用いる．光線が試料平面に焦点を結び透過光が対物レンズを正しく照射する．
2) **暗視野法**：スピロヘータなど試料が小さく，他の方法で充分なコントラストが得られない標本に用いる．
3) **位相差法**：生きた微生物を観察する際に用いる．

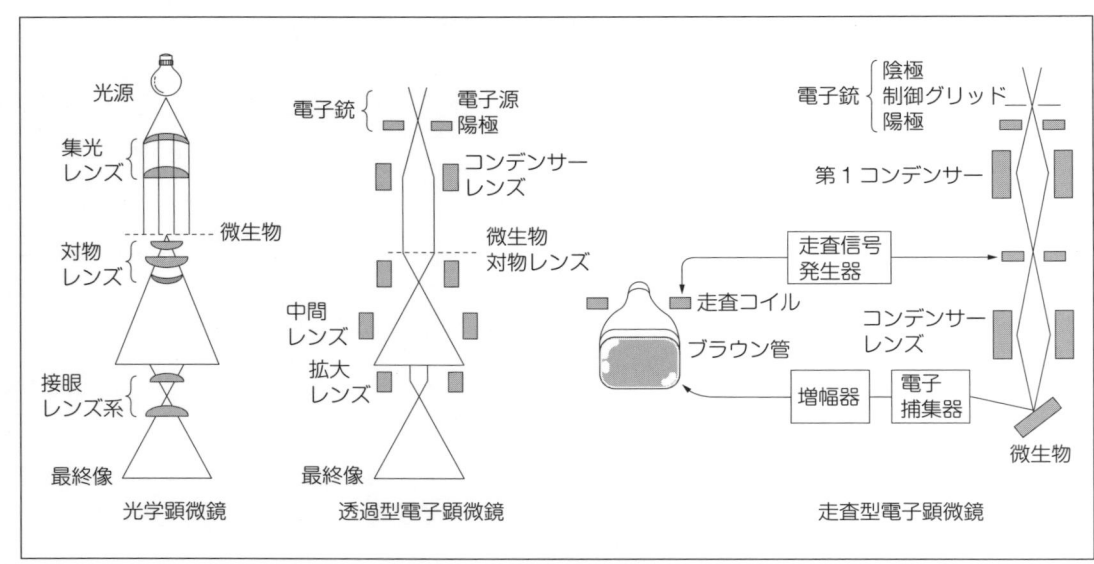

図 2.1　顕微鏡の基本的な構造図

4) **実体顕微鏡法**：数倍から数十倍の低倍率で作動距離が大きく焦点深度が深いので立体的に観察できる．

b）電子顕微鏡

2.5 nm までの物体は電子顕微鏡で観察する．光学顕微鏡と同様な2次元的像が観察できる**透過型電子顕微鏡**（TEM）と3次元的像が得られる**走査型電子顕微鏡**（SEM）がある．いずれも解像力は光学顕微鏡より，はるかに高い．（**図 2.1**）

B　大きさの単位（微生物の大きさ）

微生物学で使用する単位は**表 2.3** に示した．なお微生物学でとり扱う長さの単位は，おおむね，ミクロメーター（μm，1 μm = 1/1,000 mm = 10^{-6} m）以下のことが多い．また微生物の大きさについては，植物細胞や動物細胞との比較を**図 2.2** に掲げた．

表 2.3　微生物学で使用する単位

メーター	(m)	1 m	
センチメーター	(cm)	1/100 m	10^{-2} m
ミリメーター	(mm)	1/10 cm	10^{-3} m
ミクロメーター	(μm)	1/1,000 mm	10^{-6} m
ナノメーター	(nm)	1/1,000 μm	10^{-9} m
オングストローム	(Å)	1/10 nm	10^{-10} m

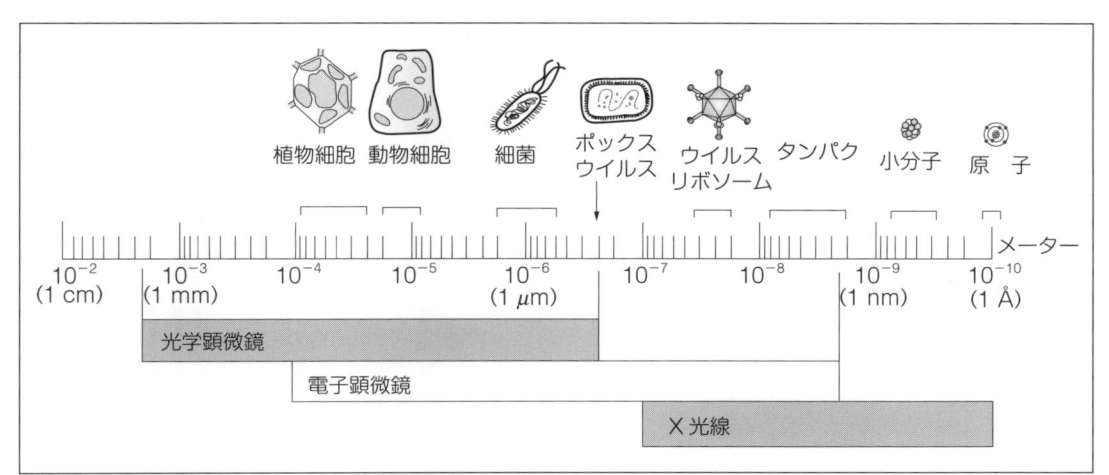

図 2.2　動植物細胞と微生物の大きさ

C 菌数の表記

微生物の数は，A × 10 の n 乗（冪：べき）と表現する．例えばヨーグルト 1 ml には，2.5×10^6 の微生物が存在する，と表現する．

D 生菌数：CFU（生菌数の単位）

a) 生菌数

培養して出現する微生物の数．生きている菌数を生菌数という．なお日本の食品衛生法による生菌数の定義は，「標準寒天培地を用いて測定し，これを**標準平板菌数**（SPC：standard plate count）という」とされている．

b) 全菌数（総菌数）

スライド上に塗抹染色して，鏡検下で計数した菌数のことを全菌数または総菌数と呼ぶ．培養不能な菌を含めた生死のわからない全部の微生物の数のことで，**死菌数**ともいうことがある．

c) CFU

ひとつの細胞（微生物）から，ひとつのコロニー（集落：colony）が形成されることから，培地上の生菌数の単位は，CFU（colony forming unit）として表現する．例えば，10^5 倍に希釈したヨーグルトを培養して培地 1 ml 中に 15 個の乳酸菌を生成した場合には $15 \times 10^5 = 1.5 \times 10^6$ CFU と表現する．

2.3 自然環境の微生物叢

自然環境下には微生物の集団である微生物のくさむら，微生物叢(びせいぶつそう)（ミクロフローラ：フローラとも略する：microflora）が形成されている（**表 2.4**）．

表 2.4 自然環境の微生物叢

水圏フローラ		空中フローラ	土壌フローラ	植物フローラ	動物フローラ	
淡水	海水				ヒト・動物	魚介類
・グラム陰性菌が優位 ・貧栄養水圏 ≧ 10/ml ・富栄養水圏 ≧ 10^4/ml ・低温菌が出現	・グラム陰性菌が優位 ・マリン・ビブリオが存在 ・外洋＝ 0.1〜0.5/ml ・沿岸＝ 10^3〜10^4/ml ・低温菌，好塩菌が出現	・芽胞菌，球菌が優位 ・中温菌が出現 ・室内ではヒト由来菌が浮遊 ・10^3〜10^4/cm^3	・グラム陽性，芽胞菌が優位 ・細菌・真菌など多種な微生物が存在 ・10^7〜10^9/g ・中温菌，好熱菌が出現	・グラム陽性，陰性菌，真菌が優位 ・菌数は環境条件で変動	・体表，粘膜はグラム陽性菌が優位 ・腸管はグラム陰性菌が優位 ・10^3〜10^{12}/ml	・グラム陰性桿菌，グラム陽性球菌が優位 ・体表＝ 10^2〜10^5/cm^2 ・エラ＝ 10^2〜10^8/g ・腸管＝ 10^3〜10^5/g ・水圏菌叢の影響が大きい

2.4 微生物の構造

A 真核微生物（真菌類・原虫・藻類）の構造

すべての微生物の構造や働きの基本単位は細胞である．1個の細胞から構成されている真核微生物であるカビや酵母，藻類また原虫は，基本的に動物や植物などと同じ細胞構造の真核細胞である．

この真核細胞の核（真核）は核膜に包まれ染色糸と仁（核小体とも呼ばれる）および隙間を満たす核液からできている．核膜に包まれた真核（真正核とも呼ばれる）は有系分裂を行い染色体上に存在している遺伝情報の複製と分配を行う．細胞膜に包まれた細胞質内にはミトコンドリア，小胞体，リボソーム，ゴルジ体などの多くの細胞小器官（オルガネラ）が含有され，その間を細胞液やタンパク粒，油滴，デンプン粒などの細胞含有物で埋めている．

B 原核生物（細菌・古細菌）の構造

原核生物を光学顕微鏡で観察すると，一見，無構造のように見える．し

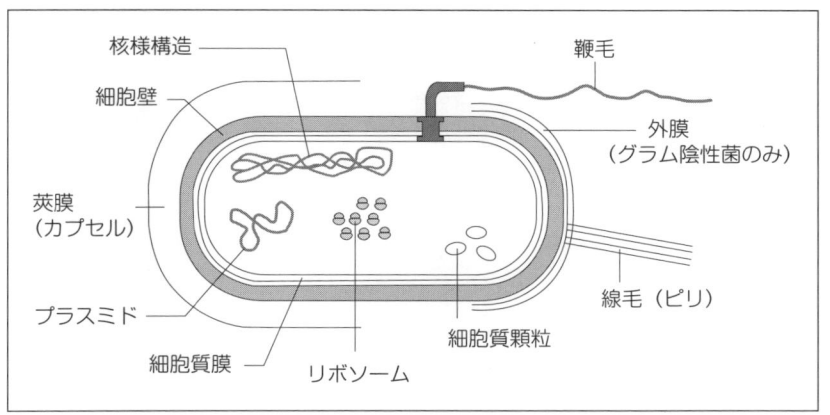

図 2.3　原核細胞（細菌・古細菌）の基本構造

かし，これを電子顕微鏡で観察すると多様な微細構造が観察される．

細胞壁，その内側にある**細胞質膜**，これに囲まれている**細胞質**と内部にある**核様構造**から構成される．さらに種類によっては細胞壁の外側に薄く無定形の**粘液層**や限界明瞭な**莢膜**（きょうまく），運動器官のひげのような**鞭毛**，粘着器官の**線毛**などが存在する菌種もある（**図 2.3**）．

また細胞質内には細胞質膜の陥入構造物である**メソゾーム**，タンパク質合成を担当する**リボソーム**や物質を貯溜する**ボルニチン顆粒**などの**顆粒構造**が観察される．ミトコンドリア，ゴルジ体などのオルガネラは存在しない．

C 細菌の菌形と配列

細菌や古細菌は，0.5 ～ 20 μm の範囲で，平均 1.0 μm 程度の大きさで，光学顕微鏡によって観察できる．顕微鏡で微生物を観察すると，いろいろ

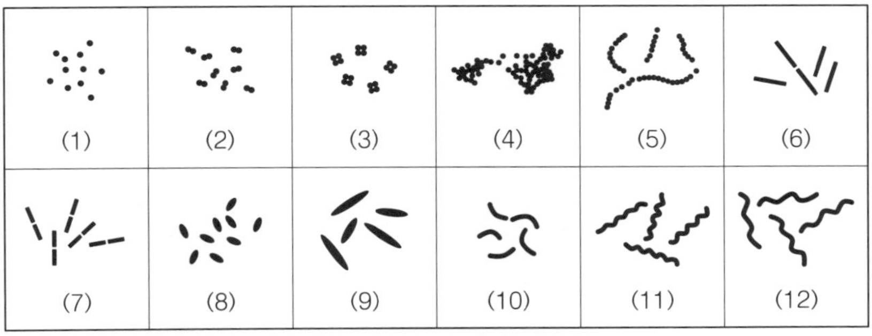

図 2.4　原核生物の菌形と配列

(1) 単球菌　(2) 双球菌　(3) 四連球菌　(4) ブドウ状球菌　(5) 連鎖状球菌　(6) (両端鋭角) 桿状菌　(7) (両端円形) 桿状菌　(8) 球桿菌　(9) 紡錘菌（ぼうすいきん）　(10) ビブリオ　(11) トレポネーマ　(12) ボレリア

な「かたち」にみえる．このかたちを「**菌形**」また菌群のばらつきを「**配列**」と呼んでいる．菌形を大別すると，丸い球のような**球菌**，棒のような**桿菌**，スパイラルな**らせん菌**，そして他の不定形，または変形などと呼ばれている（**図 2.4**）．

2.5 原核生物（細菌・古細菌）の微細構造

A 表層構造による細菌の区分

細菌は表層構造の厚い放線菌，乳酸菌，枯草菌など**グラム陽性菌**，表層の細胞壁が薄く外膜をもつサルモネラ，大腸菌などの**グラム陰性菌**，メタン菌，好塩菌など細胞壁が特殊な組成の**古細菌**，細胞壁のない**マイコプラズマ**，**クラミジア**，**リケッチア**などに分けられる．

B 細菌・古細菌の細胞壁

a）細胞壁の識別法：グラム染色

グラム染色法は菌体表層とくに細胞壁の識別に使用される染色法である．この染色法は現在も微生物の実用分類また臨床細菌学分野の同定鑑別には重要な染色方法である．通常の細菌実技では，細胞壁の厚い細菌は紫色のグラム陽性，細胞壁の薄い細菌は赤色のグラム陰性に染色される．

b）グラム陽性菌とグラム陰性菌

原核生物は細胞壁の構造で識別することがおおよそ可能である．複雑な構造であるが，薄い細胞壁をもつ**グラム陰性菌**，単純であるが，厚い細胞壁をもつ**グラム陽性菌**である．ペプチドグルカン層が薄く，脂質が少ないグラム陰性菌は赤く染色され，ペプチドグルカン層が厚く脂質が多いグラム陽性菌は，紫色に染色される（**表 2.5**）．

表 2.5 グラム陽性菌とグラム陰性菌の菌体表層構造

構成成分	グラム陰性菌体	グラム陽性菌体
外膜	存在する	無し
ペリプラズム	存在する	無し
ペプチドグルカン	うすく単層か薄層	厚く多重層
タイコ酸	なし	存在する
リポ多糖体（LPS）	外膜に存在する	無し
リポタンパク質	存在することが多い	まれに存在する
リン脂質	存在する	無し

c）細胞壁成分

多くの細菌の細胞質膜の外側に細胞壁が存在して細菌のかたちを形成している．しかしグラム陽性菌体とグラム陰性菌体では細胞壁成分の構造は異なっている．**グラム陽性菌**の細胞壁には，厚いペプチドグルカン，多糖体，タイコ酸，タンパク質が存在している．また**グラム陰性菌**の細胞壁には厚い外膜と薄いペプチドグルカン層が存在しており，その外膜には，病原物質であるリポ多糖体（LPS），リン脂質，リポタンパク質，タンパク質などが存在している．詳細は『バイオのための基礎微生物学』（2002：講談社），p19．図 2.4 を参照されたい．

1）ペプチドグルカン

原核細胞に特有の重合体である．グラム陽性菌とグラム陰性菌体の細胞壁の構成物で，ムレイン，ムコペプチド，ムコペプタイドとも呼ばれている．このペプチドグルカンはグラム陽性菌の細胞壁成分には多く存在しており，菌体表層の約 50 〜 80％であるが，一方，グラム陰性菌では少なく菌体表層の 1 〜 5％である．抗生物質のバシトラシン，ホスホマイシン，バンコマイシンなどはペプチドグルカンの生合成を阻害して細菌を死滅させる．

細胞壁が存在しないマイコプラズマ，クラミジアやリケッチア，細胞壁組成の異なる古細菌などはグラム陰性に染色される．なおグラム陽性菌も培養後期や長期貯蔵によって細胞壁ペプチドグルカンが変性して陰性に染まることがある．

2）外 膜

外膜はグラム陰性菌体に特有の膜構造でペプチドグルカン層の外側の細胞最外層にある．外側との限界で負荷電を表層に与えて，ヒト生体の免疫成分や免疫細胞による食作用から菌体を保護し，また菌体に有害な物質の透過を防除する．ヒト生体液中の β-リシンやリゾチームなどの生体防衛物質，胆汁や消化酵素など消化管内殺菌物質，また抗生物質などを排除する．しかし，一方，菌体細胞の栄養素などの有用物質の透過性をもっている．この外膜にはリポ多糖体（LPS），リン脂質，リポタンパク質など病原物質が存在しており，外膜の膜構造はリン脂質とリポ多糖体で，外側にリポ多糖体，内側にリン脂質が存在している．

3）リポ多糖体（LPS）

LPS（リポ多糖体）は脂質である**リピド A**，多糖体である **R コア**，さらに **O 抗原多糖体**と呼ばれている長鎖の糖類が共有結合されて構成されている．このグラム陰性菌の保持している LPS はヒトに対して毒作用を発現し，**内毒素**（エンドトキシン）と呼ばれている．内毒素はヒトに発熱，ショック死，血管拡張，血液凝固，免疫抑制などを起こさせる致死的な病

原物質である．内毒素は耐熱性で，毒性は微量でも発現する．この内毒素をもつ病原性グラム陰性菌にはO157大腸菌，百日咳菌など多数存在している．

C 莢膜（カプセル）

細菌細胞壁の外層に分泌される**ゲル状粘液物質**を莢膜（カプセル）という．莢膜は多糖体とタンパク質成分から構成されている．この莢膜の作用は，殺菌物質の攻撃から菌体を保護し，ヒト粘膜への付着，菌相互の凝集などに役立っている．病原菌の莢膜形成は重要な**病原因子**のひとつである．生体に侵入した際の生体の殺菌因子や免疫細胞からの病原菌体への攻撃を阻止している．

莢膜を失った病原菌の変異株は毒性が低下する．肺炎レンサ球菌（肺炎双球菌）の莢膜形成の有無が形質変換の実験に使用されたことは有名である．また炭疽菌，肺炎桿菌などの病原性発現はこの莢膜形成が関係している．なお虫歯菌（*Streptococcus mutans*　ストレプトコッカス ムタンス）の莢膜物質は歯のエナメル質に接着して歯垢(しこう)（dental plaque）となり虫歯の原因となる．このような莢膜物質は多糖類，リポ多糖類，タンパク，ペプチドなどから構成されている．

D 細胞質膜

菌体と外部環境のあいだの境界を形成している．菌体内外の物質透過と輸送，代謝産物の体外分泌，表層構造の生合成，電子伝達系エネルギー産生と転換などを行う．細胞質膜の陥入や巻き込みによって形成されるメソゾームは細菌細胞の特徴で真核細胞には存在しない．

E 細胞質内顆粒

原核生物の細胞質内には，コロイド状の貯留性物質である細胞質内顆粒が形成されることがある．細菌細胞質内顆粒にはボルニチン顆粒，異染小体，ポリ-β-ヒドロキシ酪酸顆粒などがある．

a）異染顆粒

メチレンブルーやトルイジンブルーなどの塩基性色素で原形質よりも紫色に濃染色される細胞質内顆粒を異染顆粒という．この異染顆粒は異染小体，ボルニチン顆粒，バベーズなどと呼ばれる．ジフテリア菌体

(*Corynebacterium diphtheriae*) に，異染顆粒はとくに多く出現し，ジフテリア菌の同定指標として知られている．

b）多糖体顆粒

大腸菌などの腸内細菌，クロストリジウム，ラヒノスピラなどの菌体内にはヨード染色で識別されるグラヌロース（granulose）とも呼ばれるデンプンやグリコーゲンなど多糖体による顆粒が観察されることがある．

c）ポリ-β-ヒドロキシ酪酸（PHB）顆粒

バシラス，シュードモナス，スピリルムなどではポリ-β-ヒドロキシ酪酸（PHB）が細胞質内顆粒として出現することがある．この PHB 顆粒はシアノバクテリア，紅色硫黄細菌にも出現することがある．好脂質色素のズダン黒色素でよく染色され，またクロロホルムに可溶性であることから脂肪顆粒と誤認されることもある．しかし原核細胞では PHB 蓄積はあるが，中性脂肪の蓄積は見られない．なお真核細胞では PHB は蓄積しないが中性脂肪は蓄積する．

F 核様構造

細菌の細胞核は核膜が欠損しており核構造は認められない．

a）細菌の核染色

真菌類のような真核生物では塩基性色素によって核内の染色質（クロマチン）を強染色することができるが，細菌では細胞質が一様に染色されてしまう．これは細胞質内にリボソームが多く核酸が高濃度に分布しているためである．細胞内 RNA を加水分解した後で染色すると細胞中央部に濃染色されている核が観察できる．なお電子顕微鏡では細胞質よりも電子密度の低い領域，しばしば繊維状のものがからみ合っているような核様構造が観察できる．

b）細菌の染色体

塩基性色素によく染色される核内構造体を染色体という．これは DNA に RNA とタンパク質が会合したもので，染色体 DNA 繊維の一端は細胞質膜またはメソゾームに付着して染色体複製の開始点となる．細菌の細胞核は核様構造，核領域，核様体などとも呼ばれている．また直接的に染色体，クロマチン小体などともいうことがある．

c）プラスミド

細胞質内には主要な大きな DNA（核様構造）以外に小さな DNA が存在することがあり，これはプラスミド（核外遺伝子）という．微生物の生存に必須な遺伝情報は核様構造の DNA に含有されており，プラスミドの遺伝情報は薬剤耐性因子，性決定因子など二次的な遺伝情報を伝達する．

⑥ 芽 胞

グラム陽性桿菌の *Bacillus*（バシラス），*Clostridium*（クロストリジウム），放線菌，グラム陽性球菌のスポロサルシナ，有柄細菌のロドミクロビウム，メタン細菌などは芽胞（胞子）を形成する．このうち放線菌の大部分とロドミクロビウムは**外生芽胞**を形成するが，他は**内生芽胞**をつくる．細菌の芽胞は生活環のなかの休眠型で，栄養型からの分別は温度や栄養条件が関係する．**図 2.5** にナットウ由来の枯草菌芽胞を示した．

a）芽胞の形成

芽胞の形成は微生物の生存環境の劣化とくに栄養欠乏時に発現する．芽胞から栄養型細胞への転換，すなわち発芽は栄養や温度などの外的な刺激によることが多い．発芽誘起は数分間，発芽成長は 90 〜 120 分間を経過する．加熱による活性化はバシラス属では蒸留水中で数分間〜数十分間，60 〜 70℃で発現する．この時間はセレウス菌やウェルシュ菌による食中毒発症の時間とよく一致している．**図 2.6** には芽胞の形成の過程について模式図を示した．

b）芽胞の抵抗性

芽胞形成は，栄養や温度など外的な要因変化が刺激となって行われる．この芽胞は生存力が強く抵抗力がある．牛肉缶詰中では芽胞菌が 118 年生存していたとの報告や，地質時代の樹脂の化石である琥珀中では 2,500 万年間生存していたという報告もある．芽胞の死滅には 100 〜 120℃で数分

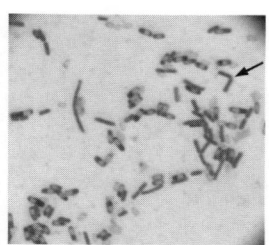

図 2.5　枯草菌体の光顕像（有田安那）

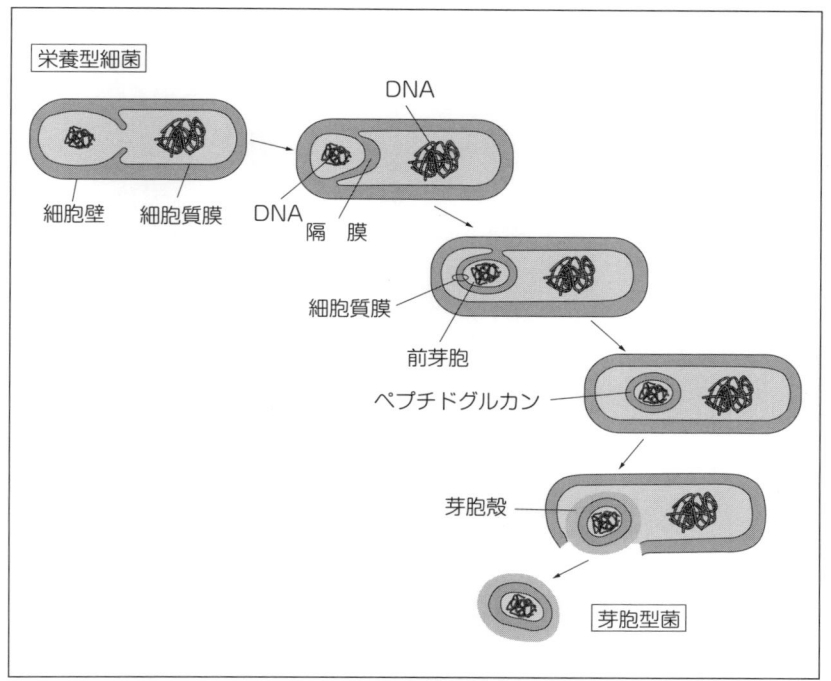

図 2.6 細菌芽胞の形成過程

間以上の加熱が必要で，また消毒薬や抗菌剤などの各種薬剤にも抵抗性が強い．

H 鞭毛

　細菌細胞の周囲には鞭毛が付属している．鞭毛は細菌の運動器官とされている．しかし，最近の知見によると自然界に多い共生菌群の間で相互連絡または情報伝達の機能もあるらしいという．なお鞭毛の数や菌体への付着部位によっておおまかな菌種が判ることがある．コレラ菌は単鞭毛，大腸菌は周鞭毛である．

I 線毛

　ある種の細菌の菌体周囲には，長さ 0.5 〜 20 μm，直径 70 〜 100 Å の微細な直線的に伸びている繊維状の線毛（ピリ）が存在する．この線毛は鞭毛と異なり波形や運動性を示さず光学顕微鏡では観察されない．1つの細菌には，大きさや機能などの異なる複数の線毛のタイプが存在する．赤血球に粘着性を示して凝集させたり宿主の粘膜に付着する役割をもつ線毛や，菌体の接合や遺伝子伝達に関係しているプラスミド性の線毛がある．

J 軸糸

らせん菌スピロヘータの運動器官である．レプトスピラでは1本，トレポネーマやボレリアでは数本が存在する．クリスピラでは100本以上存在する．この軸糸構造や運動様式は鞭毛と類似しているが，鞭毛は菌体外に突出しているのに対して，軸糸は菌体外鞘の中に納められている．同じらせん菌でもスピリルムやサポリスピラには軸糸や外鞘は存在しない．らせん菌の表層には3重の単位膜で構成されている外鞘があり，これはグラム陰性菌の外膜に相当すると考えられている．軸糸は細胞壁とこの外鞘の間に存在する（**図 2.7**）．

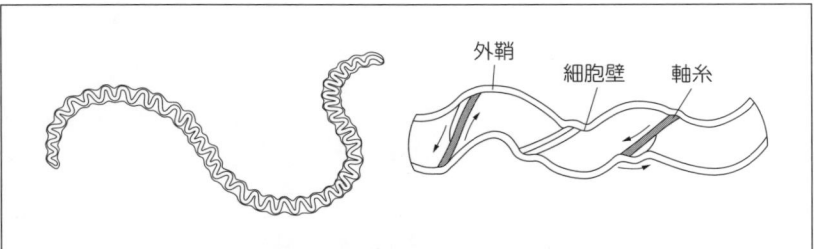

図 2.7 スピロヘータの軸糸構造

2.6 微生物の変異

A 生命の連続性

生物が一定の形や性質を子孫代々持ち続けている生命の連続性は，親の性質が子に伝わるという遺伝現象にほかならない．微生物 DNA 上に記録されている遺伝情報もまた次世代の菌体に受けつがれている．このような DNA によって規定されている遺伝情報のしくみは DNA 修復機構で恒常性を保たれている．しかしときとして遺伝情報を伝達する DNA の構造の一部が欠損したり構成塩基配列が変化して固定化し親株と形質がかけはなれた形質を得るような**突然変異**（単に変異ともいう）が生じることがある．微生物の育種には，このような突然変異を利用して目的とする菌株を採取する．

B 微生物の突然変異

広くは染色体異常や組替えなどの**遺伝子変化**も突然変異と呼ばれるが，

微生物の突然変異では，DNAを構成する塩基組成の異常によるタンパク質構成アミノ酸の数や種類が異常となって遺伝形質が変化する遺伝子変異を扱う．

C 突然変異の区分

微生物における突然変異は，薬剤や放射線などによって起こる人工突然変異である**誘発突然変異**と自然に起こる**自然突然変異**とがある．

a) **誘発変異**：さまざまな化学物質，放射線や紫外線照射などの変異原を人為的に使用して人工突然変異を高率に誘発する微生物育種の方法である．

b) **自然変異**：微生物の遺伝情報を伝達するDNAが，複製される際のエラーが校正修復されずに残存したり，その修復の過程に自然変異の現象が出現してくる．微生物育種には自然変異も利用されるが出現頻度は低い．

c) **突然変異率**：培養中に突然変異を起こす菌が出現する割合を突然変異率という．

2.7 変異菌株の取得

A 変異菌株の取得

a) 変異原の種類と検出

突然変異の誘起には紫外線や放射線（X線，γ線，中性子線など）などの物理変異原，またナイトロジェンマスタードなどのアルキル化剤やアクリジンやフェナントリジンなどの色素，マイトマイシンC，ストレプトゾトシンなどの抗生物質，核酸塩基類似体，また亜硝酸，塩化マンガンなどの変異誘起剤などの化学変異原を用いる．このような変異原物質は生活環境にも多く存在し発がん物質とほぼ一致する．

b) 変異原（発がん物質）の検出法

1) **エイムス法**：ネズミチフス菌ヒスチジン要求株（His^-株）の復帰突然変異体の出現頻度で検定する方法で発がんテストにも用いられる．ネズミチフス菌ヒスチジン要求株は，ヒスチジンが培地に含有されていないと生育しない菌株で，もし変異原が作用するとヒスチジン遺伝子が変化して，ヒスチジン合成能が賦与されてヒスチジンを含有しない培地でも生育するヒスチジン非要求株（His^+株）となる（**図2.8**）．このように突然変異によって出現している栄養要求株（auxotroph）

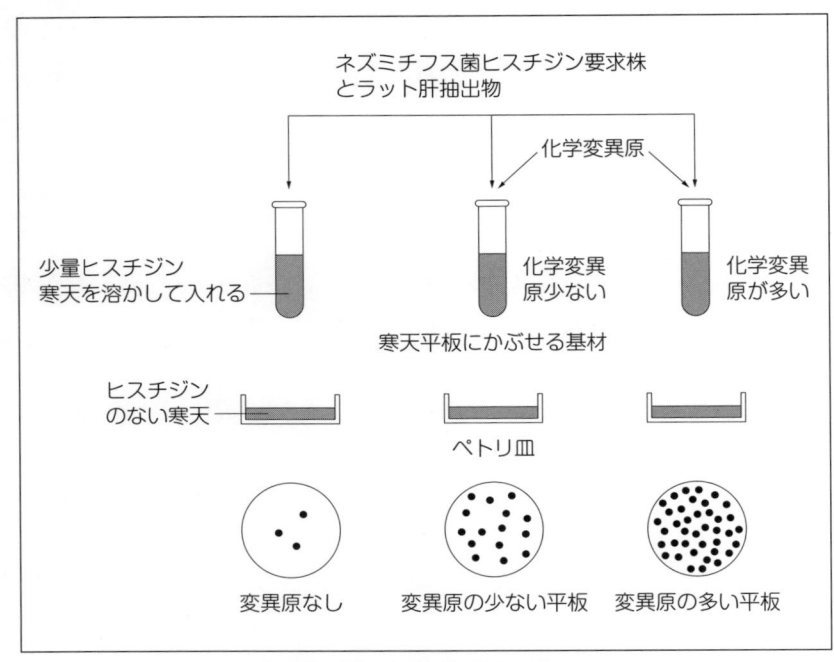

図2.8 エイムス法の流れ

が，変異原によって野性型（原栄養体）にもどることを復帰突然変異という．

2) **組換え検定法**：組換え修復欠損の枯草菌を寒天培地に接種して検定試料を浸みこませた濾紙をおいて培養し菌の増殖阻止を測定する．

c) 突然変異の表現型

微生物の突然変異の現象，すなわち表現型には，コロニー，菌形，菌体構造などの形態変異．栄養要求性，代謝産物，色素産生などの生化学的突然変異．薬剤耐性，ファージ耐性，紫外線耐性などの抵抗性変異．また条件致死的な変異を行う温度抵抗性，などの現象がみられる．

1) **形態変異**：(1) 集落（コロニー）の変異．(2) 菌形変異．(3) 菌体構造変異．

2) **生化学的な変異**：(1) アミノ酸生産菌などで本来の栄養要求性が変異する栄養要求性変異である．(2) 大腸菌などの炭水化物の分解能が変化する炭水化物分解能変異である．(3) ペニシリン生産菌やクエン酸生産菌などの代謝産物生産能が変異する代謝産物変異である．(4) ペニシリン生産菌でみられるような色素生産性が変化する色素生産性変異である．(5) 大腸菌などの培養温度が変化する温度感受性変異である．

3) **抵抗性の変異**：(1) 大腸菌やサルモネラなどの薬剤に対する耐性が出

現する薬剤耐性変異である．(2) アセトンブタノール菌や醸造用酵母などのバクテリオファージに対する耐性が出現するマーカー耐性変異である．(3) 大腸菌などの紫外線抵抗性が変化する紫外線抵抗性変異である．

4) **病原性の変異**：(1) ジフテリア菌や破傷風菌などの毒素産生性が変化する毒素産生性変異である．(2) 肺炎双球菌などの表在抗原の構造が変化する表在抗原変異である．(3) レンサ球菌やブドウ球菌などの溶血性が変化する溶血性変異である．

d) **変異原処理**

前述のように自然変異の起こる頻度は少ないので，人為的に DNA に化学変化を起こさせる変異原を微生物に作用させ，突然変異の頻度を高める変異原処理を行う．

e) **スクリーニングと濃縮**

1) **レプリカ法**：変異原で変異を誘起した親株を完全培地を注入した平板 (master plate) に培養してコロニーをつくらせる．滅菌ベルベット布に貼りつけた円筒で判を押すように培地コロニーを最小培地に移植する．最小培地に生育した菌をマスタープレート上のそれと比較して変異株を採取する．

2) **ペニシリンスクリーニング**：ペニシリンが細胞壁合成を阻害することを利用して栄養要求性や糖発酵性の変異株の濃縮に用いる．栄養要求性変異株は，栄養素を含有しない培養液では生育できずペニシリンで殺菌されないことを利用する．

3) **微生物の形態**：腸内細菌のコロニーは通常 S 型と呼ばれ均等平滑で正円湿潤であるが，変異を起こすと R 型の不正円形，粗面，乾燥の菌型になる．この S-R 変異は病原性や菌体表層構造と関係しているので病原性の無い菌株の採取に用いられる．

4) **抗体法**：細胞膜抗原に対する免疫蛍光染色によって変異菌を採取し，膜抗原の関連している変異菌や雑種菌の分別に用いる．

B 薬剤耐性菌の育種

a) **1 段階選択**

感受性菌の親株を薬剤含有培地に接種すると薬剤耐性に変異した菌が増殖してくるので，この菌株を釣菌し薬剤無添加培地に移植して薬剤耐性菌の育種改良が行われる．

b) 多段階選択

感受性菌の親株を薬剤濃度を次第に上げた培地に継代する．ある回数にわたって継代するとやがて高濃度の薬剤添加培地で変異した耐性菌が増殖してくる．この菌株を釣菌し薬剤無添加培地に移植する．

C 栄養要求菌の育種

原栄養菌株を変異原で処理して，全栄養素を含有している完全培地に接種培養してコロニーを形成させる．このコロニーには原栄養菌と栄養要求株（栄養要求変異株）が混在している．この集団から目的菌をレプリカ法などによって，最少限度の栄養素だけが含有される最小培地に生育させて目的とする菌を取得する．

2.8 変異菌 DNA の性質

A DNA 塩基の変化

微生物の遺伝情報をつかさどる DNA の塩基変化が突然変異の原因となるが，これには次のような様式がある．

1) **塩基の置換**：DNA 塩基対が他の塩基対に置き変わって DNA 塩基変化を生じる．
   (1) トランジション（transition）：プリン塩基から他のプリン塩基へ，またはピリミジン塩基から他のピリミジン塩基へ変化する置換をいう．
   (2) トランスバージョン（transversion）：ピリミジン塩基からプリン塩基へ，プリン塩基からピリミジン塩基へ変化する置換をいう．
2) **塩基の挿入**：DNA 鎖のなかによそからの塩基が挿入されて DNA 塩基が変化を生じる．
3) **塩基の欠失**：塩基の一部が欠けて失われ DNA 塩基が変化を生じる．
4) **その他**：その他の DNA 塩基の変化には塩基の重複，塩基の逆位，塩基の転座などが知られている．

B 突然変異のパターン

変異原によって起こされる DNA 塩基の変化は，遺伝子機能の異常を引き起こし，次のようないろいろなパターンの突然変異を誘起する．
1) **ミスセンス変異**：正常なアミノ酸を指定する遺伝暗号（コドン）が

DNA 塩基置換によって他のアミノ酸に対する遺伝暗号に変化する突然変異である．その結果として遺伝子の生産するタンパク質中のアミノ酸が置換されて微生物の機能が変異する．

2) **ナンセンス変異**：DNA 塩基置換によって正常なアミノ酸を指定する遺伝暗号がアミノ酸に対応しない終止コドン（ナンセンスコドンともいう）に変化する突然変異である．

3) **フレームシフト変異**：核酸のヌクレオチド解読と相当するタンパク質のアミノ酸配列の間の関係に変化を起こす突然変異である．アクリジンオレンジ色素の変異原で頻発する．

4) **復帰変異**：突然変異遺伝子がもとの状態に戻ることで，真の復帰変異ともいう．また，他の突然変異の結果として失われた遺伝機能を部分的または完全に回復させる変異のことをサプレッサー変異と呼ぶ．ただし初めの変異とは異なる部位に位置している．

C DNA 損傷の修復

変異原によって DNA が損傷を受けても，そのまま変異に結びつくことはなく，さまざまな方法で修復されることが多い．

1) **光回復**：紫外線照射によって変異した微生物は可視光線にさらすこと

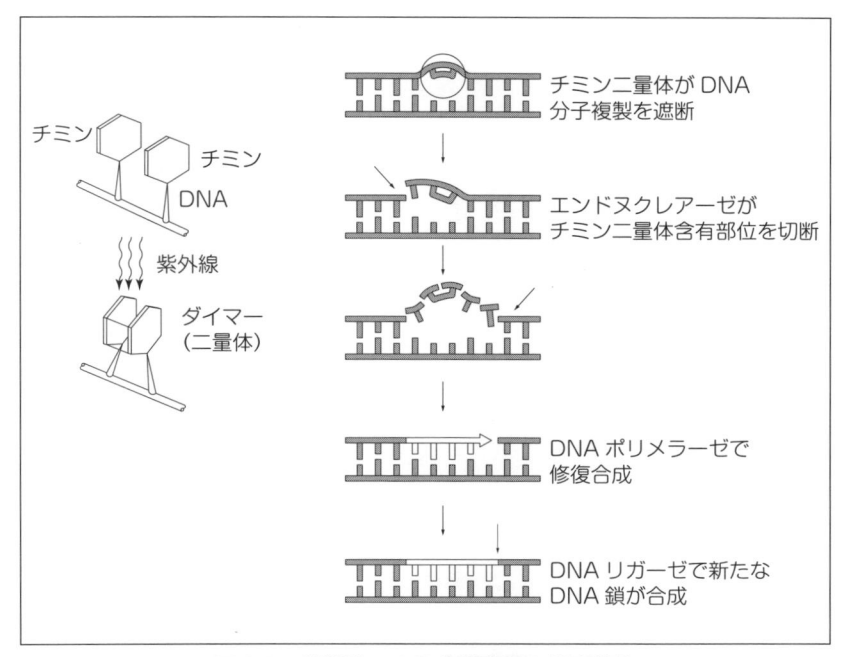

図 2.9 紫外線による突然変異と除去修復

で，その機能が回復することがある．チミンダイマー（二量体）に特異的な光回復酵素によって，もとのモノマー（一量体）に回復する（**図2.9**）．

2) **除去修復**：DNAの損傷部分を切り取り新たに合成したDNAで置き換えて修復合成を行う方法で，暗いところでも起こるので暗修復ともいう．

3) **組替え修復**：変異原で損傷を受けた部分をとばして複製されたのち，間隙が他の新たな正常なDNAとの組替えを起こして修復される．複製後修復ともいう．

4) **SOS修復**：特殊な複製機能のSOS機能が誘発される修復で，誘導的でエラーが多発し変異頻度も高い．

2.9 遺伝形質の伝達

　微生物菌株のさまざまな突然変異による遺伝形質は，細胞分裂の際に次世代に分配される以外に，形質転換，導入または接合などで形質の伝達が行われる．

A プラスミド

　細菌の染色体外に存在している核外遺伝因子のことである．このプラスミドは微生物自身の増殖には必ずしも必須ではないが，抗生物質耐性，コリシン産生など細菌に進化的な有利さを与えている．環状二本鎖DNAで塩基組成は各プラスミドの種類で異なっている．

B トランスポゾン

　染色体中を移転することのできる遺伝的DNA単位で，転移因子または可動因子の一つである．微生物のトランスポゾンは薬剤耐性を規定する遺伝子を保持している．トランスポゾンの特徴は両端に逆向きまたは同じ向きのくり返し構造であり末端部で組換えが発現する．

C 遺伝的組換え

　遺伝的組換えは生成された組換え体が新たな組合せの遺伝子を保持するようになる．一般的な組換えは，相同な遺伝子間で起こる接合，形質転換，

形質導入などの交雑による遺伝的組換えである．組換え現象では，生物の接合によって生じた二倍体細胞から減数分裂を行い一倍体細胞を形成する過程で組換えが行われる．

第2章　まとめ

1 重要な道具：顕微鏡：光学顕微鏡/電子顕微鏡

2 微生物の大きさと微生物数：大きさの単位/菌数は $A \times 10^n$ 乗/CFU/生菌数/死菌数

3 自然環境の微生物叢：水圏微生物叢/空中微生物叢/土壌微生物叢/植物微生物叢

4 細胞構造からの生物の分け方

　真核微生物の構造/原核微生物の構造

5 原核生物の菌形

　細菌・古細菌の形と配列

6 原核生物の構造

　構造による細菌の分け方/細胞壁の識別法＝グラム染色

　グラム陽性菌（厚い細胞壁）/グラム陰性菌（薄い細胞壁）

　細胞壁/ペプチドグルカン/LPS＝内毒素/外膜

　莢膜（カプセル）・細胞質膜・細胞質内顆粒/核様構造/細菌核染色/細菌染色体/プラスミド

　芽胞/芽胞の形成/芽胞の抵抗性

　鞭毛/鞭毛運動/軸糸・線毛

7 変異原の検出と突然変異の表現型

　変異原の検出法＝エイムス法/組換え検定法

　突然変異表現型＝コロニー/菌形/菌体構造など（1）生化学変異＝炭水化物分解能/代謝産物/色素生産性/温度感受性/の変異株（2）抵抗性変異＝薬剤耐性/バクテリオファージ耐性/紫外線抵抗性/の変異（3）病原性変異＝毒素産生性/表在抗原/溶血性/の変異

8 変異株取得法

　（1）突然変異の誘起＝紫外線照射/放射線照射（ガンマ線・X線）

　（2）変異菌採取法＝レプリカ法/ペニシリンスクリーニング/菌形態法/抗体法

9 変異菌 DNA の性質

　DNA塩基の変化＝塩基の置換/トランジション/トランスバージョン/塩基の挿入/塩基の欠失/塩基の重複/塩基の逆位/塩基の転座など

　突然変異のパターン＝ミスセンス変異/ナンセンス変異/フレームシフト変異/復帰変異

DNA損傷の修復：光回復＝チミンダイマー（2量体）が光回復酵素によってもとの1量体に回復する．/除去修復（暗修復）/組替え修復（複製後修復）/SOS修復

❿遺伝形質の伝達

CHAPTER 3 微生物の増殖・栄養・代謝

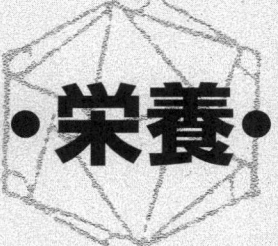

3.1 微生物の増殖様式

　細菌の多くと，ある種の酵母は，菌体が 2 つに分裂する**二分裂増殖**を行う．また多くの放線菌，真菌類，ある種の細菌は，菌体が芽を出す**出芽増殖**を行う．またある種の糸状菌や放線菌では**先端増殖**や分枝によって菌体に隔壁をつくる**分枝増殖**を行う．

3.2 原核生物（細菌・古細菌）の増殖

a）二分裂増殖

　原核生物の増殖には，**二分裂増殖**，**出芽増殖**，**分枝増殖**などあるが，多くは**二分裂**による増殖である．(1) DNA（核様構造）の分裂，(2) 細胞壁および細胞質膜の分裂，(3) 細胞壁と DNA の完全な分離，の各段階に分けられる．

b）増殖曲線

　細菌の培養時間の経過とともに菌数，菌体重量や菌体成分などは次第に増加して増殖曲線を描く．縦軸に菌数（N：菌体濃度）の対数（log N），横軸に培養時間（T）をとると**図 3.1** のような増殖曲線が得られる．この増殖経過は，(1) 誘導期，(2) 対数期，(3) 定常期，(4) 減少期の 4 期に区分される．
1）**誘導期**（適応期）：誘導期は新たな培養条件の適応期で，増殖開始の準

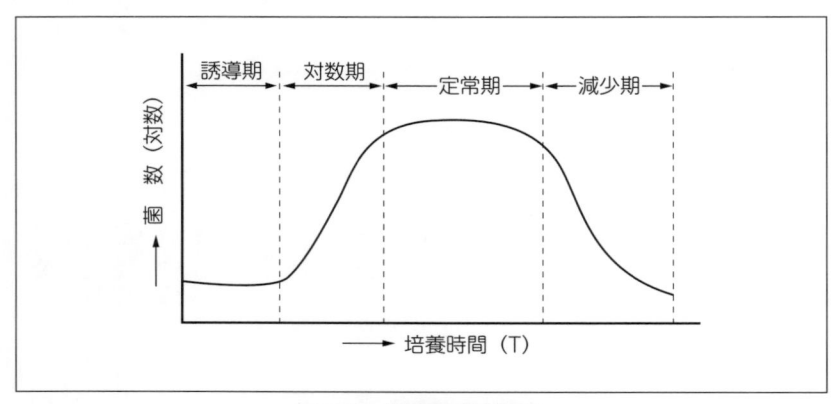

図 3.1 細菌の増殖曲線

　備期間である．菌体は膨化して代謝活動は次第に活発になる．
2) **対数期**：対数期では分裂を開始しはじめた菌体は分裂を繰り返して対数的に増加する．
3) **定常期**（静止期）：定常期は菌数が一定に保持されている時期で，分裂増殖する菌数と死滅菌数とが平衡状態にある．なお芽胞菌の芽胞形成はこの定常期に行われる．
4) **減少期**（減衰期：死滅期）：減数期では菌体は自己消化や自己融解が起こり，次第に菌数が減少して，やがて死滅する．

c) 世代時間

　新しい菌が生じ，その菌がさらに分裂して増殖するまでの期間を1世代といい，それに要する時間を世代時間という．世代時間は，もとの菌濃度の2倍になるのに必要な時間を意味しており**倍加時間**（**ダブリングタイム**）ともいう．

3.3 真核微生物の増殖

A 生活環の形成

　真菌類（糸状菌，酵母），原虫（原生動物），藻類など真核微生物の多くは，有性増殖と無性増殖を行い，生育環境の条件によって，いずれかの生活環（life cycle）を選択して増殖する．

B 真菌類の増殖

1つの微生物の生活環で増殖法が異なっている**有性世代**と**無性世代**が交互にみられる現象を**世代交代**と呼ぶ．多くの真菌類は栄養体増殖ののちに胞子形成過程に入るが，胞子は無性または有性の両方の胞子をつくることができる．菌糸の上には多くの無性胞子がつくられ，やがて発芽して菌糸体を形成して増殖する．有性胞子は遺伝的に異なる2つの細胞核の減数分裂と融合を経過して遺伝子が組み替えられ娘細胞核を持つ細胞となる．

酵母の増殖は栄養増殖と子嚢胞子形成で行われるが，ヒトに寄生する真菌類の病原性酵母類には，糸状菌体（菌糸体）と酵母の形態を交互に示す「菌糸・酵母二形性菌種」も多い．多くの酵母では出芽増殖がみられる．

C 原虫類の増殖

分裂出芽による増殖のほか接合による核交換（繊毛虫類）や世代交代（アピコンプレックス類）もみられる．

3.4 微生物増殖の環境要因

A 酸素

空気中に約20%含有されている酸素（O_2）は，微生物の増殖に重要な環境要因で，酸素が必要な菌種と酸素が有害な菌種がある（**図3.2**）．

偏性好気性菌
（シュードモナス菌など）

通性嫌気性菌
（大腸菌など）

偏性嫌気性菌
（クロストリジウム菌など）

耐気性嫌気性菌
（乳酸菌など）

微好気性菌
（カンピロバクター菌など）

細菌の増殖箇所

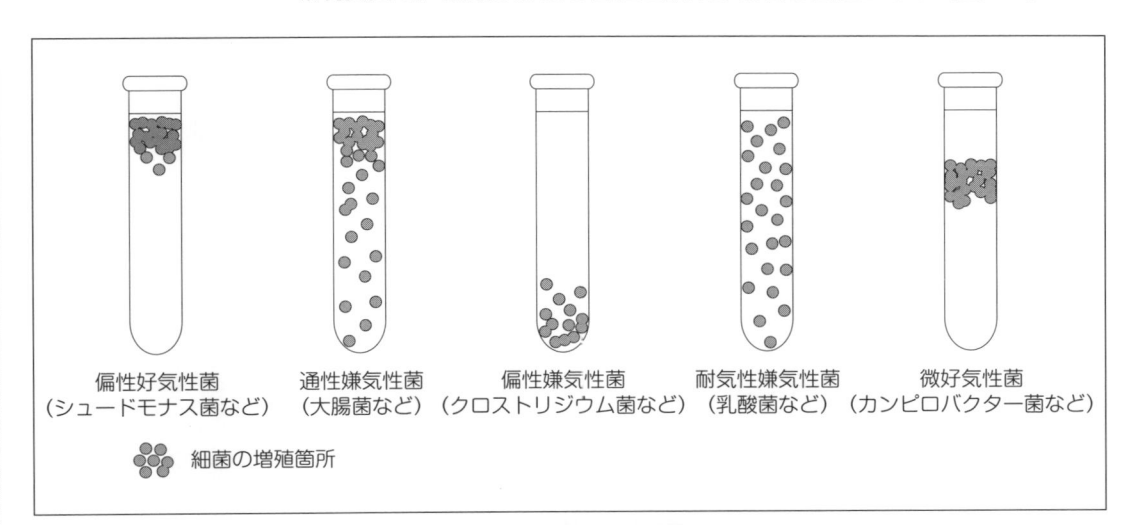

図3.2　微生物の酸素要求性

a）偏性好気性菌

増殖や生存のために酸素を絶対的に必要とする微生物である．なおこれらは単に好気性菌とも呼ばれる．結核菌，ジフテリア菌などである．

b）通性嫌気性菌

酸素の存在の有無にかかわらず生存し増殖できる微生物．動物由来菌に多い．大腸菌，サルモネラ菌などのヒトに関連している菌に多い．

c）偏性嫌気性菌

酸素の存在が有害で無酸素の状態でだけ増殖できる微生物である．クロストリジウム菌，バクテロイデス菌などヒトや動物腸内常在菌や土壌細菌に多い．

B 二酸化炭素

二酸化炭素（CO_2）は微生物の増殖に必要な成分である．とくに動物由来菌は二酸化炭素が存在しないと増殖できない菌が多い．

a）微好気性菌

酸素分圧がある程度低くかつ5〜10％二酸化炭素混合気相でよく増殖する微生物である．ブルセラ菌，りん菌などがある．

b）二酸化炭素要求菌

無酸素条件下で二酸化炭素飽和状態の培養を行うとよく増殖する微生物である．セレノモナス菌，ルミノコッカス菌などヒトや動物の管腔粘膜菌．日和見感染菌となることもある．

C 温度

微生物の増殖に必要な温度の範囲は広く，菌種ごとに異なり，増殖に至適な至適発育温度，最低温度，最高温度がある．これらの増殖の基本的温度によって，菌種は大別される．

a）低温菌

0℃〜25℃でも増殖し得るが，その至適発育温度が5℃〜18℃内外の微生物である．シュードモナス菌，ビブリオ菌などの水生菌に多い．

b）中温菌
　10℃〜50℃で増殖し，至適発育温度が25℃〜40℃内外の微生物．ほとんどのヒト関連微生物，とくに病原菌に多い．サルモネラ，炭疽菌などヒト・動物由来菌に多い．

c）高温菌
　40℃〜90℃で増殖し，その至適温度が50℃〜80℃内外の菌である．高熱バシラス菌などがある．

d）超高熱菌
　古細菌（アーキア）や深根性細菌，火山や温泉噴出孔から採取されている菌に多い．102℃，106℃，90〜96℃などでも発育することが知られている．サーモトガ菌（細菌），ピロロバス菌（古細菌），シュテテリア菌（古細菌）などがある．

D pH

　多くの病原菌は水素イオン濃度（pH）が中性近辺の5〜9で増殖しており，至適発育pHは中性または弱アルカリ性である．尿路感染菌のなかには，尿素を分解してアンモニアを生成し，高アンモニア性のpH 11内外でも増殖する菌株も出現する．

E 浸透圧と塩類

　微生物の細胞膜を介して行われる物質の出入は限定されており細胞内は高い浸透圧を保持している．

a）好塩菌
　増殖に食塩を必要とする微生物で，栄養源として食塩を要求する．
1) **低度好塩菌**：食塩2〜5％で増殖する菌で，水圏から分離される菌に多い．ビブリオ菌などがある．
2) **中度好塩菌**：食塩濃度5〜20％で増殖する菌で，肉や魚の塩漬から分離される．パラコッカス菌などがある．
3) **高度好塩菌**：食塩20〜30％で増殖する菌で，とくに塩漬食品から分離される．ハロバクテリア，ナトロノバクテリウムなどがある．

b) 耐塩菌

7〜10%程度の食塩培地でも増殖が阻害されない菌でブドウ球菌，セラチア菌などがある．

c) 塩感性菌

0.5%程度の食塩濃度が増殖に好適で，4%以上の食塩濃度では生存できない菌．ヒトまたは動物由来菌に多い．レンサ球菌，大腸菌などがある．

F 光　線

光合成菌にとって，光はエネルギー源であるが，一般の微生物には増殖に有害なことが多く，とくに直射日光は殺菌力が強く数分間，芽胞では数時間で死滅する．日光のなかで殺菌に有効なのは紫外線で，DNA の最大吸収に一致する 230 nm 附近の波長は殺菌力が強い．殺菌用に紫外線ランプを用いたり，家庭でふとん乾燥のために日光にさらすことは，微生物を殺滅するのに有効である．ただし赤外線や可視光線には殺菌力がない．

G 他の生物との相互作用

自然界の微生物は，無数の微生物や他種生物と相互に干渉しながら拮抗や共生を繰り返しながら生存している．このような微生物間で相互に利益を受けている関係を**共生**といい一方のみが利益を受けている関係を**片利共生**という．**好気性菌**と**嫌気性菌**は共生しやすい．また 2 種の微生物を培養した場合に一方の菌の発育が他の菌によって阻害されるような，2 つの要因が同時に作用し合い相互に効果を打ち消しあう現象を**拮抗**という．なお，ある微生物 A が動物 B に依存して利益を受け，動物 B は微生物 A によって被害をこうむっている場合には**寄生**関係があるという．

3.5 菌体の成分

A 菌体の化学組成

微生物菌体の水分含量は栄養細胞では約 80%，芽胞（胞子）では約 5〜15%である．構成元素としては炭素 45〜55%，リン 2.5〜5.0%，窒素 8〜15%，灰分 1.3〜1.9%である．菌体有機物を構成する炭素は細胞壁のグルカン，マンナン，エネルギー源のグリコーゲン，デンプンなどの

炭水化物となり，菌体の 10%から 50%を構成する．灰分の主な成分はリン酸で灰分の約半分を占めている．

B 微量栄養素

微生物が栄養として必要とする元素には炭素，水素，酸素，窒素，リン，硫黄，カリウム，カルシウム，ナトリウム，鉄，マグネシウムなどの他に，マンガン，銅，亜鉛，コバルト，モリブデン，セレン，ニッケル，タングステンの微量元素がある．このような微生物の増殖に必要な微量な成分は微量栄養素と呼ばれ，**バイオエレメント**（生体元素）とも呼ばれている．

3.6 微生物の栄養

微生物は，増殖に必要なエネルギーや生体成分合成のためにさまざまな栄養素を取り込んでいる．

A 微生物の栄養タイプ

二酸化炭素を唯一の炭素源として利用して増殖でき，有機物を必要としない微生物を**独立栄養菌**（自家栄養菌），炭素源として二酸化炭素を利用できずに増殖に有機物を必要とする微生物を**従属栄養菌**（他家栄養菌）という．またエネルギーの獲得に光を利用する微生物は**光栄養菌**（光合成細菌），無機や有機の化学物質の酸化によってエネルギーを獲得する微生物は**化学合成菌**（化学合成細菌）という．ヒトに病原性を示す微生物は「化学合成従属栄養菌」である

a）光合成独立栄養菌

光をエネルギー源として利用し，また二酸化炭素を唯一の炭素源にして増殖する微生物である．藍藻，紅色硫黄細菌などがある．

b）光合成従属栄養菌

光をエネルギー源として利用する一方，炭素源として有機物質を必要として増殖する微生物．紅色非硫黄細菌などがある．

c）化学合成独立栄養菌

無機物質の酸化によってエネルギーを獲得し，二酸化炭素を唯一の炭素

源として増殖する微生物で無機栄養菌ともいう．硝化細菌，水素細菌などがある．

d）化学合成従属栄養菌

化学物質の酸化によってエネルギーを獲得し，炭素源として有機物質を必要とする微生物．有機栄養菌で，大腸菌，ビール酵母などがある．

動植物など生物体から栄養の供給を受けている微生物を**寄生菌**，動植物の死骸や排泄物などの生命のない有機物を栄養源とする微生物を**腐生菌**．とくに動物の排泄物を住み家としている真菌類は**糞生菌**と呼ぶこともある．

B 微生物の栄養素

微生物の増殖に必要な栄養素には，a）炭素源，b）窒素源，c）無機塩類，d）生育因子などがある．これらの炭素源や窒素源として利用される物質の種類は微生物種によって異なっている．

a）炭素源

微生物の炭素源として，**従属栄養菌**ではグルコース，フラクトースなどの単糖類，ショ糖や麦芽糖などの二糖類などを利用する．また**独立栄養菌**の多くは CO_2 を唯一の炭素源として利用する．培養には糖濃度として，細菌では 0.5〜2.0％，真菌類では 2.0〜5.0％を添加するが，発酵タンクなどの大量培養では 10％以上の糖濃度にすることも多い．

b）窒素源

窒素源は菌体タンパク合成素材としてのアミノ酸生合成のために必要である．多くの菌は，アンモニア，硝酸塩，亜硝酸塩などの**無機窒素**を，またはアミノ酸などの**有機窒素**を利用する．

c）無機塩類

微生物は微量の無機塩類を必要とするが，要求される順に並べるとリン，硫黄，鉄，カルシウム，マグネシウム，カリウム，ナトリウム，塩素，マンガン，亜鉛，銅，ホウ素，モリブデン，ヨウ素，ストロンチウムなどである．

d）生育因子

一部の微生物では，生育因子としてビタミンB群などの微量成分が必要である．微生物の種類によって差異はあるが，チアミン（ビタミンB_1），リボフラビン（ビタミンB_2），ピリドキシン（ビタミンB_3），パントテン酸，ニコチン酸，ビオチン，葉酸，パラアミノ安息香酸，ビタミンB_{12}などが必要である．

3.7 微生物の培養と培地

A 培地の種類

培地形状によって，寒天やゼラチンで固化した**固形培地**，低濃度の寒天を加えた**半流動培地**，培地成分のみを入れた**液体培地**（ブイヨン，またはブロス ともいう）に区分される．固形培地はペトリ皿で固化した**平板培地**，試験管内で斜位に固化した**斜面培地**，直立して固化した**高層培地**などである．また使用目的によって，**増菌培地**，**選択分離培地**，**確認培地**，**保存培地**，**輸送培地**などに区分される．

B 培地素材

微生物を培養して発育させるには外部からの栄養素が必要となる．微生物の培養には，窒素源，炭素源などを含有した培地素材を調製して用いる．

a）タンパク消化物

大豆，コーン，乳，肉などを，酸処理，酵素で加水分解または自己消化して使用する．ペプシンで分解した**ペプトン**またトリプシンで分解した**トリプチダーゼ**などと呼び，微生物の主な**窒素源**として使用する．

b）エキス類

肉エキス，酵母エキスなどの浸出物で調製される．アミノ酸，ペプチド，多糖類，ビタミン類，有機酸類，塩類などが含有されている．

c）添加物

血液，血清などの体液や植物浸出物，抗菌剤，色素などを用いる．これらは特定菌に対する培地選択性を高めたり，発育促進効果を得る．病原菌

の培養には血液や血清を添加することがある．

d）固化剤

培地をゲル化して固化するためにゼラチンや寒天を用いる．これらは30〜40℃近辺で溶けるので，高熱細菌の培養には**ゲライテ**（シュードモナス菌の産生する多糖体）が用いられる．

C 培養方法

微生物の培養には，その目的にそった培地と培養器具を用いる必要がある．固形培地に微生物を含んだ材料を接種すると，1個の微生物が増殖しコロニー（集落）を形成する．この集落は菌種によって特徴があるので，これを釣菌して新しい培地に移植し分離培養を行い純粋培養を得る．

培養は恒温器内に静置する静置培養，通気のために振盪する振盪培養，さらに特定の菌種を集める集積培養などがある．嫌気性菌の培養には**穿刺培養**が行われるが，嫌気度が高くなると空気を除去した条件下で培養する嫌気培養や炭酸ガス培養が行われる．

この嫌気培養法には，①嫌気ジャーと呼ばれる密閉容器に酸素除去剤を加えて培養する方法，②炭酸ガスを通気しながら培地を作製し還元状態にした予備還元培地を用いる方法，③炭酸ガス通気下で培養操作を行い培地を試験管壁に付着固化して培養するロールチューブ法，④プラスチックまたは金属製の大型容器内に無酸素性の気相を満たし，その内部で培養操作を行うグローブ・ボックス培養法などがある．

なお微生物産業ではジャーファーメンターを用いて行う好気的な静置培養を**表面培養**と呼び，食酢の酢酸発酵などに用いる．またタンクでの攪拌培養を**深部培養**といい，透析膜を用いる**透析培養**，微生物や酵素を固定化した**固定化培養**，さらに連続運転を行う**連続培養**が行われる．

D 微生物定量法

アミノ酸，ビタミン類の定量や抗生物質の定量によく用いられる，微生物の増殖を利用した**バイオアッセイ**（生物学的測定法）の一つを**微生物定量法**と呼ぶ．

3.8 微生物の代謝・調節

A 代謝の基礎デザイン

a) 代謝システム

微生物の菌体内で起こるすべての物理的，化学的な変換は**代謝**と呼ばれる．代謝には物質を変換して菌体構築や機能発現するための高分子合成を目的とした**物質代謝**と微生物活動や菌体エネルギーを獲得する**エネルギー代謝**がある．

微生物の物質代謝は，生存のための基本的な代謝を**一次代謝**，限定された菌種や限定された時期にみられるアルカロイド生産，フェノール生産また抗生物質生産など生存と直接関係のないような物質の代謝を**二次代謝**と呼ぶこともある．微生物代謝では約 2,000 の多様な化学反応が関係し多くの反応系は酵素触媒作用によって進行しているが，反応様式は比較的限定されており統一されたデザインで進行する．

b) エネルギー代謝

微生物の生存にはエネルギーを必要とするが，その獲得様式は発酵，呼吸および光合成の，ATP 生産に関与する代謝システムに大別される．**発酵**は微生物が ATP を生成する代謝過程のことであるが，糖類など高分子基質を分解してアルコールや有機酸を生産する過程でもある．**呼吸**は有機物や無機物を酸素や硝酸塩，硫酸塩などの無機物によって酸化する過程で遊離するエネルギーを用いて ATP 生産を行う．**光合成**はクロロフィルによって光エネルギーを捕獲し ATP 生産を行う（**図 3.3**）．

c) 発 酵

古くは発酵とはアルコール発酵のようなガスを発生する発泡反応のこと

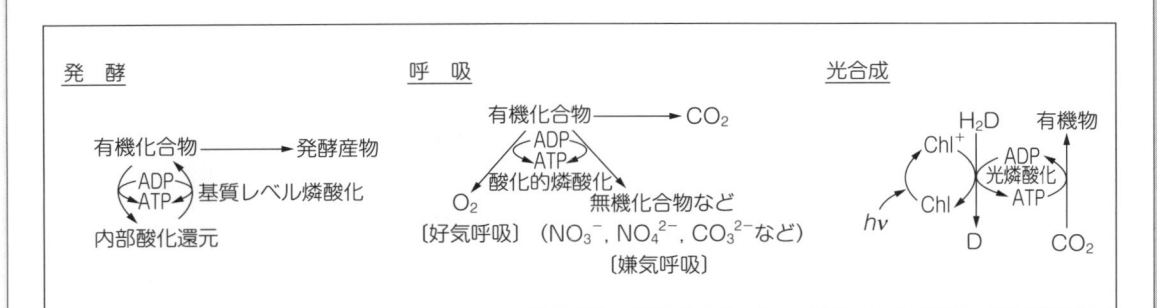

発 酵

有機化合物 ──→ 発酵産物
ADP → ATP 基質レベル燐酸化
内部酸化還元

呼 吸

有機化合物 ──→ CO_2
ADP → ATP
酸化的燐酸化
O_2　　無機化合物など
〔好気呼吸〕（NO_3^-, NO_4^{2-}, CO_3^{2-} など）
〔嫌気呼吸〕

光合成

H_2D　　有機物
Chl^+
ADP → ATP
光燐酸化
Chl
$h\nu$　　D　　CO_2

図 3.3　微生物エネルギー代謝の流れ

であったが，現在では「微生物が ATP を生成する代謝過程」をすべて発酵と呼んでいる．基質となる高分子化合物からグルコース酸化プロセスは**解糖系（EMP 経路）**によってピルビン酸に分解される．代表過程で生成した**ピルビン酸**を起点としてさまざまな発酵プロセスが進行する．その結果，特定の微生物によるアルコールや乳酸などの有機酸などが生成される．

d）呼 吸

一般的には呼吸は有機物を分子状酸素で酸化し，その際遊離するエネルギーによって ATP を合成するプロセスである．酸素の代りの電子受容体として硝酸塩，亜硝酸塩，硫酸塩，亜硫酸塩，フマル酸，トリメチルアミン N-オキシド（TMANO）なども使用され，また基質有機物のみでなく，亜硝酸塩やチオ硫酸塩が電子供与体となることも多い．呼吸に用いられる有機物は TCA サイクル（クエン酸サイクル，トリカルボン回路：クレブス回路）で完全酸化される．

e）光合成

植物や藻類などの真核微生物では CO_2 を同化して分子状酸素を発生して，おもに炭水化物を産生するが，光合成硫黄細菌などの微生物では，硫化水素で CO_2 を還元同化し，硫酸か単体硫黄を生成する．また，非硫黄光合成細菌では，有機物を酸化して CO_2 を同化する．

B 菌体合成系

生合成反応系は分解反応の逆行経路とは異なり，別個の機構で行われることが多い．一般的に分解系で生成される ATP よりも多くの ATP を消費し反応は微弱である．グルコースを基質として好気的に増殖した大腸菌は，グルコース基質の約 50％が，菌体合成に利用され，産生した ATP のほとんどを菌体成分の合成に消費する．

C 代謝調節

微生物代謝のなかで菌体の生存に適した代謝調節（代謝制御）が行われている．代謝の制御は，①最終産物抑制などを行う酵素抑制や酵素誘導が発現する酵素合成の調節．②最終産物阻害などを発現する酵素活性の調節．が行われる．

3.9 地球上の物質循環

微生物菌体成分を構成している主な元素は，炭素，窒素，硫黄，リン，水素，酸素などである．これらの元素は，地球上の生物の代謝活動に関与し，光合成による有機化合物（生命体）となり，これらは地球上の生物によって無機化されて無機化合物になる．化学的には物質原子が電子を喪失する酸化反応である．物質の原子が電子を獲得する還元反応との循環，すなわち酸化型と還元型の相互交換による循環サイクルが生物によって構成されている（図 3.4）．

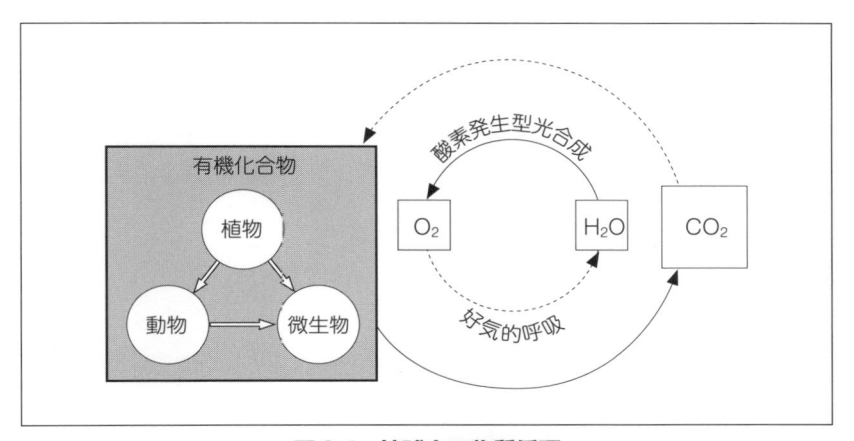

図 3.4 地球上の物質循環

――▶：酸化過程．　-----▶：還元過程．　══▶：無変化．

3.10 微生物による汚水処理

A 微生物による汚水処理

a）排水処理

排水処理は，有機物の溶解物質の不溶化と個体と液体の分離の技術であるといえる．その方式には微生物の関与による活性汚泥法，生物膜法，散水濾床法，酸化池などの好気性菌の活性に期待する方式と，嫌気性菌によるメタン発酵法による嫌気性処理がある．

b) 活性汚泥法

汚泥中の微生物叢の酸化能を利用した**活性汚泥法**は基本的には酸化池での有機物処理法である．粗大な浮遊物質を除去し均質化した処理水を排水曝気槽に移行させ通気攪拌して活性汚泥と接触させて有機物質の吸着酸化による浄化過程を行う．沈殿槽で活性汚泥と処理水に分離されて処理水は塩素滅菌されて放流される．さらに活性汚泥の一部は返送汚泥として曝気槽にもどされる．活性汚泥は *Zoogeloa*（ズーゲロア），*Pseudomonas*（シュードモナス），*Aerobacter*（アエロバクター），*Alcaligenes*（アルカリゲネス）などの細菌，鞭毛虫類，繊毛虫類などの原虫類，ツリガネムシ，ワムシ，ムレケムシなどの微小動物などがフロック（Floc：凝集塊）を形成している．この活性汚泥は過剰な有機物質が投入されるとバルキング（bulking：膨潤）して汚水処理が不能となる．

c) 散水濾床法

支持体に付着している汚水微生物フローラに汚水を散布し，酸化浄化する散水濾床法は生物膜法の一つである．濾材や砕石など支持器材を充填した濾床の上に間歇的に汚水を滴下して微生物叢の被膜をつくらせて排汚水を散布して浄化する．

d) メタン発酵法

濃厚な有機物の処理はメタン発酵法が有効な処理方法で，副成する燃料ガスの利用などが期待される．メタン発酵法の基本処理は温度管理，攪拌，濃度調節などが必要である．

B 排水・汚水の 汚濁指標

排水汚染の程度を表示するには次のような単位が使用されている．

1) **BOD**（生物化学的酸素要求量：biochemical oxygen demand）は，微生物によって汚水中の有機物が分解される際に消費される酸素量を通常5日間，20℃で菌を培養して測定する．100万分の1単位（ppm），またはmg/lで表示する．

2) **COD**（化学的酸素要求量：chemical oxygen demand）は，汚水中の有機物を過マンガン酸カリで酸化するとき消費される酸素量をBODと同じ単位で表示する．

3) **SS**（suspended solid）は水中に浮遊する物質または懸濁物質のことである．検査汚水を1μmのガラスファイバー濾紙で濾過して蒸発乾燥して残存物の重量で測定する．

第3章 まとめ

1. **微生物の増殖**：原核生物（細菌・古細菌）の増殖：二分裂増殖，出芽増殖，先端増殖，分枝増殖
2. **真核微生物の増殖**：生活環の形成/糸状菌の増殖/酵母の増殖/原虫類の増殖
3. **微生物増殖の環境要因**：酸素/二酸化炭素/温度/pH/浸透圧/光線/他生物との相互作用
4. **菌体の成分**：菌体の化学組成/微量栄養素
5. **微生物の栄養**：微生物の栄養タイプ/微生物の栄養素
6. **微生物の培養と培地**：培地の種類/培地素材/培養方法/微生物定量法
7. **微生物の代謝・調節**：代謝の基礎デザイン/菌体合成系/代謝調節
8. **地球上の物質循環**：酸化型と還元型の物質循環サイクル
9. **微生物による汚水処理**：活性汚泥法，散水濾床法，メタン発酵法

CHAPTER 4 原核生物の性状と種類（1）ヒトに関する細菌

4.1 原核生物の分類

A 原核生物の記載数

原核生物のデータベースであるバージェイズ・マニュアル（*Bergey's Manual of Systematic Bacteriology*）第2版〔2001年刊行〕には52,247菌種の原核生物を記載している．このなかでは細菌（バクテリア：bacteria）と古細菌（アーキア：archaea）の2つのドメインから25門，40綱，89目，203科，941属，52,247菌種を分類階級別に整理して，各々の性状を述べている．

B 便宜的な分類区分

本書ではバージェイズ・マニュアル（2001）にほぼ準拠した分類表を**表 4.1**に示した．

4.2 ヒトに関する細菌

A グラム陽性球菌（体表常在性）

1）重要病原菌は黄色ブドウ球菌と化膿レンサ球菌である．
2）ヒト体表や腸管内に常在し，よく検出される．

表 4.1 ヒト・動物に関与する主な細菌の分類表

原核生物 ── 細菌

- a) グラム陽性球菌（体表常在性）
  - ブドウ球菌（*Staphylococcus*）
  - ミクロコッカス（*Micrococcus*）
  - レンサ球菌（*Streptococcus*）
  - 腸球菌（*Enterococcus*）
- b) グラム陰性球菌・球桿菌（ヒト寄生性・日和見感染性）
  - ナイセリア（*Neisseria*）
  - モラクセラ（*Moraxella*）
  - アシネトバクター（*Acinetobacter*）
  - キンゲラ（*Kingella*）
  - クロモバクテリウム（*Chromobacterium*）
  - エイケネラ（*Eikenella*）
  - ベイヨネラ（*Veillonella*）
- c) グラム陰性桿菌 1（腸管内病原菌）
  - エシェリキア（*Escherichia*）
  - シゲラ（*Shigella*）
  - サルモネラ（*Salmonella*）
- d) グラム陰性桿菌 2（腸管内・日和見感染性）
  - クレブシラ（*Klebsiella*）
  - セラチア（*Serratia*）
  - エンテロバクター（*Enterobacter*）
  - プロテウス（*Proteus*）
  - プロビデンシア（*Providencia*）
  - モルガネラ（*Morganella*）
  - サイトロバクター（*Citrobacter*）
- e) グラム陰性桿菌 3（腸管内・水系親和性）
  - ビブリオ（*Vibrio*）
  - エルシニア（*Yersinia*）
  - アエロモナス（*Aeromonas*）
  - プレジオモナス（*Plesiomonas*）
  - ヘリコバクター（*Helicobacter*）
  - カンピロバクター（*Campylobacter*）
  - スピリルム（*Spirillum*）
- f) グラム陰性桿菌 4（好気性・呼吸器日和見感染性）
  - シュードモナス（*Pseudomonas*）
  - ボルデテラ（*Bordetella*）
  - レジオネラ（*Legionella*）
- g) グラム陰性桿菌 5（好気性・ヒト動物共通菌）
  - フランシセラ（*Francisella*）
  - バークホルデリア（*Burkholderia*）
  - ヘモフィラス（*Haemophilus*）
  - パスツレラ（*Pasteurella*）
  - アクチノバシラス（*Actinobacillus*）
  - アルカリゲネス（*Alcaligenes*）
  - ブルセラ（*Burucella*）
- h) グラム陰性偏性嫌気性桿菌
  - バクテロイデス（*Bacteroides*）
  - フソバクテリア（*Fusobacterium*）
- i) 有芽胞グラム陽性桿菌
  - 好気芽胞菌 ── バシラス（*Bacillus*）
  - 嫌気芽胞菌 ── クロストリジウム（*Clostridium*）
- j) 無芽胞性グラム陽性桿菌 1
  - 乳酸桿菌（*Lactobacillus*）
  - ビフィズス菌（*Bifidobacterium*）
  - プロピオン酸菌（*Propionibacterium*）
  - リステリア（*Listeria*）
  - コリネバクテリウム（*Corynebacterium*）
- k) 無芽胞性グラム陽性桿菌 2（抗酸菌）
  - マイコバクテリウム（*Mycobacterium*）
  - 非定型抗酸菌
  - 非病原性抗酸菌
- l) らせん菌・スピロヘータ群
  - トレポネーマ（*Treponema*）
  - ボレリア（*Borrelia*）
  - レプトスピラ（*Leptospira*）
- m) 放線菌（*Actinomycetes*）
  - アクチノミセス（*Actinomyces*）
  - ノカルジア（*Nocardia*）
  - ストレプトマイセス（*Streptomyces*）
- n) 偏性細胞内寄生菌群
  - リケッチア（*Rickettsia*）
  - クラミジア（*Chlamydia*）
- o) マイコプラズマ（*Mycoplasma*）
  - マイコプラズマ（*Mycoplasma*）
  - ウレアプラズマ（*ureaplasma*）

3) 通性嫌気性菌または好気性菌である．
4) タンパク質や多糖体などの分解力が強い菌種が多い．
5) 外毒素（代謝産物）や莢膜が病原物質であることが多い．
6) 抗生物質耐性菌のMRSA（ブドウ球菌），VRE（腸球菌）が多い．
7) 院内感染症（医原病）の原因になることもある．

a) ブドウ球菌（*Staphylococcus*）

1) **かたち**：直径0.5～1.0 μm の球菌．ブドウ房状の配列をする（**図4.1a**）．
2) **培　養**：通性嫌気性，普通寒天培地によく生育．耐塩性で7.5%食塩でも増殖．選択培地には，マンニット食塩培地，卵黄加マンニット食塩培地を用いる．
3) **所在・病原性**：ヒト・動物の皮膚，粘膜とくに鼻腔粘膜，咽頭などに常在することが多い．ヒトの**化膿性**疾患，結膜炎，骨髄炎，尿路感染症，心内膜炎，髄膜炎症，**食中毒**，腸炎などが発現する．
4) **生化学性状**：マンニット分解性，カタラーゼ陽性，オキシダーゼ陰性．
5) **代謝産物・毒素**：病原性の判定に用いるコアグラーゼ，耐熱性DNA-ase，外毒素のエンテロトキシン（抗原性からA～Eまでの5種に区分），外毒素のヘモリジン（溶血性からα，β，γの3種に区分），外毒素であるエクソフォリアチン（皮膚剥脱症候群毒素）などがある．
6) **菌性状**：23菌種，4亜群が知られている．球菌で集塊状配列．耐塩性．ヒトや動物の表皮，上気道から分離される．タンパク質分解性が強く，ヒトに食中毒をはじめ病原性を発現する菌種が多い．

1) **コアグラーゼ産生菌種（黄色菌種）**

代表種 黄色ブドウ球菌（*S. aureus*）：食中毒菌で，MRSA（メチシリン耐性菌）が出現する．ブドウ球菌群のなかでヒトに対して最も病原性が高い．ある調査ではヒト健常者の鼻腔粘膜の40%から本菌が検出されたという（**図4.2**）．

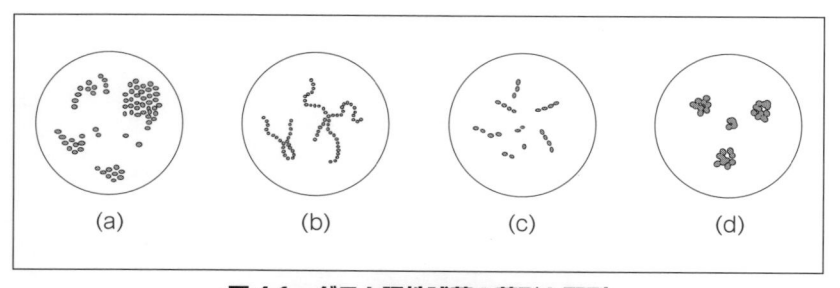

図4.1 グラム陽性球菌の菌形と配列
(a) ブドウ球菌　(b) レンサ球菌　(c) 腸球菌　(d) サルシナ

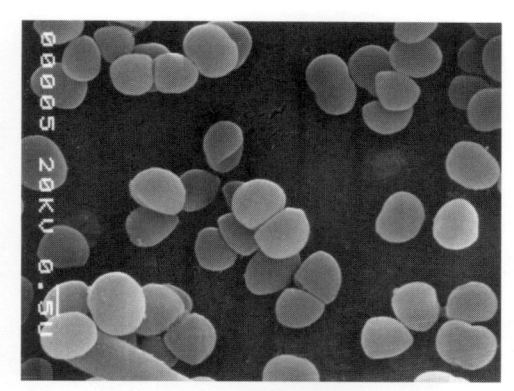

図 4.2　黄色ブドウ球菌の電顕像（扇元敬司）

2) コアグラーゼ非産生菌種（非黄色菌種）

代表種① 表皮ブドウ球菌（*S. epidermidis*エピデルミディス）：ヒト常在菌種．白色から淡黄色コロニー形成．日和見感染菌である．

代表種② 腐生ブドウ球菌（*S. saprophyticus*サプロフィチカス）：ヒト常在菌種．日和見感染菌，耐熱性 DNAase 非産生，マンニット非分解性，白色コロニー形成．

　その他ブドウ球菌約 20 菌種以上の**日和見感染菌**が知られている．

b) ミクロコッカス（*Micrococcus*）

1) **かたち**：直径 0.5～1.0 μm の球菌．不定形な配列をする．
2) **所　在**：ヒト，動物の皮膚，粘膜から分離されるヒトの常在性菌．日和見感染菌である．
3) **生化学性状**：ブドウ球菌とは異なり，糖を好気的に分解する．カタラーゼ陽性，オキシダーゼ陽性である．

c) レンサ球菌（*Streptococcus*ストレプトコッカス）

1) **かたち**：直径 0.5～2.0 μm，2 対または連鎖状れんさの配列をする（**図 4.1b**）．
2) **所在・病原性**：ヒト，動物から分離される．菌種によって病原性が異なる．溶血性や菌体抗原から所在や病原性がほぼ判別できる．溶血毒ようけつどく（ストレプトリジン），発赤毒ほっせきどく（デック毒素），ストレプトキナーゼ（フィブリン溶解酵素），ストレプトドルナーゼ（DNA 分解酵素）などの外毒素，および菌体莢膜，とくに M タンパク質（細胞壁外層の莢膜様タンパク質），などが知られている．
3) **生化学性状**：ブドウ糖を嫌気的に分解して右旋性乳酸を産生する．オキシダーゼ陰性，カタラーゼ陰性．菌種により培養温度 10℃と 45℃で

表 4.2 溶血によるレンサ球菌の分類

α型溶血：	不完全溶血．緑色の溶血環を形成する．（α溶血型レンサ球菌，緑色レンサ球菌（S. viridans），または緑レン菌）
β型溶血：	完全溶血．透明な溶血環を形成する．（β溶血型レンサ球菌，溶血レンサ球菌（S. haemolyticus），または溶レン菌）
γ型溶血：	溶血が認められない菌である．（γ溶血型レンサ球菌または非溶血レンサ球菌）

表 4.3 ランスフィールドによるレンサ球菌の分類

型	菌　　種	溶　血	おもな宿主	病原性
A	化膿レンサ球菌（S. pyogenes）	β	ヒト	化膿性疾患
B	アガラクティス菌（S. agalactiae）	β, α, γ	ヒト	化膿性疾患
C	イクイ菌（S. equi）	β	ウマ	なし
D	ボビス菌（S. bovios）	α, γ	ウシ	なし
H	サンギス菌（S. sanguis）	α, γ	ヒト	亜急性心内膜炎
N	乳酸球菌（S. lactis）	α, γ	乳製品	なし
(−)	肺炎球菌（S. pneumoniae）	α	ヒト	肺炎

(−)：不明

は増殖が異なる．

4) **分　類**：血液寒天上の溶血環（**表 4.2**）および菌体抗原（ランスフィールドの分類*（**表 4.3**））による．ただし，菌株によって不定の場合が多い．

1) 溶血レンサ球菌，A群（β溶血，A群溶レン菌）

　ヒトはA群レンサ球菌の自然宿主で，ヒトからヒトへ飛沫などによって感染することが多い．

代表種 化膿レンサ球菌（S. pyogenes）：**病原菌**，莢膜を形成してヒト白血球の食作用に抵抗する．普通寒天培地では増殖せず血液寒天で溶血環を形成する（β溶血）．コロニー形成は小さい，円形，透明，バシトラシン感受性である．本菌によってヒトは腎炎，猩紅熱，リウマチ熱の三大疾患を発症することがある．また中耳炎，産褥熱，皮膚化膿性炎症，表皮剥脱性皮膚炎，劇症型A群レンサ球菌感染症，また関節炎，気管支炎，膀胱炎，心内膜炎，髄膜炎などの起因菌である．

2) 緑色レンサ球菌（α溶血，緑レン菌）

代表種① 肺炎レンサ球菌（S. pneumoniae）：ヒト常在菌，病原菌．莢膜を形成，免疫学的な手法による**莢膜膨化反応**によって型別に用いる．

---

*　米国女性微生物学者ランスフィールド（Lancefield）は，レンサ球菌の細胞壁から100℃，10分で抽出した多糖体抗原の免疫学的分類を行った．A群からV群までの菌群に分別し，その病原性や所在との関連を見出した．ヒト疾患に関連するのはA菌群，B菌群，K菌群，H菌群である．

かつて**DNA形質転換実験**には本菌の莢膜形成試験が使用された．熱に弱く52℃，10分で死滅する．普通寒天に増殖せず血液寒天で緑色の溶血環を形成する（α溶血）．炭酸ガス培養は増殖が促進される．コロニー形成は小さい．光沢，円形，透明．液体培養では短い連鎖で0.5〜1.0 μmの小さい双球菌状になり淡く濁る．健常なヒトの25〜50％の鼻腔常在菌で，大葉性肺炎，咽頭の化膿性疾患，角膜移行性潰瘍，中耳炎，腸炎を発症することもある．ワクチンがある．

代表種② B群レンサ球菌（*S. agalactiae*アガラクティエ）：ヒト産道に常在しており新生児院内感染，新生児髄膜炎，また心内膜炎，肺炎，尿路感染の起因菌である．溶血性は不定である．

代表種③ 唾液レンサ球菌（*S. salivarius*サリバリウス）：α, γ溶血性は不定．日和見感染菌，口腔，咽頭，気道粘膜に常在しており，舌表層の最優占菌種とされる．亜急性心内膜炎を発症する．

口腔の常在性レンサ球菌には，*S. mitis*ミティス，*S. sanguis*サンギス，*S. mutans*ムタンス，などが常在しており，これらを口腔レンサ球菌群とも呼ぶ．なお*S. mutans*は齲歯（むしば）の原因菌とされている．

3）非溶血レンサ球菌（γ溶血）

代表種 乳酸レンサ球菌（*S. lactis*ラクティス）：N群，αまたはγ溶血性．非病原性，酪農食品から分離される．クレモリス菌（*S. cremoris*クレモリス）などもある．

d）腸球菌（*Enterococcus*エンテロコッカス）

1) **かたち**：直径0.5〜1.0 μmの楕円状，2対形成が多い（**図4.1c**）．
2) **所　在**：ヒト，動物の腸管常在性，食品から分離される．菌種によって病原性を発現．リウマチ性心内膜炎，尿路感染症などの起因菌となる．**VRE（バンコマイシン耐性腸球菌**：vancomycin resistant Enterococcus）が出現する．

代表種 フェカーリス菌（*E. faecalis*）：腸管常在性，整腸剤に使用することもある．

その他，**四連球菌**のサルシナ（*Sarcina*），偏性嫌気性菌のペプトコッカス（*Peptococcus*），ペプトストレプトコッカス（*Peptostreptococcus*），など，ヒトや動物の腸管常在性菌で日和見感染を引き起こす．

B　グラム陰性球菌・球桿菌（ヒト寄生性・日和見感染性）

1) 重要な菌属はナイセリア，モラクセラ，アシネトバクター，ベイヨネラ
2) 重要菌種はナイセリアの二菌種（淋菌りんきん，髄膜炎菌）

3) ヒトにのみ寄生して病原性を発現する菌種が多い．
4) 多くは抵抗性が弱い．とくに温度感受性が高い．日和見感染菌が多い．

a) ナイセリア（*Neisseria*）

1) **かたち**：0.6～0.9 μm，双球，ソラマメ，腎臓状の菌形．
2) **所在・病原性**：STD（性行為感染症），髄膜炎起因菌，ヒト口腔，腸管，泌尿生殖器官．
3) **分 類**：菌種数は10菌種で病原菌は2種（淋菌と髄膜炎菌）である．
4) **抵抗性**：弱い．日光，乾燥，消毒薬などで容易に死滅する．また高温および低温にも弱い．48℃以上，40℃以下では増殖不可能．

代表種① 淋菌（*Neisseria gonorrhoeae*）：STD（性行為感染症）である淋病の起因菌，健常なヒトに常在しない．ヒトからヒトへの直接感染．尿道炎，泌尿生殖器官炎症，**新生児結膜炎**（母子感染），膣炎．患部検体の直接塗抹とくに好中球など免疫担当細胞の細胞体内外から本菌を検出することが多い．

代表種② 髄膜炎菌（(*Neisseria meningitidis*)：**髄膜炎起因菌**，淋菌と形態および諸性状が類似している．髄液，血液，咽頭粘膜から分離できる．健常者の5～15%は本菌を鼻咽喉内に保菌しているとされる．侵入門戸は鼻咽腔粘膜で，リンパまたは血行から脳脊髄膜炎を起病する．培養および防疫は淋菌と同様である．

b) モラクセラ（*Moraxella*）

1) **かたち**：グラム陰性．1.0～1.5×1.5～2.5 μm の**球桿状菌**である．
2) **所 在**：土壌，汚水，塵埃，またヒトの結膜，上気道，鼻腔から分離される．**ヒト亜急性結膜炎**，角膜眼瞼炎などの起病性をもつ．
3) **抵抗性**：弱い．日光，乾燥，消毒薬などで容易に死滅する．

代表種① ラクナータ菌（*Moraxella lacunata*）：ヒトにのみ病原性を発現，**亜急性結膜炎**，角膜眼瞼炎の分泌物から分離される．

代表種② カタラーリス菌（*Moraxella catarrhalis*）：ヒト鼻腔，気管支から分離される**日和見感染菌**．中耳炎，肺炎，気管支炎の起因となる．

c) アシネトバクター（*Acinetobacter*）

1) **かたち**：グラム陰性，0.9～1.6×1.5～2.5 μm の球桿状菌．
2) **所 在**：土壌，汚水，水系，またヒトの皮膚，気管，腸管，泌尿器などから分離される．日和見感染菌で髄膜炎，心内膜炎，敗血症，肺炎などの起因菌になる．なお土壌中ではマメ科根粒と共生している．

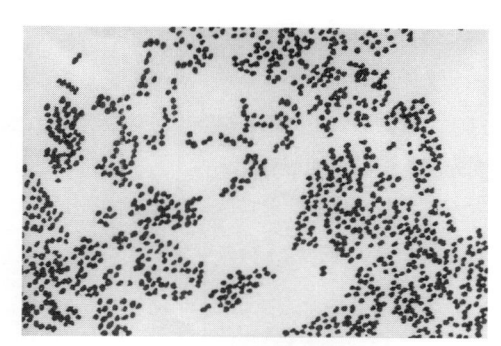

図4.3 ベイヨネラの菌形と配列（扇元敬司）

d) キンゲラ（*Kingella*）
1) **かたち**：グラム陰性，0.6〜1.0 × 1.0〜3.0 μm の球桿状菌．
2) **所　在**：ヒトの口腔，咽頭，上気道粘膜，泌尿器から分離される．**日和見感染菌**．

e) クロモバクテリウム（*Chromobacterium*）
1) **かたち**：0.6〜0.9 × 1.5〜3.0 μm の球桿状菌．
2) **所　在**：熱帯地方の土壌，水系から分離される．またヒトや哺乳動物の病変部から分離される．日和見感染菌．

f) エイケネラ（*Eikenella*）
1) **かたち**：グラム陰性，0.3〜0.4 × 1.5〜4.0 μm の桿状菌．芽胞は形成しない．無鞭毛，運動性はない．
2) **所　在**：ヒト口腔，腸管から分離される．また心内膜炎，関節炎また肺炎の病変部から分離される．**日和見感染菌**．

g) ベイヨネラ（*Veillonella*）
1) **かたち**：グラム陰性，0.1〜0.5 μm の微小球菌（**図4.3**）．
2) **所　在**：口腔，腸管に常在する．日和見感染菌として髄膜炎，心内膜炎，敗血症，肺炎などの起因菌である．
3) **生化学性状**：乳酸から揮発性有機酸を産生，ブドウ糖，乳糖など糖類は利用しない．

C グラム陰性桿菌1（腸管内病原性）

1) 重要菌種は大腸菌，赤痢菌，サルモネラ（チフス菌，食中毒菌）などである．
2) ヒトや動物の腸管からよく検出される．

3) グラム陰性，通性嫌気性である．
4) ブドウ糖を分解して酸，ガスを産生する．硝酸塩を還元する．
5) 腸管内に常在性または病原性で，腸管感染菌，食中毒菌である．
6) 線毛による宿主粘膜への粘着性を示す．
7) 菌属，菌種によってヒト，動物，鳥類寄生性である．
8) 食品衛生や公衆衛生では，きわめて重要な菌群である．

　腸内細菌科（*Enterobacteriaceae*）には**ヒトの腸管常在菌**をはじめヒトの健康に重要な菌種が多く所属する．かたちは 0.5〜1.0×1.0〜6.0 μm のグラム陰性桿菌．周毛性鞭毛で運動性．莢膜を形成する菌種と形成しない菌種がある．

　培養は，**通性嫌気性**，普通寒天培地によく生育する．通常ヒト，動物の腸管からよく検出される．ブドウ糖を利用して酸または酸とガスを産生する．硝酸塩を還元し，オキシダーゼ陰性である．

a）エシェリキア（*Escherichia*）：大腸菌
1) **かたち**：1.1〜1.5×2.0〜6.0 μm．
2) **培　養**：通性嫌気性，マッコンキー寒天培地，DHL 寒天培地，SS 寒天培地，遠藤培地など．
3) **所　在**：*E. coli*（コリ）はヒトなど温血動物腸管からよく検出され，特定の菌種はヒト病原性を示す．また *E. blattae*（ブラッタエ）はゴキブリの後腸部位から，*E. fergusonii*（フェルガソニイ），*E. hermanni*（ヘルマニ）はヒト臨床材料から分離された．
4) **生化学性状**：ブドウ糖，乳糖，白糖を分解して酸とガスを産生する（*E. coli*）．硝酸塩を還元する．カタラーゼ陽性，オキシダーゼ陰性．
5) **免疫学的型別**（血清型別）：多くの菌種では菌体表層の抗原構造による免疫学的な型別．菌体の抗原構造から抗血清による型別を行う．
抗原構造：O 抗原（菌体抗原，耐熱性．リポ多糖体），H 抗原（鞭毛抗原，易熱性），K 抗原（莢膜抗原，耐熱性）：例 O157（EHEC）

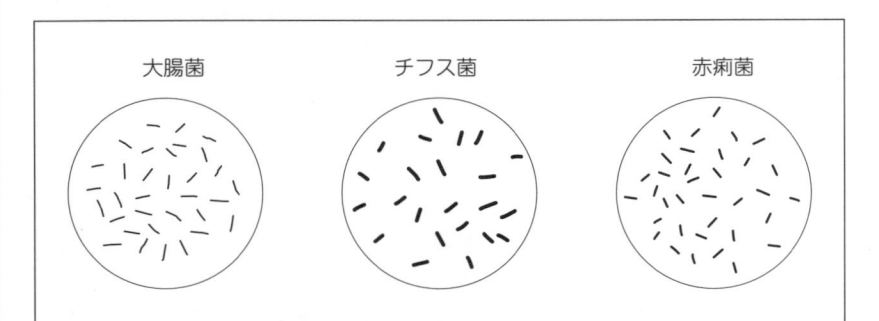

図 4.4　腸管内病原菌の菌形と配列

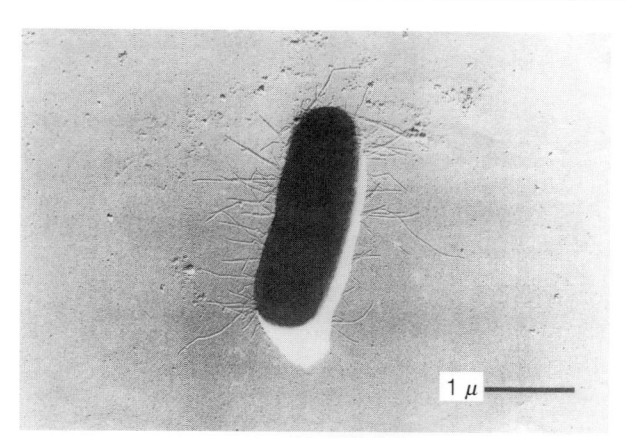

図 4.5　病原性大腸菌の電子顕微鏡像（鈴木良典）
菌体から出ている線毛に注目

表 4.4　毒素原性大腸菌のエンテロトキシン（腸管毒素）

性　状	LT（易熱性エンテロトキシン）	ST（耐熱性エンテロトキシン）
耐熱性	60℃，10分で失活	100℃，30分まで耐熱
構造（分子量）	タンパク質（8万）	ペプチド（2千）
類似毒素	コレラ毒素，サルモネラ毒素 カンピロバクター毒素	エルニシア菌毒素 ナグビブリオ毒素

LT：heat-label enterotoxin（易熱性腸管毒），ST：heat-stable enterotoxin（耐熱性腸管毒）

代表種 大腸菌（*Escherichia coli*　エシェリキア　コリ）：腸内に常在してビタミン類を産生する．まれに病原性大腸菌が出現して腸管感染症および腸管外感染症を起病する（**図 4.5**）．

b）病原性大腸菌群

1）腸管感染症起因菌

(1) **毒素原性大腸菌（ETEC）**：LT，ST：コレラ様下痢．
　　血清型 O6，O8，O11，O15，O25，O27，O29，O85．
　　毒素原性大腸菌の産生する腸管毒（enterotoxin）を**表 4.4**に示した．
(2) **腸管組織侵入性大腸菌（ELEC）**：赤痢様下痢．
　　血清型 O112，O121，O126，O136，O143，O144，O152 など
(3) **腸管病原性大腸菌（EPEC）**：水様性下痢．
　　血清型 O44，O55，O86，O119，O125，O127 など
(4) **腸管出血性大腸菌（EHEC）**：**溶血性尿毒症症候群（HUS）**：急性脳症．
　　血清型 O157：H7，O26，O111，O128，O145 など．腸管出血性大腸菌症として**三類感染症**に指定．

(5) **凝集付着性大腸菌（EAggC）**：水様性下痢．線毛による凝集性．
血清型 O3：H2，O127 など

2) 腸管外感染症（迷入感染症，異所感染症）起因菌

(1) **尿路病原性大腸菌**：腎盂腎炎，膀胱炎．
(2) **K1 莢膜抗原大腸菌**：新生児髄膜炎の起因菌となる．

c) シゲラ（*Shigella*）：赤痢菌

1) **かたち**：1.0〜3.0 × 0.7〜1.0 μm．小型桿菌．鞭毛や莢膜は存在しない．非運動性．

2) **所在・病原性**：細菌性赤痢として**三類感染症**に指定されている．ヒトとサルなど霊長類のみに感染する．通常は経口感染で大腸上皮に侵入して細胞内増殖する．大腸感染部位では，腸管粘膜上皮細胞に付着して増殖するが，ごく少量の菌数でも発症する．大量の菌数が発症要因となるサルモネラやコレラ菌とは異なる感染症となる．なお赤痢菌（*S. dysenteriae*）は**志賀毒素**（Shiga toxin）を産生するが，腸管出血性大腸菌（EHEC）でも類似の毒素が産生される．胃酸に抵抗性が強く裏急後重（りきゅうこうじゅう）と呼ばれる「しぶり腹」の症状で，小児では「疫痢（えきり）」になることもある．

3) **分類**：血清型別（免疫学的型別）によって 4 群に型別される（**表 4.5**）．
代表種 赤痢菌（*Shigella dysenteriae*（シゲラ ディセンテリエ））：赤痢の起因菌のひとつ．菌名シゲラ（Shigella）は最初の発見者である志賀潔（1887）に因んで命名された．

表 4.5 赤痢菌の血清型別と基質利用性

A 群：志賀赤痢菌（*S. dysenteriae*（ディセンテリエ））：マンニットと乳糖非分解性
B 群：フレクスナー赤痢菌（*S. flexner*（フレクスナー））：マンニット分解，乳糖非分解性
C 群：ボイド赤痢菌（*S. boydii*（ボイディ））：マンニット分解，乳糖非分解性
D 群：ゾンネ赤痢菌（*S. sonnei*（ゾンネイ））：乳糖遅分解性，マンニット分解性，乳糖非分解性

註）カタラーゼ反応：A 群以外は陽性

d) サルモネラ（*Salmonella*）

1) **かたち**：0.7〜1.5 × 2.0〜5.0 μm．周毛性鞭毛，運動性．

2) **所在・病原性**：ひろく哺乳類，両生類，鳥類，爬虫類などの腸管に常在菌として生息する．チフス症など急性胃腸炎や食中毒を発症する菌種も多い．ヒト病原性菌種は血清型で識別されている．生体内増殖は偏性細胞内寄生性である．

3) **分類**：血清型は約 2,000 種ある．しかし DNA 相同性や数値同定から推定すると，菌種間の相違は意外に少ないとされている．現在のサ

ルモネラの学名表記は，亜種と血清型を併記し長く複雑になるため通常は血清型を，ローマン体で表記する．

1）チフス性疾患

一般のサルモネラ症とは区別して，腸チフスとパラチフスを**チフス性疾患**と総称している．

代表種① 腸チフス菌（*S. enterica* subsp. *enterica* serovar **Typhi**）：腸チフス起因菌．ヒトからヒトに伝播する**腸チフス症**として**三類感染症**に指定されている 本疾患は敗血症および腸管病変を特徴とし，ヒトにのみ病原性を示す．

腸チフス菌は Vi 抗原と呼ばれる莢膜抗原を持つ．経口感染であるが**全身性感染症**である．赤痢菌感染とは異なり，経口感染でも $10^6 \sim 10^9$ 個の大量の菌体数が必要とされる．小腸に到達したチフス菌は粘膜に侵入し粘膜下リンパ節や腸管膜リンパ節内で増殖する．さらに菌体はリンパ管を経過して血中に侵入して全身感染する．倦怠感，食欲減退から悪寒発熱，さらに重症では昏睡状態に至る．抗菌剤治療などで，病状がなくなっても，胆嚢内などの臓器内にチフス菌体が残存して**慢性保菌者**となり，終生チフス菌体を便中に排出してチフス患者の拡大を続けることも多い．なお罹患後は強力な免疫が成立する．

代表種② パラチフスＡ菌（*Salmonella enterica* subsp. *enterica* serovar **Paratyphi A**）：ヒトからヒトに伝播するチフス症として**三類感染症**に指定されている．腸チフス菌と同様にヒトにのみ病原性を発現する．

2）サルモネラ食中毒

ヒトの食中毒・急性胃腸炎起因菌である．

代表種① 腸炎菌（*Salmonella enterica* subsp. *enterica* serovar **Enteritidis**）：サルモネラ食中毒菌である．発症には，少なくても $10^3 \sim 10^8$ 個程度の大量の菌数が必要とされる．ヒトからヒトへの感染は少ないが動物性食品の経口感染，とくに鶏卵からの感染が多いとされ，鶏卵1万個にはサルモネラ菌体1個が存在しているという報告もある．ニワトリ，カモ，ブタ，ウシなどの食肉，乳，卵からの感染が知られている．

代表種② ネズミチフス菌（*Salmonella enterica* subsp. *enterica* serovar **Typhimurium**）：サルモネラ食中毒菌である．腸炎菌と同様の病状であるが，原因食品はネズミなどからの汚染が知られている．

サルモネラ食中毒症状：

食品とともに経口摂取後，8時間後から48時間以内に急性胃腸炎を発症する．発熱，頭痛，下痢，嘔吐などで，多くは1週間程度で回復する．下痢は水様便が多く，まれに血便などもみられる．感染後，回復しても胆嚢などに保菌して長期保菌，排出することもある．なお食品以外にもミド

表 4.6　内毒素と外毒素の比較

内毒素（Endotoxin）	外毒素（Exotoxin）
大腸菌，サルモネラなど	黄色ブドウ球菌，炭疽菌，ビブリオなど
細胞壁成分 LPS（リポ多糖体）	菌体外分泌性タンパク質（代謝産物）
耐熱性（熱に強い）	易熱性（熱に弱い）
ヒトに高い発熱作用	ヒトに対する発熱作用はほとんどない
抗原性が弱い	抗原性が強い（ワクチン）

リガメ，イヌなどからの感染も知られている．

3）動物サルモネラ症

サルモネラはネズミ，イヌ，ブタなど多くの脊椎動物，ニワトリなど鳥類にも腸管感染症を引き起こす．これらの動物サルモネラ症はヒトとの共通感染症として重要である．

4）細菌の内毒素と外毒素

細菌の病原性を発現する菌体成分には内毒素と外毒素がある．これらの毒素は，ほぼ細菌の菌種により区分されている（**表 4.6**）．

D　グラム陰性桿菌 2（腸管内・日和見感染）

1) **重要菌種はクレブシラ，セラチア，エンテロバクター，プロテウス，プロビデンシア，モルガネラ，サイトロバクター**などである．
2) ヒト，動物の腸管，口腔，上気道など，また自然環境からも検出される．
3) 日和見感染，腸管感染，肺炎，敗血症，中耳炎などの起因菌．
4) 乳糖発酵性，ガス・有機酸産生性．
5) 公衆衛生，食品衛生の指標菌として大腸菌群（コリ-エアロゲネス群）．

a）クレブシラ（*Klebsiella*）

1) **かたち**：0.4～1.0 × 0.6～6.0 μm，**厚い莢膜**を形成，**非運動性**．
2) **所　在**：腸管またヒト，動物，土壌，水系，植物などから分離される．とくに森林のタンニンの多い樹木，松材表皮などからよく分離される．

代表種 肺炎桿菌（*Klebsiella pneumoniae*）：口腔，上気道，腸管常在菌，**日和見感染菌**，多くの抗生物質に耐性をもつ．菌交代症の起因菌となることも多い．呼吸器感染，尿路感染の起因菌となる．

b）セラチア（*Serratia*）

1) **かたち**：0.5～0.8 × 0.9～2.0 μm の微小桿菌で周毛性鞭毛をもち運動性を示す．
2) **所　在**：土壌，植物表層，水系など自然環境に生息している．しかし

ヒトの日和見感染菌群として創傷感染，髄膜炎，肺化膿症，敗血症，尿路感染症などの原因菌である．

代表種 霊菌（*Serratia marcescens*）：**日和見感染菌**，ヒト常在性，食品腐敗菌，水系環境，湿潤土壌などから分離される．**院内感染**では心臓カテーテル，尿路カテーテルなど使用後に感染報告があり，腹膜炎，敗血症などの日和見感染菌である．25℃以下で赤色色素を産生する．カマボコなど水産食品の腐敗，汚染をするという報告もある．

c）エンテロバクター（*Enterobacter*）
1) **かたち**：0.6〜1.0 × 1.2〜3.0 μm．
2) **所在・病原性**：ヒト腸管に常在して正常菌叢を形成．自然環境にも広く分布しており，水系，汚水，蔬菜，土壌などから分離される．医療材料が汚染されると日和見感染症の起因菌となる．尿路感染症を引き起こす．敗血症，肺炎，創傷感染から化膿性疾患などが起こる．

d）プロテウス（*Proteus*）
1) **かたち**：0.4〜0.8 × 1.0〜3.0 μm．
2) **所在・病原性**：ヒト尿路感染の原因菌になる．ヒト腸管からしばしば分離される．また土壌，汚水，動物堆肥，厩肥，さらにマイマイ蛾幼虫などに広く生息する．

e）プロビデンシア（*Providencia*）
1) **かたち**：0.6〜0.8 × 1.5〜2.5 μm．
2) **所在・病原性**：ヒト下痢便から分離．尿路感染症，創傷部位などからも分離される．プロテウス菌に似た性状．**食中毒**など下痢，尿路感染などの病原菌．**日和見感染菌**．

f）モルガネラ（*Morganella*）
1) **かたち**：0.6〜0.7 × 1.0〜1.7 μm．
2) **所在・病原性**：ヒト，イヌなど哺乳動物，爬虫類の糞便から分離される．ヒト日和見感染症の起因菌となる．

g）サイトロバクター（*Citrobacter*）
1) **かたち**：0.7〜1.0 × 2.0〜6.0 μm．
2) **所在・病原性**：ヒトや動物の糞便から分離される．日和見感染菌．土壌，汚水水系，食品から分離．

指標菌としての大腸菌群（coliform group）：公衆衛生の水系汚染や食品衛生の食品汚染の指標菌として大腸菌群を用いる．ここでの「大腸菌群」は細菌学的な「大腸菌（*Escherichia coli*）」とは異なり「乳糖発酵性でガス産生を行う通性嫌気性グラム陰性桿菌」をいう．この性状を保持する菌群には，腸管に常在する大腸菌，クレブシラ，サイトロバクターなど以外に，土壌や植物にも存在するエンテロバクター，エルシニアまた水中に分布するアエロモナスなども含まれる．糞便由来の大腸菌と他の非糞便由来菌を区別するためにIMVICテスト（イムビック試験）やECテストを行う．

IMVICテスト：主に腸内細菌科の培養性状を調べる方法で，インドール産生能（I），メチル・レッド反応（M），Voges-Proskauer反応（Vi），クエン酸利用能（C）の試験を行う．

ECテスト：糞便由来の大腸菌Ⅰ型（E. coli type I）の培養温度が，44.5℃±0.5℃で至適条件であることを利用した試験である．現在，冷凍食品，カキの大腸菌検査に用いられている．

E グラム陰性桿菌3（腸管内・水系親和性）

1) **重要菌種**はコレラ菌，ビブリオ，エルシニア（ペスト菌），アエロモナス，プレジオモナス，ヘリコバクター，カンピロバクター，スピリルムなどである．
2) 海水，魚介類など水系由来，腸管内に常在または病原性である．
3) 腸管感染菌，感染性食中毒菌．動物，鳥類寄生性である．
4) 菌形は湾曲（コンマ状）している．

a) ビブリオ（*Vibrio*）

1) **かたち**：0.5～1.0×1.0～5.0μmのグラム陰性コンマ状桿菌．端在性の鞭毛をもち活発に運動する（**図4.6**）．

図4.6 ビブリオの菌形と配列

2) **所在・病原性**：水系常在・親和性，ヒト，動物の腸管や自然環境から分離される．激しい下痢症を伴う腸管感染症．

3) **血清型判別**：コレラ菌診断用免疫血清（O1血清）で陽性反応．

代表種① コレラ菌（*Vibrio cholerae*）：病原菌，コレラ起因菌，ニトロソ・インドールを形成する．これをコレラ赤反応（トリプトファン含有ペプトン水に培養した菌液に濃硫酸を滴下すると赤色に発色）に使用．

菌体表層O抗原（リポ多糖体）の差異で205菌型に分別されているが，このうちコレラ毒素を産生して発症するコレラ菌は「O1」および「O139」のみである．**表4.7** 参照．

コレラの歴史

1817〜1923：アジア型（古典型）コレラ菌の流行（インドから流行）
1961〜現在：エルトール型コレラ菌の流行（セレベス島から流行）
1962〜現在：ベンガル型（O139型）の流行（ベンガル地方から流行）．

代表種② NAGビブリオ（*Vibrio cholerae* non O1）：食中毒起因菌，形態，生化学性状はコレラ菌と全く同じであるが，O1抗血清に凝集反応をしない菌種．白糖は分解する（**図4.7**）．

代表種③ 腸炎ビブリオ（*Vibrio parahaemolyticus*）：水産食中毒起因菌，好塩性，コレラ菌より多少大きい形態．乳糖，白糖非分解．沿岸海域，とくに海底汚泥，海水中から広く検出される．

表4.7　コレラ菌O1型とO139型

コレラ菌型	血清型	赤血球凝集	コリスチン	ポリミキシン
アジア型（古典型）	O1	−	＋	＋
エルトール型	O1	−	＋	＋
ベンガル型	O139	＋	−	−

赤血球＝ニワトリ赤血球凝集反応，コリスチン＝抗菌剤感受性，ポリミキシン＝抗菌剤感受性

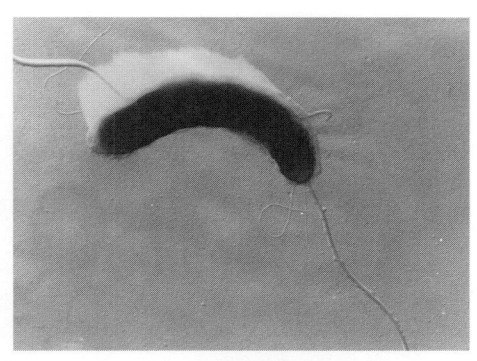

図4.7　NAGビブリオの電顕像（2万倍）（扇元敬司）

1) **かたち**：0.4〜0.6×1.0〜3.0 μm．多少湾曲している桿菌で，単毛端在性鞭毛をもち運動する．
2) **所　在**：海底，水中，魚介類や水産加工品から分離される．
3) **病原性**：本菌は神奈川現象とよばれる一定条件下でヒトまたはウサギの血球を溶血する性状を示す．この溶血反応は100℃・15分の加熱で不活化されない耐熱性の溶血毒によるもので菌の病原性とよく一致する．本菌の毒素はタンパクで，心臓毒素性の即時型の致死毒でまた腸管毒素も示す．
4) **臨床症状**：潜伏期が2〜45時間（平均10〜15時間）で急性胃腸炎の症状を呈する．水様性便，上腹部痛が特徴的で嘔吐，発熱を伴うこともあるが5〜6時間で軽快する．腸炎ビブリオ中毒が多発する疫学的要因のひとつに，気温が高く海水温度が上昇していることなどがある．増殖温度に達した海水で増殖して魚介類を汚染しヒトに伝播する．本中毒の93.3%は海水温度が19℃以上のときに発生する．
5) **予　防**：海水温度の上昇している真夏には魚介類の生食には十分注意が必要である．本菌はブイヨン中で60℃・15分の加熱で死滅しpH 4.5〜5.0で増殖が阻止される．淡水に弱く4℃以下の低温で死滅するが適温での増殖速度は速い．なお衛生指導基準では貝類を除く生食用魚の腸炎ビブリオ菌の汚染は$1×10^4$/100 g未満（MPN）が望ましいとされている．

代表種④ **ミミカス菌**（*Vibrio mimicus*）．コレラ様下痢と急性胃腸炎で，通常，発熱は認められない．

代表種⑤ **フルビアリス菌**（*Vibrio fluvialis*）．塩分のある河口近辺の汽水圏に生息し，淡水系魚介類を介してヒトに食中毒を発症する．フルビアリスは「河口に所属するもの」の意味である．

　0.5〜8.0%食塩濃度下で発育する好塩菌．易熱性エンテロトキシンで，コレラ毒素や大腸菌易熱性毒素と類似の培養細胞変性を示す．下痢は水様性下痢を主徴とし，通常は発熱はない．軽症である．

代表種⑥ **ブルニフィカス菌**（*Vibrio vulnificus*）：ハワイ，メキシコ湾，北米などの太平洋沿岸，またベルギーや米国の大西洋沿岸などの魚介類から分離，わが国では大阪湾や有明湾などの魚介類からよく検出される．ヒトが感染すると激症化することから「ヒト食いバクテリア症」と異名がつけられている．菌種名のブルニフィカスは，苦痛を与える創傷という意味である．

1) **病　状**：腸炎ビブリオやコレラとは異なり原発性敗血症または創傷感染を引き起こす．肝硬変や肝臓障害など肝疾患をもち，血清鉄が高値の際，または血清鉄投与の貧血患者で，生魚介類を食べたヒトに多発

する傾向がある．臨床症状は数時間から1日の潜伏期後に悪寒戦慄とともに高熱を発する．多くの場合は，消化器症状とともに下腿脾部，全身に激痛と出血性や水泡性紅斑を生じる．これらの紅斑は壊死性病変に急激に進展して，筋膜炎などから敗血症に至る．急性化膿性髄膜炎を起こすこともある．「**致死率は50％以上**」である．

2) **感染源**：肝障害者や低血圧症患者は予後不良で海産物摂取の際の創傷感染や海浜での外傷からの感染も多い．海水温度の上昇する5月から9月ころに肝臓疾患や糖尿病などの基礎疾患をもつ者が生魚介類を摂食して発症する症例が多い．

3) **予 防**：肝機能の弱い者の生魚介類とくに貝類やシャコなどの生食は避ける．発病初期のテトラサイクリン系やアミノ配糖体系薬剤投与が用いられる．

b）エルシニア（*Yersinia*）：ペスト菌・食中毒菌

1) **由 来**：ヒト，動物に由来する腸内細菌科で通性嫌気性桿菌である．原因食品は動物性食品が疑われることが多い．乳幼児間の伝播や汚染された井戸の飲料水，下水などを通じて感染が起こる．

2) **菌種名**：エルシニア菌（*Yersinia*）．フランスの細菌学者でペスト菌発見者のA. H. E. Yersinにちなんで命名された．

3) **かたち**：0.5～0.8×1.0～3.0 μm の直桿菌，球桿菌．芽胞，莢膜は非形成．ただし，ペスト菌体は37℃でエンベロープが形成される．ペスト菌以外では，37℃で運動性は示さないが30℃以下の培養では周毛性で運動性を示す．

4) **所在・病原性**：自然界に広く分布しており，特定種の動物やヒトから分離される．齧歯類をはじめ動物やヒトに病原性．ペスト，食中毒，仮性結核などが知られている．なお，この菌体の病原性決定遺伝子は染色体とプラスミド双方に存在しており，プラスミド欠損によって病原性は消失することが知られている．

代表種① **ペスト菌**（*Yersinia pestis*）：**一類感染症指定**．ノミやダニまたエアロゾルを介して伝播する．肺ペスト，腺ペストなどの病状が知られている．楕円形の単桿菌．単染色でも菌体の両端が染色される．エンベロープをもつ．25～29℃の弱低温で発育する．55℃，15分加熱で死滅する．75％アルコール，10^4 ppm次亜塩素酸ナトリウムで殺菌できる．

代表種② **腸炎エルシニア菌**（*Yersinia enterocolitica*）：**食中毒起因菌**．哺乳動物が保菌している．冷蔵庫内4℃でも生存し，20℃で運動性を示す好冷菌．4℃で3週間生存した報告がある．

腸炎エルシニア菌の病原性：大腸菌の耐熱性毒素（ST）と類似のエンテ

ロトキシンを産生するが，他の種々の病原因子もある．感染すると虫垂炎に似た急性胃腸炎を発症する．回腸炎，関節炎，潜伏期間は6時間から24時間，発熱，腹痛を主徴とし下痢は必発症状ではない．39℃以上の発熱，頭痛を伴うこともある．回腸末端炎，急性虫垂炎，腸管膜リンパ節炎，関節炎や結節性紅斑が続発して膿瘍を起こし，ときに敗血症を起こす．

代表種③ 仮性結核菌（*Yersinia pseudotuberculosis*　エルシニア シュードツベルクローシス）：病原菌．ヒトに猩紅熱様，泉熱様の集団感染例，敗血症，虫垂炎様疾患，モルモットやマウスなど齧歯類（げっしるい）の肝臓や脾臓に結核感染類似の病変をつくる．

c）アエロモナス（*Aeromonas*）

1) **由　来**：食中毒菌．水系微生物，とくに淡水中の常在菌で，ヒトの腸管感染症の原因菌．腸管感染以外にも創傷感染，日和見感染などがある．
2) **かたち**：通性嫌気性桿菌で，1.0〜4.0×0.5〜1.5 μm である．1本の鞭毛をもち運動性を示す．
3) **所在・病原性**：感染性は多岐にわたるが，多くは日和見感染である．緑膿菌の外毒素に類似の性状をもつエステラーゼをはじめロイコチジン，プロテアーゼなどによる．腸管感染症では，溶血毒と腸管毒が関与する．溶血毒は菌増殖の定常期に産生される α-溶血毒と対数期に産生される β-溶血毒が知られている．水系環境から分離し，約70％以上がエンテロトキシンを産生し，その多くは溶血毒を産生する．

腸管感染症では軽度の下痢がほとんどで，ときに水様性下痢，血便，腹痛，発熱を伴う．またコレラ様症候群もある．元来，魚類や両生類の病原菌である．欧米の正常なヒトの0.2〜0.7％，タイでは27〜34％が腸管内保菌者であるという．予防は腸炎ビブリオ食中毒の予防に準じる．

d）プレジオモナス（*Plesiomonas*）

1) **かたち**：0.8×1.0×3.0 μm の円端桿菌で菌体の一端に数本の鞭毛を保持して運動性を示す．
2) **所　在**：河川，湖など淡水，また海水や海産魚介類から分離される．
3) **病原性**：エンテロトキシン，熱抵抗性を示す．腹痛を伴わない下痢のみを主徴とする．予防は腸炎ビブリオの予防に準ずるが，とくに生水を飲むことは避ける．

代表種 *P. shigelloides*（シゲロイデス）：淡水魚の約60％に本菌が存在するとの報告もある．貯水池，河川などに常在する本菌は，腸炎ビブリオなどとともに海産魚介類からも分離される．

e）ヘリコバクター（*Helicobacter*）

1) **かたち**：0.2〜1.2 μm × 1.5〜10.0 μm，グラム陰性湾曲性（わんきょくせい）の桿状菌，円端で単毛，叢毛性などの鞭毛をもつ．培養の経過とともに球桿菌状に変化することがある．
2) **病原性**：ヒトなど霊長類，フェレット（いたちの一種）の胃粘膜から分離される．十二指腸炎，胃炎，胃潰瘍の原因とされている．

代表種 ピロリ菌（*H. pylori*）：胃・十二指腸潰瘍または胃がんの感染に関係しているとされる．

f）カンピロバクター（*Campylobacter*）

1) **由　来**：動物に由来する微嫌気性桿菌．水系感染が多く，動物が病原巣となる．低温保存や水中で長期間にわたり生存することもある．
2) **かたち**：湾曲したらせん状の桿菌で，0.2〜0.8 × 1.5〜5.0 μm の大きさである．一端に単毛性鞭毛をもち運動する．
3) **病原性**：ヒトへの感染実験によると，5.0×10^3 の本菌を投与すると4日目に発症して，糞便中に $10^6 \sim 10^7/g$ の菌が排菌されるという．寄生部位は小腸下部または大腸とされる．カンピロバクター腸炎患者の血中抗体が著しく上昇することが知られている．
4) **臨床症状**：潜伏期間は3〜12日間と長く，下痢，腹痛，発熱を主徴とする．腐敗臭のある下痢が突発して1日数回から十数回に及ぶこともある．腸炎以外に胆道感染，関節炎，腹膜炎なども発現する．食肉，牛乳，ペットおよび水系感染では大規模な集団発生となる．本菌は熱抵抗性が弱く60℃・20分加熱で死滅する．また乾燥に対して弱い．水中では長期にわたって生存し低温にも抵抗性がある．

g）スピリルム（*Spirillum*）

らせん状菌，菌体は 0.2 μm 程度，長さ 3〜5 μm，波状の長さは 0.8〜1.0 μm，1本以上の極鞭毛．

代表種 鼠咬症（そこうしょう）スピリルム（*Spirillum minus*）：病原菌．鼠咬症の原因菌，ネズミの保菌率は約3％程度とされている．ネズミのみならずネコ，イタチに咬まれても発症することがある．咬傷（こうしょう）部位が治癒しても1日から3週間程度の潜伏期を経過したのち患部炎症，急激な悪寒，発熱，皮膚発疹を呈する．

F　グラム陰性桿菌4（好気性・呼吸器日和見感染）

1) 重要菌種はシュードモナス，ボルデテラ（百日咳菌など），レジオネラなど

である．
2) 自然環境，水系環境．動物，ヒトの日和見感染性，呼吸器疾患，混合感染が多い．
3) 細胞内増殖性．マクロファージなど食細胞で殺菌されない．

a) シュードモナス（*Pseudomonas*）

1) **かたち**：1本から数本の鞭毛があり運動性．
2) **所在・病原性**：土壌，水圏，汚水など**自然環境**，食品またヒトなどから分離される．ヒト日和見感染菌，植物病原性を示す菌種が多い．
3) **抵抗性**：他のグラム陰性桿菌よりも抵抗性がある．55℃，1時間の加熱で死滅，紫外線，消毒薬にも抵抗性がある．

代表種① 緑膿菌（*Pseudomonas aeruginosa*）：**日和見感染菌，医原感染菌，院内感染菌**として有名．混合感染，二次感染を惹起，熱傷後感染，尿路感染，呼吸器感染など．

代表種② 蛍光菌（*Pseudomonas fluorescens*）：日和見感染菌，病原性は緑膿菌とほぼ同じである．4℃以下でも生育するので冷蔵庫内の食品腐敗を助長する．食品に付着増殖すると蛍光色素ピオベルジンを産生する．

土壌や塵埃などから高い頻度で分離される *P. maltophila* や *P. cepacia* がある．これらはまたヒト感染症，院内感染菌として知られている．なお後者はタマネギ病原菌として知られている．

b) ボルデテラ菌（*Bordetella*）

1) **かたち**：0.3〜0.5×1.0〜1.5 μm の小卵形の桿菌．無鞭毛性，極染色性，病原性と莢膜形成に相関．
2) **病原性**：百日咳菌，ワクチン接種（三種混合ワクチン）で終生免疫を獲得．**百日咳菌**（*Bordetella pertussis*）と類似の症状を呈するパラ百日咳菌（*Bordetella parapertussis*），その他，**気管支敗血症菌**（*Bordetella bronchiseptica*）などがある．

c) レジオネラ菌（*Legionella*）

1) **かたち**：0.3〜0.9×2.0〜20 μm，桿菌．
2) **所在・病原性**：自然環境に存在．水系感染で呼吸器疾患を惹起する．

代表種 レジオネラ肺炎菌（*Legionella pneumophila*）：レジオネラ肺炎起因菌として知られている．土壌由来であるが，空調用クーリングタワー系や50℃以下の給湯システムまた循環浴槽や加湿器に定着して増殖する．なお自然環境ではシアノバクテリアや淡水アメーバなどと共生する．

G グラム陰性桿菌 5（好気性・ヒト動物の共通感染菌）

1) 重要菌種は野兎病菌，鼻疽菌，ヘモフィラス，パスツレラ，アクチノバシラス，アルカリゲネス，ブルセラである．
2) 動物とヒトの共通感染菌．ヒトへの感染は動物に由来することが多い．
3) 細胞内増殖性．マクロファージなど食細胞で殺菌されない．

a) 野兎病菌・フランシセラ（*Francisella*）

1) **かたち**：グラム陰性ただしグラム染色は難染色，ギムザ染色を行う．0.2〜0.3×0.2〜0.8 μm の短桿菌，多形性，純水中では球状．非運動性，莢膜をもつこともある．
2) **所在・病原性**：細胞内寄生菌，感染動物やダニなどから感染するが，ヒトからヒトへの感染はない．
3) **抵抗性**：弱い，55℃から60℃，10分間の加熱で死滅，1%石炭酸では2分間で死滅する．

代表種 野兎病菌（*Francisella tularensis*）：**四類感染症**．ウサギ，ネズミなど齧歯類との接触感染，野山でのダニ咬傷，汚染水による．なお，ペット用**プレーリードッグ**の感染例がある．3日程度の潜伏期間．悪寒，発熱，感染部位の潰瘍性病変，発疹，所属リンパ節の炎症を主徴とする．感染症臨床的には皮膚潰瘍型野兎病と肺型野兎病に分けられ，5種の亜種がある．

b) 鼻疽菌・バークホルデリア（*Burkholderia*）

1) **かたち**：0.3〜0.4×1.5〜3.0 μm，小桿菌で培養経過と共に多形性．
2) **病原性**：菌種により動物とヒト共通感染症．ヒトでは皮膚，呼吸器を介して全身性の化膿性病巣や肺血症，致死率は高い．

代表種 鼻疽菌（*Burkholderia mallei*）：ウマとヒト共通感染症．日本での発生はない．ウマでは慢性経過をとり，鼻腔，上気道粘膜，リンパなどに特異の鼻疽結節を形成．他に類鼻疽菌（*Burkholderia* B. *pseudomallei*）がある．

c) ヘモフィラス（*Haemophilus*）

1) **かたち**：グラム陰性，0.5〜2.0×0.2〜0.3 μm，多形性，両端染色性の桿菌，無鞭毛，無芽胞．
2) **所在・病原性**：健常なヒトの鼻腔や咽頭などに常在する．二次感染や混合感染菌または急性気管支炎起因菌として分離される．

代表種① インフルエンザ菌（*Haemophilus influenzae*）：咽頭部に常

ブルセラ菌　　　　パスツレラ菌

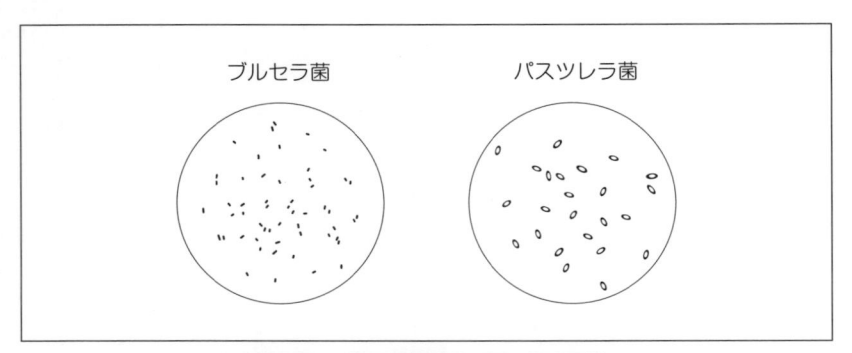

図 4.8　ブルセラ菌とパスツレラ菌

在しては混合感染する．髄膜炎など幼児感染が多い．

代表種② 軟性下疳菌（*Haemophilus ducreyi*）：STD（性行為感染症），第三性病菌．感染1〜2日で外局所に腫脹，有痛性の潰瘍をつくる．菌体は莢膜形成，極染色性である．

d) 出血性敗血症菌：パスツレラ（*Pasteurella*）

1) **かたち**：0.3〜1.0 × 1.0〜2.0 μm，多形性，両端染色性桿菌．
2) **所　在**：脊椎動物に偏性寄生性，呼吸器粘膜，消化管粘膜また泌尿器粘膜から分離される．ヒトなど哺乳類，鳥類また爬虫類に病原性を発現．ヒトはイヌやネコの咬傷や引っかき傷から感染する．

代表種 パスツレラ症菌（*Pasteurella multocida*）：ヒトでは動物接触による創傷性感染，骨髄炎，上気道感染，敗血症，動物では出血性敗血症．

e) アクチノバシラス（*Actinobacillus*）

1) **かたち**：0.4 × 1.0 μm，桿状菌または球状．
2) **所在・病原性**：ヒト，ウシ，ウマ，ブタなどの哺乳動物，鳥類の片利共生または寄生性である．口腔，呼吸器，消化管，泌尿器の粘膜や創傷部位などで病原性を発現する．

代表種 アクチノバシラス菌（*Actinobacillus actinomycetemcomitans*）：口腔常在菌．歯周病と関連．呼吸器疾患起因菌．咽頭部に常在して二次または混合感染する．髄膜炎など幼児感染が多い．

f) アルカリゲネス（*Alcaligenes*）

1) **かたち**：0.5〜1.0 × 0.5〜2.5 μm の小桿菌．周毛性鞭毛．
2) **所在・病原性**：死物寄生性，日和見感染菌，土壌，淡水，動物やヒト臨床材料から分離される．菌血症，泌尿器感染症を引き起こす．

代表種 フェカーリス菌（*Alcaligenes faecalis*）：アルカリ大便菌とも

呼ばれ，ヒト糞便や昆虫からも分離される．

g）ブルセラ菌（*Burucella*）

1) **かたち**：0.5〜0.8 × 0.5〜1.5 μm の双球または単球の小桿菌，非運動性，莢膜をもつこともある．二酸化炭素の要求性がある．
2) **所在・病原性**：細胞内寄生菌，ヒトには汚染乳製品や感染動物との接触で感染，波状熱を示すブルセラ症を発症する．

代表種① マルタ熱菌（*Burucella melitensis*）：ヤギ，ヒツジが自然宿主，感染によって妊娠動物は流産する．

代表種② ウシ流産菌（*Burucella abortus*）：ウシが自然宿主で感染によって流産，また乳房や子宮から菌を排出する．

代表種③ ブタ流産菌（*Burucella suis*）：ブタが自然宿主で，感染によって流産．

代表種④ イヌ流産菌（*Burucella canis*）：イヌが自然宿主で，感染によって流産する．

H 偏性嫌気性グラム陰性桿菌

1) 重要菌種はバクテロイデス，フソバクテリア，セレノモナス，サクシノビブリオなどである．
2) ヒトや動物の腸管，泌尿生殖器の常在性菌種が多い．日和見病原菌．
3) 糖類から酢酸，プロピオン酸，コハク酸，乳酸などを嫌気的に産生．

a）バクテロイデス（*Bacteroides*）

1) **形　態**：鈍端円の桿菌，細長く多形である．大きさは不定．非運動性．
2) **所　在**：日和見感染菌，ヒトや動物の口腔，泌尿生殖器から分離される常在性菌種である．腸管の正常菌叢を構成する主要な菌種である．

b）フソバクテリア（*Fusobacterium*）

1) **かたち**：紡錘状の菌形．大きさは不定．非運動性．
2) **所在・病原性**：日和見感染菌，ヒトや動物の口腔，泌尿生殖器から分離される常在性菌種が多い．とくに腸管の正常菌叢を構成する主要な菌種である．

I 有芽胞グラム陽性桿菌

1) 重要菌種は，バシラス，クロストリジウムである（図 4.9）．

2）土壌，自然環境由来菌．ヒト，動物に病原性が発現する菌種がある．
3）芽胞の生存性が長く，また抵抗性が強い．

a）好気性芽胞菌バシラス（*Bacillus*）

1) **かたち**：短桿菌から長桿菌まで多様な菌形である．0.5〜2.5×1.2〜10.0 μm，耐熱性芽胞を形成する．芽胞は栄養型菌体よりも大きいこともある．好気性または通性嫌気性菌，周毛性鞭毛で運動性をもつ．
2) **所在・病原性**：土壌，塵埃など広い生態系から分離される．いくつかの菌種は脊椎動物および非脊椎動物に病原性を発現する．

代表種① **炭疽菌**（*Bacillus anthracis*アンスラシス）：ヒトと動物の共通感染菌で炭疽病の原因菌である．ヒト炭疽は感染部位によって皮膚炭疽，腸炭疽，肺炭疽があるが肺炭疽の死亡率は90％以上の高率である．1〜3×5〜10 μm の大桿菌．

代表種② **セレウス菌**（*Bacillus cereus*セレウス）：**食中毒菌**，自然環境に広く常在している．好気的および嫌気的に発育，楕円形の芽胞，菌体中央または偏在して存在することも多い．普通寒天平板培地ではR型の灰白色から灰色コロニーを形成，食中毒は下痢型と嘔吐型がある．土壌中には 10^2〜10^5/g のセレウス菌が分布し，ヒト腸管内からも 10^3/g 内外の本菌を検出することがある．ヒトが食中毒を発症する中毒原性を発揮するためには少

図4.9 有芽胞グラム陽性桿菌の菌形と配列

なくとも $10^7 \sim 10^{10}$ の菌の摂取が必要である．病原性は下痢性のエンテロトキシン（腸管毒），セレウリド（嘔吐毒），セレオリジン（溶血毒），ホスホリパーゼなどの毒素による．

代表種③ 枯草菌（*Bacillus subtilis*）：乾燥した土壌や塵埃からよく分離される．乾草処理中などで発生する**1型アレルギー枯草熱**（hay fever）の原因菌とされる．不完全処理の包装加熱食品の腐敗菌ともなる納豆菌（*Bacillus natto*）は枯草菌の1亜種で，正確には *Bacullus subtilis* var. *natto* という（15頁表2.2参照）．

代表種④ 乳化病菌（*Bacillus. popilliae*）：カブトムシ病原菌でカブトムシに対する生物製剤として米国で市販されている．

代表種⑤ ヨーロッパ腐蛆菌（*Bacillus alvei*）はミツバチの感染症菌である．アメリカ腐蛆病菌は *B. larvae* である．

代表種⑥ 好熱バシラス菌（*Bacillus stearothermophilis*）：楕円形芽胞をもつ菌で60℃でも増殖できるので耐熱試験に用いる．

b）嫌気芽胞菌：クロストリジウム（*Clostridium*）

1) **かたち**：桿状菌で多様な菌形を示す．培養初期はグラム陽性，やがて陰性になることもある．$0.3 \sim 20. \times 1.5 \sim 20.0\ \mu m$，耐熱性芽胞は栄養型菌体よりも大きいこともある．周毛性鞭毛で運動性をもつ．
2) **所在・病原性**：通常は土壌や汚泥またヒトや動物の腸管に存在する．

代表種① 破傷風菌（*Clostridium tetani*）：破傷風の病原菌．

1) **所在・かたち**：土壌由来．$0.5 \sim 1.2 \times 3 \sim 10\ \mu m$ の両端円形桿菌．4本〜6本の周毛性鞭毛をもつ運動性菌．芽胞は太鼓バチ状である．
2) **病原性**：動物やヒトに創傷感染をする．外毒素テタノスパミンにより神経症状から牙関緊急と呼ばれる痙攣を発作する．致死率は50%に達するという．**ワクチン**はトキソイドワクチンを使用する．接種は有効である．

代表種② ウェルシュ菌（*Clostridium perfringens*）：食中毒，ガス壊疽の起因菌である．

1) **所在・かたち**：土壌中やヒト，動物の腸管に分布している偏性嫌気性桿菌である．$0.6 \sim 2.4 \times 1.3 \sim 1.9\ \mu m$ のグラム陽性桿菌で円形の端在性芽胞を形成．無鞭毛で運動性は示さない．
2) **病原性**：エンテロトキシン（腸管毒）によって食中毒が起こる．食品中で $10^6/g$ 以上に増殖した菌が小腸内で芽胞を形成してエンテロトキシンを産生する．正常ヒト糞便は通常 $10^3 \sim 10^5/g$ のウェルシュ菌の排出が認められるが，食中毒患者では $10^5/g$ 以上の菌を排出する．腸管内毒素が発現して発病する**生体内毒素型食中毒**である．

代表種③ ボツリヌス菌（*Clostridium botulinum*）．

1) **由　来**：土壌，海底泥，河川砂などに広く存在する芽胞菌で高い致死率をもつ．

2) **性　状**：0.8〜1.3×4.4〜8.6 μm．菌体の周囲に鞭毛があり，病原菌のなかで最も抵抗性の強い耐熱性芽胞が存在する．100℃加熱するとA型，B型菌は5〜7時間，C型菌は1時間，E型菌は5分間で死滅する．毒素の血清学的性状によって菌型を型別する．また培養性状や細菌壁成分やファージ型別なども行われている．

3) **病原性**：ボツリヌス菌食中毒は産生する神経毒で発症する．毒素はボツリヌス菌外毒素である．血清学的性状によってA，B，C（CαとCβ），D，E，F，Gの7型に型別される．これらの毒素は易熱性で80℃・15分で失活する単純タンパクである．ヒトへの致死量は2ngで毒力はフグ毒やヘビ毒などの1,000倍以上であるという．

4) **食品のボツリヌス毒素産生**：ⅰ）芽胞の混入．ⅱ）不十分な調理，殺菌工程による拮抗する菌叢の減少．ⅲ）食品が菌増殖に十分な栄養や水分を含有しpH 4.6以上であったこと．ⅳ）毒素産生に必要な湿度があったこと，などが原因となる．

5) **臨床症状**：潜伏時間は一般に5〜12時間で，早い例では2時間後，遅い例では2週間後に症状が発現する．主症状は嘔吐，下痢のような胃腸炎症状，全身倦怠感，頭痛などに続く定型的な神経症状である．神経症状は視力低下，瞳孔散大，眼瞼下垂，対光反射の遅延，麻痺症状の嚥下障害，神経麻痺など，分泌障害の唾液分泌減少，舌苔，口腔粘膜乾燥などがみられる．しかし意識は明瞭で発熱はみられない．死の転帰は食品摂取後4〜8日以内のことが多く原因は呼吸失調による．治療は抗血清の早期投与が有効である．

6) **発生状況**：ボツリヌス菌食中毒の発生件数は他に比して多くないが，致死率は23.4％と高い．腸内菌叢が未だ確立していない乳児に，本症が発生する**乳児ボツリヌス症**が報告され，ハチミツに混入しているボツリヌス菌が疑われている．

7) **予　防**：ボツリヌス菌の芽胞を死滅させ，毒素の不活化のために加熱することが有効である．食材汚染，不潔な調理場，保菌調理者からの汚染がある．

ボツリヌス毒素製剤：ボツリヌス毒素作用はヒト筋肉を動かすアセチルコリン（神経伝達物質）放出を阻止し弛緩性麻痺が起こる．この作用を利用して毒素を顔面けいれんや斜視の治療，しわ取りなどの美容整形に用いられる．

代表種④ ガス壊疽菌群：土壌や塵埃による汚染と創傷による組織壊死か

ら発症する．**ノビ菌**（*C. novyi*），**セプチカム菌**（*C. septicum*）などで，多くは他菌種との複合感染による．

代表種⑤ アセトンブタノール菌（*C. acetobutylicum*）：ブタノール生産の発酵工業に用いる．

J 無芽胞性グラム陽性桿菌1

1) 重要菌種は乳酸桿菌，リステリア，コリネバクテリウム，プロピオニバクテリア．
2) 土壌，自然環境由来菌．ヒト，動物に病原性を発現する菌種が多い．
3) 酪農製品に使用すると共に食品介在障害の起因菌もある．

a) 乳酸桿菌（*Lactobacillus*）

1) **性　状**：0.5～0.7×2.0～8.0 μm，不規則な菌形である．
2) **所　在**：消化管や膣腔に多く生息している．膣腔のデーデルライン桿菌はアシドフィリス乳酸菌など乳酸菌混合菌叢とされている．

b) ビフィズス菌（*Bifidobacterium*）

1) **かたち**：0.5～1.3×1.5～8.0 μm，コリネ菌様の分枝の菌形を示す．
2) **所　在**：母乳乳幼児の腸管排泄菌叢の90%以上を占有するという．乳酸および酢酸を3：2の割合で産生，ガスは産生しない．このような有機酸を腸管内で産生して，腸管内を高酸度に保持して外来菌，有害菌の腸管侵入を防御するという．母乳にはビフィズス菌の発育促進物質であるビフィズス因子（アミノ糖）の存在が指摘されている．

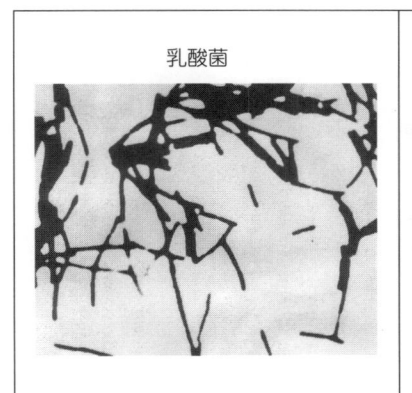

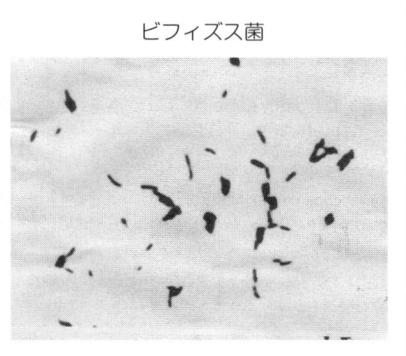

図4.10　乳酸菌とビフィズス菌の光顕像（扇元敬司）

c）プロピオン酸菌（*Propionibacterium*）

1) **かたち**：多形的な松葉状桿状，球桿状菌，0.5〜0.8 × 1.0〜5.0 μm，嫌気的環境では分岐しないで棍棒状菌形を示す．
2) **所　在**：乳製品，チーズまたヒト腸管，皮膚から分離される．

代表種 ニキビ菌（*Propionibacterium acnes*）：ヒト皮膚に由来．「にきび」の起因菌となることもある．

d）リステリア（*Listeria*）

1) **かたち**：円端桿菌，単球状，短い連鎖，糸状，0.4〜0.5 × 0.5〜2.0 μm，20〜25℃で周毛性鞭毛．4℃〜5℃でも増殖する**低温発育菌**である．
2) **病原性・所在**：ヒトと動物共通感染症，食中毒，日和見感染菌．自然環境，動物から分離される．チーズなどの乳製品，食肉製品から感染することが多い．

代表種 リステリア症菌（*Listeria monocytogenes*）：細胞内寄生菌．流産死，周産期リステリア症（新生児感染），日和見感染では敗血症，髄膜炎などを惹起する．

e）コリネバクテリウム（*Corynebacterium*）

1) **かたち**：多形性，0.3〜0.8 × 1.5〜8.0 μm，V，W，Y字の菌形を示す．菌体内には**異染小体**が存在する．
2) **所　在**：土壌，ヒトや動物から分離される．
3) **抵抗性**：日光，乾燥，凍結に抵抗性を示すが熱には弱い．100℃で1分間，60℃10分で死滅する．

代表種 ジフテリア菌（*Corynebacterium. diphtheriae*）：塵埃または飛沫感染による上気道感染症を起こす．偽膜性炎症から声門が閉塞することがある．

K 無芽胞性グラム陽性桿菌2（抗酸菌）

1) 好気性グラム陽性の桿菌，非運動性菌．
2) 細胞壁には脂肪酸（ミコール酸）を含有している．難染色性を示す．酸やアルコールで脱色され難い「抗酸性」を持っている．
3) 結核菌，らい菌など以外に非病原性抗酸菌が多い．

抗酸菌：色素で染色され難い菌種である．いったん染色されると酸やアルコール，また煮沸などでも脱色が困難になる．これらの性状は抗酸性（acid-fastness）と呼ばれる．フクシンなどでの染色後に3％塩酸アル

コールで脱色されないために抗酸菌という．細胞表層に存在している脂肪酸（ミコール酸）のためである．この細胞壁成分はマイコバクテリアの特徴である．抗酸菌は非病原性を含めると60菌種以上存在する．

結核菌：マイコバクテリウム（*Mycobacterium*）

1) **かたち**：非運動性，0.2〜0.7×1.0〜10.0 μm，桿状菌で分枝や糸状体になることもある．
2) **所在・病原性**：自由生活性，脊椎動物に病原性．偏性細胞内寄生菌．

代表種① ヒト型結核菌（*Mycobacterium tuberculosis*）

1) **かたち**：0.2〜0.5×1.0〜4.0 μm，細長い桿状菌，多形性，コード状（縄状），抗酸性．運動性はない．
2) **所在・病原性**：偏性細胞寄生性，結核症の原因菌．特定の毒素による病原性ではなく，免疫細胞内増殖による．
3) **診断**：ツベルクリン反応，予防はBCG（弱毒生菌ワクチン）．
4) **抵抗性**：強い．直射日光の照射でも死滅まで2時間以上という．さらに生体液，喀痰では30時間程度を必要とする．消毒薬もまた5%フェノールでも24時間，60℃加熱では20〜30分間，75℃では10分以上という．
5) **治療**：通常はストレプトマイシン，リファンビシン，イソニアジドなどの3剤併用など抗生物質の併用療法が行われる．

代表種② らい菌（*Mycobacterium leprae*）：病巣からの直接の菌体塗抹では菌塊（らい球（lepra globi））が観察される．培養は不可能である．現在まではアルマジロ以外の動物には感染は成立しない．ただしマウスの足の裏への皮内接種では感染がある程度生起する．治療はスルホン剤のプロミンなどを用いる．

らせん菌・スピロヘータ群

1) 重要な菌種は梅毒菌（トレポネーマ），ライム病菌（ボレリア），ワイル氏病菌（レプトスピラ）．
2) グラム陰性であるが染色困難なのでギムザ染色，ライト染色を行う．
3) 光学顕微鏡の菌体観察には暗視野照明による．

　スピロヘータ群（The Spirochetes）は，らせん状菌体，0.1〜3.0 μm×5.0〜250 μm，運動性細菌で菌体中央の軸糸が伸縮，湾曲，回転などして運動する．グラム陰性であるがアニリン系色素に難染色性で，ギムザ染色また鍍銀染色を行う．化学合成栄養性．炭水化物や長鎖脂肪酸を炭素源として用いる．自由生活性，ヒト，動物生体と共生し，病原性菌種も存在する（図4.11）．

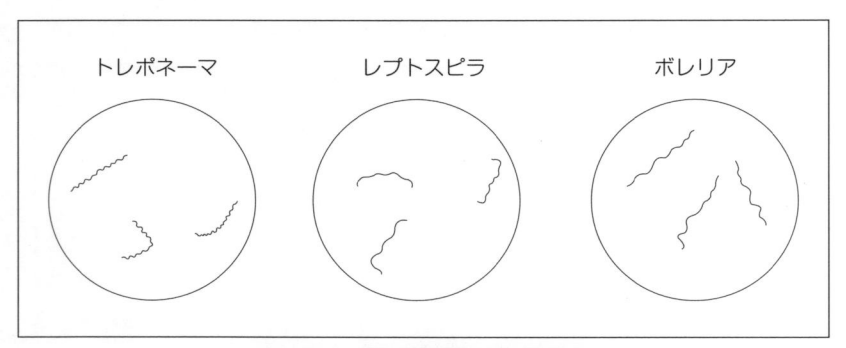

図 4.11　らせん菌体の菌形と配列

a) トレポネーマ（*Treponema*）

　幅 0.1 〜 0.4 μm，長さ 5 〜 20 μm の，屈曲した 6 回から 15 回の旋転性，らせん形である．口腔から分離される本菌種は，人工培養が可能である．ヒトや動物の口腔，腸管，生殖器官の各部位，昆虫腸管から分離される．

代表種 梅毒トレポネーマ（*Treponema pallidum*）：

1) **かたち**：0.2 〜 0.5 × 8 〜 10 μm．8 〜 14 旋回性のらせん形．約 1 μm の振幅で急角度に曲がりながら巻いている．運動は長軸に対して直角に回転運動をして前後に移動する．

2) **性状・病原性**：**性行為感染症**の病原体．サポニン，胆汁酸で溶菌する．他の消毒薬にも抵抗性は強くない．

b) ボレリア（*Borrelia*）

1) **かたち**：0.2 〜 0.5 μm × 3.0 〜 20 μm，3 〜 10 回のゆるやかなコイル状のらせん状菌体である．大きさはトレポネーマに近い．菌体中央の軸糸が伸縮，湾曲，回転などして運動する．

2) **性状・病原性**：化学合成栄養性，ヒト，哺乳類，鳥類に病原性．

代表種① 回帰熱ボレリア（*Borrelia recurrentis*）：シラミ媒介性回帰熱ボレリア症病原体．ダニ媒介性ボレリアには *Borrelia duttonii*，*Borrelia turicatae* など十数菌種が知られている．元来は齧歯類やサルが自然宿主である．回帰熱は 40℃を超す 3 日〜 4 日の発熱期間と 4 〜 10 日間の解熱期間を交互に繰り返す病状である．これはボレリア感染に対する抗体産生による生体感染防御による，ボレリア外膜などの菌体複合表面抗原の変異による病原性増強と生体抵抗性のせめぎ合いである．シラミ媒介回帰熱ボレリア症の致死率は 40％に達するという．治療には砒素剤，ペニシリン，ストレプトマイシンなどの抗生物質を用いる．

代表種② ライム病ボレリア（*Borrelia burgdorferi*）：ヒトと動物共通感染症．アウトドアや野山の散策時にマダニによる刺咬感染による．1966

年以来主に本州中部以北で発見されている．シカ，リス，ネズミなど野生動物が自然宿主である．刺咬部位からの遊走性紅斑性皮膚炎，発熱を初発症状とし，重症化すると神経症状，関節炎，慢性委縮性肢端皮膚炎，髄膜炎，心筋炎を起こす．欧米では年間数万人が感染する．病原体であるボレリアにはボレリア・ブルグドルフェリ（*Borrelia burgdorferi*）以外にも数菌種が確認され，ボレリア・ガリニ菌（*Borrelia garinii*），ボレリア・アフゼリ菌（*Borrelia afzelii*）などがある．

c）レプトスピラ（*Leptospira*）

1) **かたち**：ボレリアやトレポネーマよりも「らせん」が細密で両端または片端が「かぎ状」に屈曲している．幅 0.1 μm，長さ 6～20 μm の大きさ，活発な運動性を示す．
2) **所在・病原性**：土壌中で自由生活性，淡水，海水中，ヒトまたは動物と共生する．ある菌種は動物とヒトに病原性，ヒトに保菌動物から感染する．250 以上の血清型に分類されている．

代表種 ワイル氏病菌（*Leptospira interrogans*　レプトスピラ インテルロガンス）：**ヒトと動物共通感染症**．保菌動物の腎臓に保菌されて尿中に排菌する．保菌動物は齧歯類，多くの野生動物，家畜，ペットなどである．ヒトは保菌動物の尿で汚染された水系，土壌，直接的な接触で経皮感染または経口感染する．血清型が異なるが静岡県波佐見熱・岡山県作州熱などの原因菌である秋疫Ａレプトスピラ，福岡県七日熱，静岡県秋疫などの秋疫Ｂレプトスピラ，静岡県用水病などの原因菌である秋疫Ｃレプトスピラも知られている．**黄疸出血性レプトスピラ**ともいう．

M 放線菌（*Actinomycetes*　ほうせんきん アクチノミセテス）

1) カビに近い菌形．分枝，菌糸ができる．Y 形，とび形など．
2) 土壌常在性，グラム陽性桿菌．菌種数は数千種以上．
3) 抗生物質や代謝産物の検索に用いられる．

a）アクチノミセス（*Actinomyces*）

多形で菌形や配列は真菌類カビにさらに近似となり，菌形も分枝や菌糸ができる．グラム陽性で細菌と真菌にも類似の性状を示す．自然環境，とくに土壌由来菌から**抗生物質**を産生する．

代表種 放線菌症菌（*Actinomyces israelii*　イスラエリイ）：日和見感染菌，ヒトに常在性で，土壌，ヒト，動物の口腔，膣などから分離される．発症部位は頭頸部，顔面部に 60％，腹部 20％，胸部 15％などである．組織内では菌塊，

アクチノミセス　　　ノカルジア　　　ストレプトマイセス

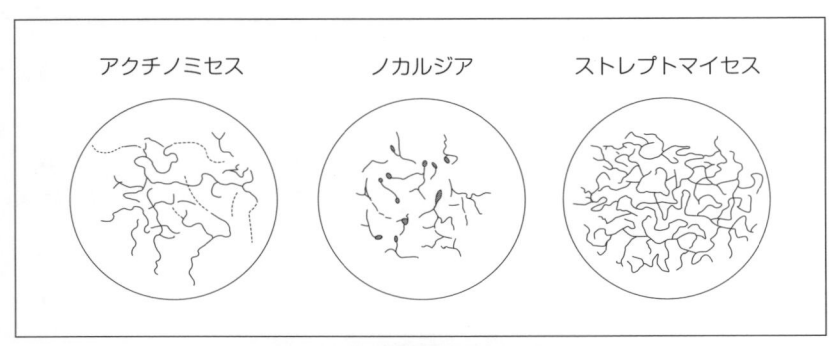

図 4.12　放線菌の菌形と配列

球状体を形成する.

b) ノカルジア（*Nocardia*）

分枝した菌糸をもち，培養経過が古くなると断裂して球状体や桿状になる．好酸性菌種も多い．好気性発育をする．土壌，水系，動植物組織から分離される．ヒトには主に経気道的，外因性に感染するが，創傷感染もある．

代表種 ノカルジア症起因菌（*Nocardia asteroides*）：日和見感染菌．皮下組織などの皮膚ノカルジア症以外にも，肺ノカルジア症，全身ノカルジア症などがある．

c) ストレプトマイセス（*Streptomyces*）

菌糸体を形成するが，断裂しない．抗生物質を多く産生する.

N 偏性細胞内寄生菌群

グラム陰性で多形性．人工培地では増殖しない．抗生物質に感受性を示す．
かつてはウイルスと細菌の中間生物ではないか，と言われたほど，微小な細菌で，かつ偏性細胞内寄生菌である．リケッチアとクラミジアの菌属がある．

a) リケッチア（*Rickettsia*）

1) **かたち**：$0.3 〜 0.5\ \mu m \times 0.8 〜 2.0\ \mu m$ の大きさで光学顕微鏡によって観察可能である．好気性，グラム陰性の桿菌または球菌，細胞壁をもつ．
2) **抵抗性**：細胞外では不安定，熱，アルコールなど消毒薬に弱い．しかし，媒介昆虫シラミ，ダニ体内では熱，乾燥また消毒薬に強い．
3) **伝播経路**：保菌動物（**リザーバー**）から媒介昆虫（**ベクター**）がヒトに伝播する．通常では感染後は免疫が成立する．

4) **診　断**：リケッチア菌体と腸内細菌のプロテウス菌体のO抗原の間には，共通抗原の存在が知られている．この共通抗原を利用して抗体検査からリケッチア診断を行うが，この反応を**ワイル–フェリックス反応**（Weil-Felix reaction）と呼び，各リケッチアには特有のプロテウス菌がある．

代表種① 発疹チフスリケッチア（*Rickettsia prowazekii*）：発疹チフス原因菌．リザーバーはヒト，ベクターはコロモジラミである．ヒトへの感染はコロモジラミの媒介で起こる．原則的には**ヒト–シラミ–ヒト**の感染サイクルが成立しているが，米国ではムササビが自然感染しヒトへの感染症例がある．感染シラミは吸血後に2日から6日以内に糞便中に本菌を排出するが，このような菌は常温で2週間以上も生存する．

代表種② 日本紅斑熱リケッチア（*Rickettsia japonica*）：日本紅斑熱原因菌．高熱と紅斑を主症状とする．リケッチアはダニ→野生動物→ダニの感染環が成立しており，ダニからダニへ継卵感染されている．ヒトは保菌ダニに刺され感染する．症状は頭痛，発熱，倦怠感で2日から8日の潜伏期間を経て発症する．夏期5月から10月によく発生する．1983年，わが国で初発感染し，全国的に増加傾向にある．野山のトレッキングの際にダニの刺咬予防が大切である．

代表種③ ロッキー山紅斑熱リケッチア（*Rickettsia rickettsii*）：米国ロッキー山脈系の地方疾患であったが現在は北米および中南米に分布している．日本紅斑熱と同様な伝播様式をとりリザーバーとベクターが同じダニである．保菌ダニがヒトを刺咬して感染が成立する．

代表種④ ツツガムシ病リケッチア（*Orientia tsutsugamushi*）：ツツガムシ病菌．菌体の大きさは0.5×2.5 μm，偏性細胞寄生性である．有毒ダニ（ツツガムシ：恙虫）に媒介される．潜伏期間は5日から14日で，39℃以上の高熱を伴い発症し，皮膚には特徴的な刺し口がみられ，その後，数日で全身的な発疹が出現する．**発熱**，**刺し口**，**発疹**は「ツツガムシ三大特徴」である．発症はダニの活動と密接に関係し，日本，パキスタン，オ

表4.8　古典型・新型ツツガムシ病の比較（小川基彦）

	古　典　型	新　　型	
ベクター	アカツツガムシ	タテツツガムシ	フトツツガムシ
血清型	Katok型	Kuriki Kawasaki	Gillian, Karp
発生地方	秋田，山形，新潟	関東以南（除沖縄）	東北，北陸地方
発生場所	河川敷	森林，畑，やぶ	森林，畑，やぶ
発生季節	夏季	秋〜初冬	秋〜初冬，春から初夏（年2回）

国立感染症研究所学友会編（2004）「感染症事典」p162：朝倉書店

ーストラリアを結ぶ三角地域で発症する．季節的な消長があり，かつては一地方の風土病（ふうどびょう）であったが，現在では全国的な発生をみるようになったことから，古典型ツツガムシ症と新型ツツガムシ症の二つに区分されている（**表 4.8**）．

代表種⑤ **Q 熱コクシエラ**（*Coxiella burnetii*）：ヒトと動物の共通感染症，Q 熱の原因菌．菌体の大きさは 0.2〜0.4 × 1.0 μm，球菌の約半分で，増殖時の形態は球状であるが大きさによって大型球菌体と小型球菌体に区分され，それぞれの血清型が存在する．Q 熱の名称はオーストラリア食肉処理場従業員の間で流行した「Query fever（不明熱）」に由来する．ヒトは感染動物の排泄物で汚染された環境，とくに粉塵やエアロゾルの吸入，動物処理や食肉加工の際に感染する．

ヒトが感染するとインフルエンザ様症状を呈することが多いが，慢性に移行すると数カ月から十数年も感染が持続して倦怠感，関節痛を訴える．

b）クラミジア（*Chlamydia*）

1) **かたち**：細菌のなかで最小，封入体を形成する．リケッチアと異なり保菌者や媒介昆虫は介在しない．細胞壁は存在するがペプチドグルカンは存在しない．細胞と同様なリボソームが存在する．
2) **性 状**：抗生物質が有効である．
3) **増 殖**：呼吸酵素を持たずに，宿主細胞の ATP に依存するタンパク合成エネルギー寄生細胞である．特有の生活環を持ち，宿主細胞の食細胞内で二分裂して増殖し封入体をつくる．増殖の時期によって 2 種類の異なる細胞性を示す．細胞外では小型の感染性を保有する基本小体（ほんしょうたい）となり，細胞内では大型の感染性のない網様体（もうようたい）となって増殖する．基本小体は厚い細胞壁があり，細胞間感染はあるが二分裂増殖はしない．生体細胞の食細胞内に侵入した基本小体は細胞壁の薄い網様体に形態変化を遂げて，二分裂して増殖し，再度の基本小体となって細胞外に出る

①肺炎クラミジア，②トラコーマ・クラミジア，③オウム病クラミジアがある．

代表種① **肺炎クラミジア**（*Chlamydia pneumoniae*）：病原菌．急性上気道炎をはじめとする呼吸器感染症の起因菌．感染者は肺炎の約 10% を占め，小児のみならず高齢者も多いという．ヒトは自然宿主として感染環をもち，ヒトからヒトへ感染する．

代表種② **トラコーマ・クラミジア**（*Chlamydia trachomatis*）：ヒト病原菌．（ⅰ）**トラコーマ**（慢性伝染性角結膜炎）また封入体結膜炎．（ⅱ）**性器クラミジア症**（性病性リンパ肉芽腫症（LGV：lymphogranuloma venereum），女性生殖器炎，非淋菌性尿道炎）（ⅲ）新生児肺炎（とくに母親からの垂直感染による）．

代表種③ オウム病クラミジア（*Chlamydia psittaci*）：ヒト・鳥類の共通感染症である，オウム病の病原体である．ヒトには呼吸器感染や腸チフス様感染を呈する．オウム，ハトなどの鳥類またネコ，イヌ，ヒツジなどからヒトに感染する．

マイコプラズマ（*Mycoplasma*）

1) 細胞壁を欠いている菌体である．多形で 0.3 ～ 0.8 μm 程度の球状構造である．コロニーは特徴的なフライド・エッグ状である．
2) 好熱性，好酸性で pH 1.0 ～ 2.0 また 55 ～ 60℃で増殖する菌種もある．
3) 自由生活性以外に寄生性や片利共生性また腐生性も多く，ヒト，動物，植物また昆虫に病原性を示す菌種も多い．

代表種① 肺炎マイコプラズマ（*Mycoplasma pneumoniae*）：ヒトの肺炎起因菌，異型肺炎起因菌ともいう．

代表種② ウレアプラズマ（*ureaplasma urealyticum*）：尿道炎（非淋菌性）起病菌．泌尿生殖器から分離される．

第4章　まとめ

1 原核生物の分類：原核生物の記載数 52247 種
2 原核生物の群別：バージェイズ・マニュアル，原核生物の区分
3 ヒトに関連する細菌群：

　　（A）グラム陽性球菌（体表常在）：ブドウ球菌・レンサ球菌など
　　（B）グラム陰性球菌（ヒトに病原性）：ナイセリア・モラクセラなど
　　（C）グラム陰性桿菌1（腸管内・病原性）：大腸菌，サルモネラ，赤痢菌など
　　（D）グラム陰性桿菌2（腸管内・日和見感染）：エンテロバクター，クレブシラ，プロテウス，セラチアなど
　　（E）グラム陰性桿菌3（腸管内・水系親和性）：ビブリオ，エルシニアなど
　　（F）グラム陰性桿菌4（好気性・日和見感染）：シュードモナス，レジオネラなど
　　（G）グラム陰性桿菌5（好気性・動物と共通感染性）：野兎病菌，鼻疽菌など
　　（H）グラム陰性桿菌（嫌気性・日和見感染）：バクテロイデスなど
　　（ I ）グラム陽性芽胞桿菌（病原性・土壌常在：日和見感染）：バシラス，ク

　　　　ロストリジウムなど
（J）グラム陽性桿菌（無芽胞性）：リステリア，コリネバクテリウムなど

（K）グラム陽性桿菌（抗酸性菌・呼吸器性）：結核菌，らい菌

（L）らせん菌（病原性，スピロヘータ）：ボレリア，トレポネーマ

（M）グラム陽性桿菌（放線菌）：アクチノミセス，ノカルジアなど

（N）細胞寄生性（リケッチア，クラミジア）

（O）マイコプラズマ

CHAPTER 5

原核生物の性状と種類（2）
環境に関する細菌・古細菌

5.1 細 菌（BACTERIA）

表 5.1 環境に関する主な細菌の分類表（扇元敬司）

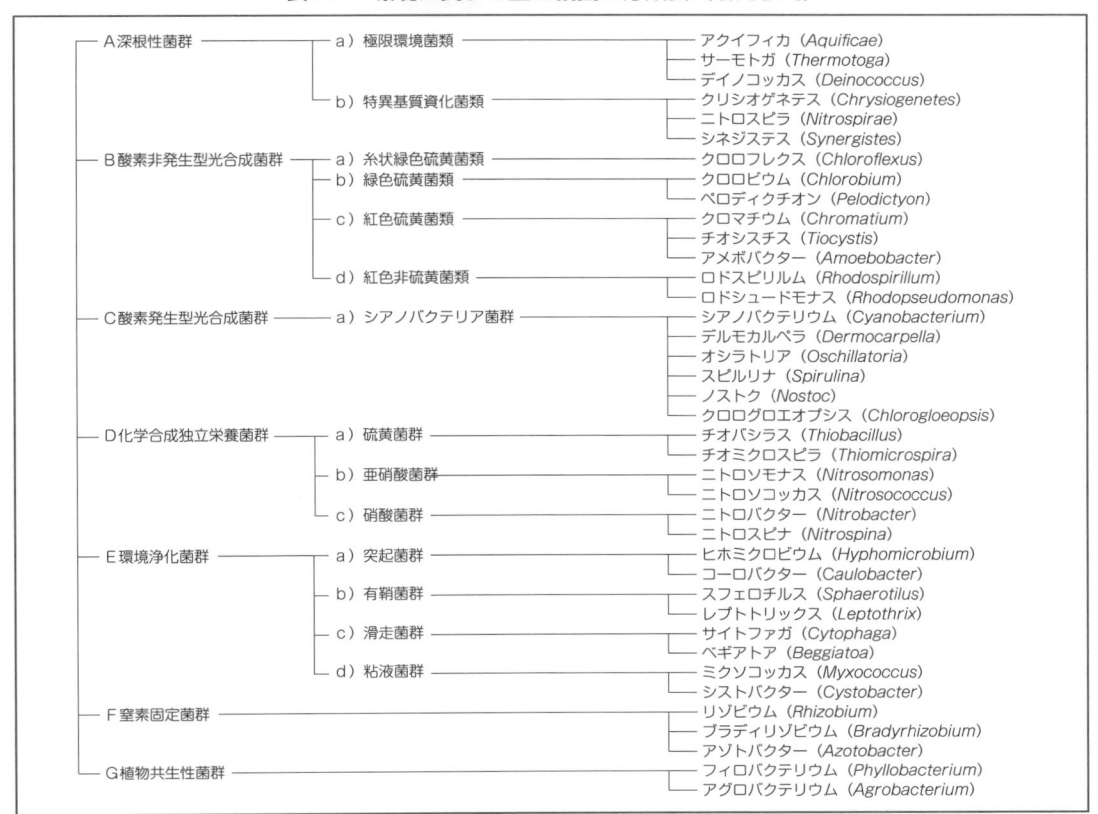

A 深根性菌群	a）極限環境菌類	アクイフィカ（*Aquificae*）
		サーモトガ（*Thermotoga*）
		デイノコッカス（*Deinococcus*）
	b）特異基質資化菌類	クリシオゲネテス（*Chrysiogenetes*）
		ニトロスピラ（*Nitrospirae*）
		シネジステス（*Synergistes*）
B 酸素非発生型光合成菌群	a）糸状緑色硫黄菌類	クロロフレクス（*Chloroflexus*）
	b）緑色硫黄菌類	クロロビウム（*Chlorobium*）
		ペロディクチオン（*Pelodictyon*）
	c）紅色硫黄菌類	クロマチウム（*Chromatium*）
		チオシスチス（*Tiocystis*）
		アメボバクター（*Amoebobacter*）
	d）紅色非硫黄菌類	ロドスピリルム（*Rhodospirillum*）
		ロドシュードモナス（*Rhodopseudomonas*）
C 酸素発生型光合成菌群	a）シアノバクテリア菌群	シアノバクテリウム（*Cyanobacterium*）
		デルモカルペラ（*Dermocarpella*）
		オシラトリア（*Oschillatoria*）
		スピルリナ（*Spirulina*）
		ノストク（*Nostoc*）
		クロログロエオプシス（*Chlorogloeopsis*）
D 化学合成独立栄養菌群	a）硫黄菌群	チオバシラス（*Thiobacillus*）
		チオミクロスピラ（*Thiomicrospira*）
	b）亜硝酸菌群	ニトロソモナス（*Nitrosomonas*）
		ニトロソコッカス（*Nitrosococcus*）
	c）硝酸菌群	ニトロバクター（*Nitrobacter*）
		ニトロスピナ（*Nitrospina*）
E 環境浄化菌群	a）突起菌群	ヒホミクロビウム（*Hyphomicrobium*）
		コーロバクター（*Caulobacter*）
	b）有鞘菌群	スフェロチルス（*Sphaerotilus*）
		レプトトリックス（*Leptothrix*）
	c）滑走菌群	サイトファガ（*Cytophaga*）
		ベギアトア（*Beggiatoa*）
	d）粘液菌群	ミクソコッカス（*Myxococcus*）
		シストバクター（*Cystobacter*）
F 窒素固定菌群		リゾビウム（*Rhizobium*）
		ブラディリゾビウム（*Bradyrhizobium*）
		アゾトバクター（*Azotobacter*）
G 植物共生性菌群		フィロバクテリウム（*Phyllobacterium*）
		アグロバクテリウム（*Agrobacterium*）

A 深根性菌群

原核生物の系統発生樹における位置が樹根に近縁の位置とされることから,深根性菌群(deep-rooted bacteria groups)として群別する.

a) 極限環境菌

本菌群は高熱,高塩,高放射線などの,いわゆる極限環境で増殖し得る好熱性,好塩性,好アルカリ性また好放射線性菌群である.

代表種① アクイフィカ・ピロフィラス(*Aquificae pyrophilus*):地表や海底の火山系熱水源から分離された.

代表種② サーモトガ・マリティマ(*Thermotoga maritima*):火山地帯,油井地帯,硫気噴気孔などから分離された.

代表種③ デイノコッカス・ラディオデュランス(*Deinococcus radiodurans*):熱水源,放射線照射土壌,放射線照射動物から分離された.
1) **かたち**:グラム陽性桿菌で好気性である.
2) **増殖**:紫外線(500 J/m^2)やγ線(5,000 gray(Gy))などの放射線に耐性を示した.増殖温度は25〜35℃または45〜50℃である.類似の形質をもつサーマス(*Thermus*),メイオサーマス(*Meiothermus*)の3属,17菌種が所属する.

b) 特異基質資化菌

代表種① クリシオゲネテス・アルセナティス(*Chrysiogenetes arsenatis*):オーストラリア葦叢床(よし)から分離された.

代表種② ニトロスピラ・マリナ(*Nitrospirae marina*):海水や都市給湯システムの鉄パイプ,土壌,淡水,活性汚泥から分離された亜硝酸酸化菌である.

代表種③ シネジステス・ヨネシ(*Synergistes jonesii*):ルーメン(反芻胃)内から分離された.嫌気性桿菌である.熱帯産マメ科植物ギンコウカ(leucaena)の解毒作用をもつ.

B 酸素非発生型光合成菌群

主に淡水の嫌気的な環境で増殖して酸素を発生しない光合成を行う.光合成はバクテリオクロロフィルおよびカロチノイド色素の存在でエネルギーを得ている.光合成の基質は硫化水素やチオ硫酸などの硫化物また水素や有機物で,増殖は発芽や二分裂によっている.

a) 糸状緑色硫黄細菌類

代表種 クロロフレクス・アグレガンス（*Chloroflexus aggregans*）：フィラメント状滑走運動菌である．バクトクロロフイル a, c, また β-, γ-カロチン，ヒドロキシ-γ-カロチン，グルコシドエステルを含むカロチノイドをもつ．リポ多糖体を含む外膜はなくマット状に凝集し淡水湖深水層から分離された．

b) 緑色硫黄細菌類

代表種① クロロビウム・リミコラ（*Chlorobium limicola*）：ビブリオ状菌で淡水湖から分離．細胞内膜にクロロソームが付着し緑色硫黄細菌の特徴とされる．

代表種② ペロディクチオン・クラスラチフォルメ（*Pelodictyon clathratiforme*）：桿状菌である．硫化水素を含んだ汚泥や湖水，黒変した汚濁岸辺から分離される．偏性嫌気性，増殖には硫化物と重炭酸塩を要求する（図 5.1 ②）．

c) 紅色硫黄細菌類

代表種① クロマチウム・オケニイ（*Chromatium okenii*）：日光のあたる硫化水素の発生している淡水性湖沼から分離される．光屈折性の硫黄粒子やバクテリオクロロフィルの存在で菌体が紅赤紫色または褐色になる．

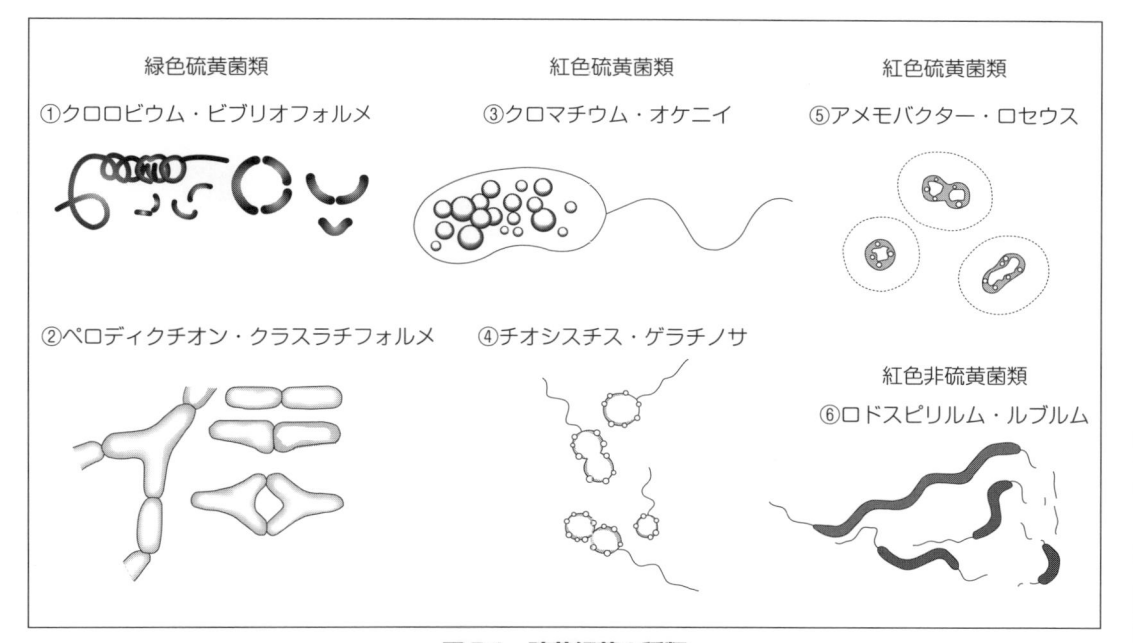

図 5.1　硫黄細菌の種類

偏性嫌気菌であるが電子供与体として硫化物また炭素源としてCO_2を用いて光合成を行う（**図5.1**③）．

代表種② チオシスチス・ゲラチノサ（*Tiocystis gelatinosa*）：硫化水素の存在する澱んだ淡水湖から分離される（**図5.1**④）．

代表種③ アメボバクター・ロセウス（*Amoebobacter roseus*）：球状で菌体周囲は粘液層に囲まれている．菌体は無色であるが桃色から紅色の菌懸濁液になる．光合成色素はバクテリオクロロフィルa，また紅色硫黄菌特有のスピリロキサンチン（spirilloxanthin）を主成分とするカロチノイドである．嫌気性光合成能および暗条件下の微好気性または好気性の通性化学独立栄養菌である．光合成電子供与体には硫化物や水素，酢酸などの有機酸が使用される．硫化水素の発生している湖沼の澱みやラグーンから分離される（**図5.1**⑤）．

d）紅色非硫黄細菌類

代表種① ロドスピリルム・ルブルム（*Rhodospirillum rubrum*）：桿状菌体で端鞭毛をもち運動する．菌体は無色から紅色である．光合成膜構造は小囊である．電子供与体は分子水素で光条件下の嫌気環境で増殖する．暗条件下では好気的または微好気的な増殖をする可能性がある（**図5.1**⑥）．

代表種② ロドシュードモナス・パラストリス（*Rhodopseudomonas palustris*）：球桿状の紅色から褐色の菌体で運動性である．発芽増殖でグラム陰性菌である．光合成色素はバクテリオクロロフィルaとスピリロキサンチンである．

C 酸素発生型光合成菌群

基本的に高等植物と同じように光合成によって炭酸同化作用を行い，酸素を放出する原核生物である．約35億年前の原始地球をとりまく始原大気に最初に酸素を放出した生物は，この菌群であろうとも考えられている（第1章参照）．

a）シアノバクテリア

シアノバクテリア（cyanobacteria）は藍色細菌，藍藻植物，藍藻類さらにまた原核微細藻類などとさまざまな名称がある．本菌属は水圏や湿潤な環境，富栄養化沼沢や湖沼の澱みに群生し分離される．

代表種① シアノバクテリウム・スタニエリ（*Cyanobacterium stanieri*）：桿状菌で二分裂または発芽増殖をする．

代表種② デルモカルペラ（*Dermocarpella*）：球状の菌体で菌体内は頂端細胞で埋められている．繊維状の細胞壁構造でビオサイトが菌体内に存在する．海浜の潮間沼沢地から分離．シアノシスチス（*Cyanocystis*），スタニエリア（*Stanieria*），キセノコッカス（*Xenococcus*），ミクソサルシナ（*Myxosarcina*）などがある．

代表種③ スピルリナ（*Spirulina*）：1 μm～5 μm のトリコーム（糸状体：trichome）で，12 μm の長い菌体が出現する．トリコームはシアノバクテリア菌体には多く見られる．広く水圏に分布しているが，淡水，海水，黒変した汚水から分離される．内陸の塩湖や 50℃程度の温泉地帯の汚水などからも分離される．

代表種④ ノストク（*Nostoc*）：栄養増殖に関与する連鎖体を産生する．植物根圏や土壌，汚水の多い湖沼また熱帯土壌などから分離される．地衣類や植物と共生して固定窒素を宿主植物に供給する．

代表種⑤ クロログロエオプシス（*Chlorogloeopsis*）：広く水圏や熱帯の湿潤土壌から分離されるが，とくに 63℃から 64℃の温泉地帯からも分離される．好温性シアノバクテリアとも言う．

D 化学合成独立栄養菌群

　化学合成独立栄養菌群は光エネルギーを使用しないで，アンモニアや硫化水素などの無機物の酸化により化学エネルギーを利用して炭酸同化を行う微生物である．1887 年ヴィノグラドスキーによって本菌群の存在が示唆された．彼は無機酸化生物（inorgoxidant）と呼んだ本菌群の性質を 1）酸化可能な無機物を利用して増殖できること，2）その利用反応は生物学的反応であること，3）無機物の酸化を唯一のエネルギー源に，また炭酸を唯一の炭素源とすること，4）有機物質をエネルギー源に用いないこと，5）有機物を分解できずその存在は増殖阻害になる菌群などであるとした．その後，この定義に当てはまらない水素細菌なども出現しているが，基本的には現在でも適用できる部分も多い．

a）硫黄細菌群

　硫黄や無機硫黄化合物を酸化する細菌である．

代表種① チオバシラス・チオパルス（*Thiobacillus thioparus*）：桿状菌で極鞭毛で運動する．エネルギー源は硫化物を酸化して獲得する．ベンソン-カルビン回路を用いて二酸化炭素を固定する．偏性化学独立栄養性である．汚水や排水溝などから分離される．

代表種② チオミクロスピラ・ペロフィラ（*Thiomicrospira pelophi-*

la)：らせん状桿菌である．呼吸代謝で無機硫化物を酸化する．排水溝や硫化物の多い汚泥から分離される．

b）亜硝酸菌群（アンモニア酸化菌群：アンモニアから亜硝酸へ）

アンモニアを亜硝酸に，また亜硝酸を硝酸に酸化する際のエネルギーを使用して炭酸同化して増殖する．硝酸化成菌または硝化菌（nitrifying bacteria）ともいう．

代表種① ニトロソモナス・ユウロパエ（*Nitrosomonas europaea*）：汚染河川や湖沼などの汚水，廃棄物処理場，また海水域などから分離される．

代表種② ニトロソコッカス・ニトロサス（*Nitrosococcus nitrosus*）：球状菌である．土壌，汽水域または海水域からも分離される．

c）硝酸菌群（亜硝酸酸化菌群，亜硝酸から硝酸へ）

代表種① ニトロバクター・ヴィノグラドスキー（*Nitrobacter winogradskyi*）：桿状菌である．細胞膜は三層構造で内膜には扁平嚢を形成している．

代表種② ニトロスピナ・グラシリス（*Nitrospina gracilis*）：桿状菌である．細胞膜系が欠損する菌株があり一部が陥入している菌体もある．

その他，鉄酸化菌の**チオバシラス菌**（*Thiobacillus ferrooxidans*）や水素細菌また一酸化炭素菌などがある．

d）硝酸スピロヘータ（*Spirochaeta*）

らせん状菌，菌体は $0.2 \sim 0.75\ \mu m$ 程度，長さ $5 \sim 250\ \mu m$，すべての菌種は2本の極鞭毛を保有している．嫌気性または通性嫌気性，至適発育温度は 25℃〜40℃，化学合成栄養菌，多くの炭水化物を炭素源またはエネルギー源として利用する．嫌気的な炭水化物代謝からエタノール，二酸化炭素，水素を産生する．河川，湖沼，汚泥など水系環境から分離される．自由生活性．

代表種 プリカティリス菌（*Spirochaeta plicatilis*）

E 環境浄化菌群

活性汚泥や堆肥などの有機物の豊富な環境から分離され，高分子化合物を分解する菌群であるが，増殖速度は緩慢である．

a）突起菌群

生活環の一時期に菌体に突起体を形成する菌群で突起体菌（prosthecate bacteria）という.

代表種① ヒホミクロビウム・ブルガレ（*Hyphomicrobium vulgare*）：球状菌体で突起体をもつ．光合成菌ロドミクロビウムに類似の細胞周期を示す．菌体色素がなく発芽により娘細胞を形成する．運動性があり凝集してロゼットを形成する．多くの菌体内にはβ-ヒドロオキシ酪酸顆粒の貯留が観察される．化学合成有機栄養性でメタノールやメチルアミンのようなC1化合物を唯一の炭素源として増殖するメチロトロフィー（methylotrophy）である．またアンモニアを窒素源として利用するが有機窒素も利用できる．至適増殖温度は15～37℃，至適pHは6.5～7.5である．分離源は土壌である．

代表種② コーロバクター・ビブリオイデス（*Caulobacter vibrioides*）：桿状菌で一方の極には突起体（付着柄）を保持している．対極は接着部位で基盤に接着したりロゼットを形成する．親菌体から不規則な二分裂によって遊走性の娘細胞を形成する．有機物の少ない土壌や淡水から分離される．

b）有鞘菌群

代表種① スフェロチルス・ナタンス（*Sphaerotilus natans*）：桿状菌で芽胞は形成しないが，菌体は鞘に囲まれ有鞘菌体として存在する．菌体の極には鞭毛があり，対極は他の菌体細胞と連鎖している．菌体鞘は多糖，タンパク質，脂質複合体から構成されているが，$Fe(OH)_3$の蓄積顆粒を含む粘液層を保持している．有機物が豊富な汚水とくに活性汚泥に存在している．鞘は富栄養環境では形成されず活性汚泥中などでは薄く無色である．

代表種② レプトトリックス・オクラセア（*Leptothrix ochracea*）：桿状菌で極鞭毛をもち菌体は鞘内に入っている．鉄酸化性菌で鉄やマンガンのある土壌抽出液培地によく増殖する．活性汚泥から分離される．

c）滑走菌群

代表種① サイトファガ・ハッチンソニイ（*Cytophaga hutchinsonii*）：褐色から紅色のカロチノイド色素を含有する．滑走運動で移動する．多糖体とくに寒天，アルギニン酸，セルロースやキチンのような高分子化合物を分解できる．好気性代謝で硝酸塩を電子受容体に用いることもある．土壌や汽水域または海水域から分離される．

代表種② ベギアトア・アルバ（*Beggiatoa alba*）：糸状菌体である．多

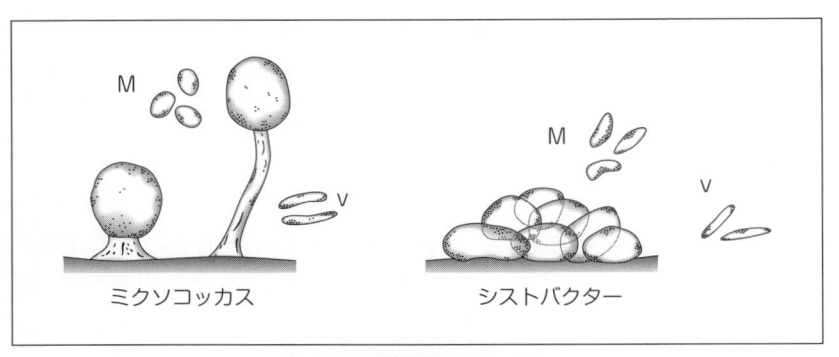

図 5.2 粘液細菌のかたち
M：芽胞型菌，v：栄養型菌

菌体細胞により連鎖体を形成している．硫化物をエネルギー源に用いる好気性代謝を行う．

d）粘液細菌

代表種① ミクソコッカス・フルバス（*Myxococcus fulvus*）：栄養体は鈍端な桿状菌である．子実体は球状で栄養条件により形成される．細胞壁のペプチドグルカンは顆粒状で存在しており層状にはならない．疎水性抗生物質に感受性が高く，このことから外膜が他種の細菌とは異なることが考えられる．**大腸菌含有培地**や**動物糞塊含有培地**によく増殖する．培地上のコロニーは薄く皺状になっている．カロチノイド配糖体を産生する．また菌体溶解酵素を産生する（**図 5.2**）．

代表種② シストバクター・ファスカス（*Cystobacter fuscus*）：栄養体は桿状菌である．子実体は褐色で無柄である．粘液胞子は固い胞子嚢に包まれている．大腸菌含有培地や動物糞塊含有培地によく増殖する．セルロースは分解しないが DNA や RNA などの核酸は分解する．増殖至適 pH は 6.9 ～ 8.2 また至適温度範囲は 18 ～ 40℃である．本菌種はカリフォルニアのウサギ糞便から分離された．土壌と接触している動物糞便など，**堆肥小屋**などから多く分離され環境浄化に貢献していると考えられる（**図 5.2**）．

F 窒素固定菌群

窒素固定性微生物はクロストリジウムやシトロバクターなど数多く多岐にわたるが多くは自由生活性で，植物寄生菌は数少ない．

代表種① リゾビウム（*Rhizobium*）：1889 年オランダのベイエリンクによって分離された．好気性桿菌である．多くの炭化水素や有機酸を利用す

るがセルロースやデンプンは利用できない．増殖至適 pH 6.0 から 7.0，至適温度 25 ～ 30℃である．本属および他のマメ科植物共生菌群を「**根粒菌（Rhizobia）**」と呼ぶ．根粒菌群はマメ科植物に感染して根毛に根粒を形成する．宿主植物種と対応する菌種が特定されている．この宿主・寄生体関係は**交互接種群**（cross-inoculation group）と呼ばれている．

代表種② **ブラディリゾビウム・ヤポニカム**（*Bradyrhizobium japonicum*）：好気性桿菌である．ポリ β–ヒドロキシ酪酸顆粒を菌体内に貯留している．ダイズ寄生性である．またルピナスに寄生する菌種は**ルピニ菌**（*lupini*）である．

代表種③ **アゾトバクター・クロオコッカム**（*Azotobacter chroococcum*）：1901 年にベイエリンクによって分離された．好気性球状菌である．好気性従属栄養で運動性がある．窒素固定と関係している特有の包囊を形成する．

ⓖ 植物共生性菌群

代表種① **フィロバクテリウム・ミルシナセアラム**（*Phyllobacterium myrsinacearum*）：好気性桿菌である．通常は直桿状菌であるが条件により星状の菌塊を形成する．ヤブコウジ，アカネ，フトモモなどの葉に結節を形成する．結節内では菌形は多形性になり分枝などにも変化する．他菌種には**ルビアセアラム**（*P. rubiacearum*）がある．

代表種② **アグロバクテリウム**（*Agrobacterium*）：がん腫菌とも呼ばれる．好気性桿菌である．莢膜，鞭毛を保持して運動性を示す．至適温度は 25 ～ 28℃，多くの糖類や有機酸類を代謝する．グルコースから有機酸を生成する．菌体外に β–グルカンなどのスライム様多糖類を大量に産生する．ある種の菌はアンモニアや硝酸塩を窒素源として利用し硝酸呼吸を行うが窒素固定はしない．根圏に生息する．多く植物に感染して自己増殖を行う．**菌瘤**（gall）や不定根を形成する．

菌種同定は菌瘤形成によって決められる．広範囲の高等植物にクラウンゴール（crown gall）を形成する**ツメファシエンス菌**（*A. tumefaciens*），キイチゴ属ラズベリーにケンゴール（cane gall）を形成する**ラビ菌**（*A. rubi*），根圏に棲息して根毛を多発させる**リゾゲネス菌**（*A. rhizogenes*），**ラディオバクター菌**（*A. radiobacter*）などがある．

この菌属の菌瘤形成性 Ti プラスミドは遺伝子組換え作物の作出に利用されている．Ti プラスミドはがん形成プラスミドを意味しておりクラウンゴール腫瘍形成因子で約 200,000 塩基対をもつ．アグロバクテリウムが植物に感染すると Ti プラスミド上にある毒性領域（*vir* 領域：virulence region）が作動してT-DNA（transferred DNA）領域からのDNAが植物細胞の染色体に転移する．T-DNA領域は特定Virタンパク質により境界配列のなかで一本鎖切断を受けて一本鎖DNAとして切り出され，このDNAは植物に移動して染色体に組み込まれると考えられている．そこで異種DNAでも境界配列で囲めば細菌の機能を仲介にして植物に導入できる．なおTiプラスミドを利用した組換えに用いられる大腸菌とアグロバクテリウムで複製可能なプラスミドをバイナリーベクター（binary vector）という．

5.2 古細菌（ARCHAEA）

A 古細菌の分類

a）古細菌の性状

古細菌（アーキア：archaea）は，細胞壁組成，細胞膜脂質，遺伝情報伝達などが細菌（バクテリア：bacteria）と大きく異なるが，エネルギー生産や代謝様式が類似している原核微生物である．

しかし，また一方，遺伝情報の転写や複製，翻訳などが真核生物に近い形質をもち生化学的な性状には独自性がある．

b）古細菌の群別

アーキアとして現在までに知られている菌種は，メタン生成菌，硫黄代謝性好熱性菌，高度好塩菌など極限環境に生息している菌種が多い．アーキアはクレンアーキオータ（Crenarchaeota）とユーリアーキオータ（Euryarchaeota）の二つの門（Phylum）に群別される．

クレンアーキオータは超好熱菌群，超好熱性硫黄代謝菌群などが含まれる．ユーリアーキオータは，メタン生成菌群，超好塩菌，また無細胞壁菌群が含まれている．アーキアの実用的群別としてメタン生成菌，硫酸還元菌，超好塩菌，無細胞壁菌および超好熱性硫黄代謝菌の5群に分別されている．

B 古細菌の主な種類

a）クレンアーキオータ（*Crenarchaeota*）
1）超好熱古細菌
代表種① テルモプロテウス・テナックス（*Thermoproteus tenax*）
1) **かたち**：0.4～0.5×1.0～100 μmの桿状菌体，グラム陰性，偏性嫌

気性である

2) **培　養**：pH 1.7〜6.5．至適発育 pH が 5.0，また至適発育温度が 90〜96℃，97℃でも生育可能である．唯一の炭素源として二酸化炭素を使用する．水素と元素状硫黄を還元して化学自家栄養摂取を行う．

3) **所　在**：アイスランド，イタリア，北米，ニュージーランド，インドネシアなど世界各地の酸性温泉地帯の硫気孔，硫質噴気孔地帯から分離された．

代表種② ピロバクラム・アイランディクム（*Pyrobaculum islandicum*）：アイスランド火山地帯から分離した．至適発育 pH が 3.0〜4.0 で増殖温度が 74℃〜104℃の桿状菌である．曲がった桿状の菌体，グラム陰性，嫌気性または微好気性である．

代表種③ テルモクラディウム・モデスティアス（*Thermocladium modesties*）：北海道川湯温泉，秋田玉川温泉，福島野地温泉など日本の9か所の硫気孔，硫質噴気孔地帯の汚泥や土壌などから分離された．0.5×5〜20 μm のグラム陰性のやや湾曲している桿菌，分岐し分芽する多様な菌枝をもつ．非運動性，微好気性，偏性従属栄養型菌，60℃〜80℃，pH 3.0〜pH 5.9 で発育するが，至適発育温度は 75℃，pH 4.2 である．

代表種④ テルモフィルム・ペンデンス（*Thermofilum pendens*）：温度 100℃以上で pH 2.8〜6.7 の温泉，とくに硫質噴気孔地帯に生息している．至適発育温度 85℃〜90℃，pH 5.0 以下でも増殖生育可能である．0.15〜0.35 μm の菌体に 1〜100 μm の長い鞭毛を保持．グラム陰性，嫌気性，好熱性好酸性．硫酸呼吸によってペプタイドを利用する．

2) 超好熱性硫黄代謝古細菌

硫黄を酸化または還元する．増殖には炭素源として唯一二酸化炭素を利用して硫黄から硫化水素に還元する化学自家栄養性菌である．至適発育温

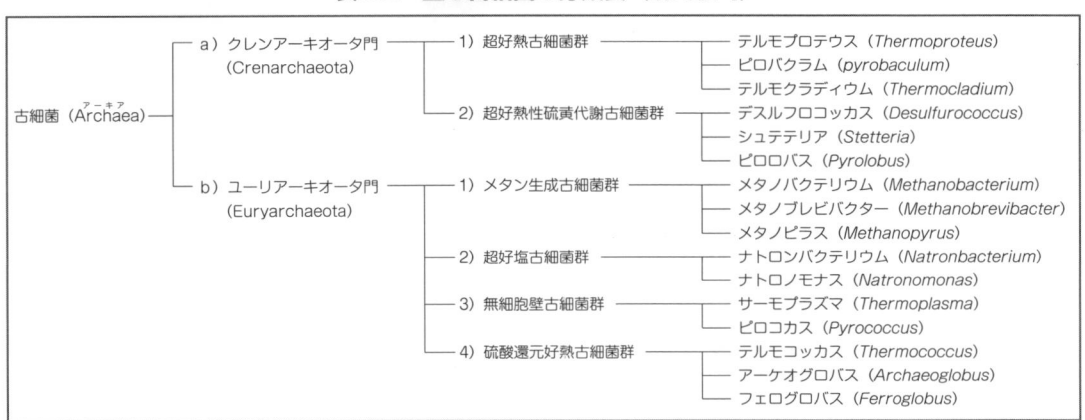

表 5.2　主な古細菌の分類表（扇元敬司）

古細菌（Archaea）	門	群	代表菌
	a) クレンアーキオータ門 (Crenarchaeota)	1) 超好熱古細菌群	テルモプロテウス（*Thermoproteus*） ピロバクラム（*pyrobaculum*） テルモクラディウム（*Thermocladium*）
		2) 超好熱性硫黄代謝古細菌群	デスルフロコッカス（*Desulfurococcus*） シュテテリア（*Stetteria*） ピロロバス（*Pyrolobus*）
	b) ユーリアーキオータ門 (Euryarchaeota)	1) メタン生成古細菌群	メタノバクテリウム（*Methanobacterium*） メタノブレビバクター（*Methanobrevibacter*） メタノピラス（*Methanopyrus*）
		2) 超好塩古細菌群	ナトロンバクテリウム（*Natronbacterium*） ナトロノモナス（*Natronomonas*）
		3) 無細胞壁古細菌群	サーモプラズマ（*Thermoplasma*） ピロコカス（*Pyrococcus*）
		4) 硫酸還元好熱古細菌群	テルモコッカス（*Thermococcus*） アーケオグロバス（*Archaeoglobus*） フェログロバス（*Ferroglobus*）

度は 85～95℃で 102℃でも増殖する．pH 5.2～9.0 で増殖し至適 pH は 6.0 である．

b）ユーリアーキオータ（Euryarchaeota）

1）メタン生成古細菌

排水処理槽の汚泥や湖沼また堆積土壌など有機物質のある嫌気的な環境から分離される．メタン生成アーキア菌は H_2 と CO_2，ギ酸，酢酸などからメタンを生成する．有機物を利用して増殖できない．このようなメタン生成系は基質酢酸の開裂反応や C1 化合物の還元反応によって二酸化炭素とメタンを生成する．C1 還元性アーキアはおもに二酸化炭素と水素からメタンを生成するが，一酸化炭素，ギ酸，メタノールと水素，メチルアミン，メチル硫化物，二酸化炭素とアルコールからメタン生成される．

メタン生成系は補酵素と結合して反応が進行するがメタンが生成菌にのみ存在する補酵素 M および補酵素 F_{420} がある．

代表種① メタノバクテリウム・ホルミシカム（*Methanobacterium formicicum*）：嫌気浄化槽や湖水汚泥に多く生息している．

代表種② メタノブレビバクター・ルミナンティウム（*Methanobrevibacter ruminantium*）：1958 年にハンゲートによって反芻胃内から分離された．エネルギー源は水素・二酸化炭素およびギ酸である．

2）超好塩古細菌群

超好塩菌で増殖至適塩濃度は 3～4 モル食塩濃度で，最低要求塩濃度はほぼ 2 モル食塩濃度である．

代表種 ナトロンバクテリウム・グレゴリ（*Natronbacterium gregoryi*）：pH 8.5 以上でないと増殖しない．至適 pH は 9.5～10.0 である．好気性グラム陰性桿状菌で 2.0～5.2 モルの食塩濃度で増殖する．増殖温度は 25～40℃で至適温度は 37℃である．天日塩田から分離された．

3）無細胞壁古細菌群

細胞壁の存在しないアーキアで細胞膜が外界と接している．

代表種① サーモプラズマ・アシドフィルム（*Thermoplasma acidophilum*）：酸性硫気噴気孔や自然発火ぼた山の自由生活性菌である．

代表種② サーモプラズマ・ボルカニウム（*T. volcanium*）：分離源から 3 群に区分されている．第一群はイタリア近海や陸上の硫気噴気孔の自由生活性分離株である．第二群はインドネシアのジャワ島の硫気噴気孔や熱帯沼沢地帯からの分離株である．第三群はアメリカやアイスランドの陸上硫気噴気孔からの分離株である．

4）硫酸還元好熱古細菌群

海底の地熱発生地帯や石油産出地から分離されている．

代表種 テルモコッカス・リトリス（*Thermococcus litorlis*）：イタリア，ナポリ近海の浅瀬硫黄熱水から分離された．至適増殖温度は85℃で50℃～96℃で増殖する．わが国の北陸地方の石油備蓄地帯からも分離された高度好熱性アーキアである．なお同地帯には断層が多く地熱が50℃～58℃もある油井も多い．

第5章 まとめ

① 細　菌（Bacteria）:

A　深根性菌群；a) 極限環境菌：地表や海底の火山系熱水源から分離．また放射線照射土壌，放射線照射動物から分離．紫外線やγ線などに耐性を示す．
b) 特異基質資化菌．

B　酸素非発生型光合成菌群：淡水嫌気的環境で増殖．a) 糸状緑色硫黄細菌類，b) 緑色硫黄細菌類，c) 紅色硫黄細菌類，d) 紅色非硫黄細菌類

C　酸素発生型光合成菌群：基本的に植物と同じ光合成．約35億年前の原始地球上の始原大気に最初に酸素を放出した生物は a) シアノバクテリア（藍色細菌，藍藻植物，藍藻類さらにまた原核微細藻類などの別名称）本菌属は水圏や湿潤な環境から分離

D　化学合成独立栄養菌群：a) 硫黄細菌群；硫黄や無機硫黄化合物を酸化する．b) 亜硝酸菌群：アンモニア酸化菌群：アンモニアから亜硝酸へ，c) 硝酸菌群：亜硝酸酸化菌群：亜硝酸から硝酸へ，d) 硝酸スピロヘータ：嫌気的な炭水化物代謝からエタノール，二酸化炭素，水素を産生する．

E　環境浄化菌群：a) 突起菌群，b) 有鞘菌群，c) 滑走菌群，d) 粘液菌群

F　窒素固定菌群：マメ科植物共生菌群＝根粒菌（Rhizobia）根粒菌群

G　植物共生性菌群：アグロバクテリウム：がん腫菌

② 古細菌（Archaea）

a) 古細菌（アーキア：archaea）は，細胞壁組成，細胞膜脂質，遺伝情報伝達などが細菌と大きく異なるが，エネルギー生産や代謝様式が類似している原核微生物である．

b) 古細菌の群別：Crenarchaeota と Euryarchaeota の二つの門に群別した．

古細菌の主な種類

a) クレンアーキオータ：1) 超好熱古細菌：2) 超好熱性硫黄代謝古細菌

b) ユーリアーキオータ：1) メタン生成古細菌，2) 超好塩古細菌，3) 無細胞壁古細菌，4) 硫酸還元好熱古細菌

CHAPTER 6 ウイルスの性状と種類

6.1 ウイルスの特徴

A ウイルスの発見

　ウイルス（virus）はラテン語で「毒」という語源をもつ．1892年，イワノフスキーはタバコモザイク病の病原体が光学顕微鏡で観察できず，また微細フィルターを通過する微生物であることを報告した．また1898年にウシ口蹄疫病原体も濾過性病原体，すなわちウイルスであることを発見した．さらに1915年にはトウオルトは細菌集落が溶菌して丸いプラーク（溶菌斑）をつくり，ガラス状の半透明になる現象を発見した．これは後に細菌を溶菌するバクテリオファージと呼ばれるウイルスであった．

B ウイルスとは

　ウイルスは次のような特性をもっている．
　(1) 直径10～300 nmの大きさである．
　(2) 動物（ヒト）ウイルスはRNAかDNAのいずれか**1種類の核酸**をもち，**カプシド**に囲まれている．
　(3) ウイルスは細菌のような二分裂増殖をしない．特有の増殖サイクルをもち，その過程では「**暗黒期**」を経過する．
　(4) ウイルスは**宿主細胞**の代謝系を利用して増殖する．そのため増殖には**生細胞**を必要とする．
　(5) ウイルスは，通常の抗細菌物質（抗生物質）に対して感受性を持た

ない．

(6) 化学的にはタンパク質の殻に囲まれ保護され，宿主細胞から細胞へと移動する感染性の核酸分子である．

(7) 微生物学的には宿主細胞外では代謝活性を保持しない感染性ウイルス粒子で，宿主細胞内では複製するウイルス核酸として，その二つの生活環をくり返している**細胞寄生**の生物である．

C ウイルスの分類

ウイルスは RNA か DNA のどちらか一種類の核酸を保持している感染性の寄生体で，RNA ウイルスまたは DNA ウイルスである．また寄生する宿主によって**動物ウイルス**，**植物ウイルス**，**バクテリオファージ（細菌ウイルス）**に大別される．なおヒトに感染するウイルスは，ヒトウイルスとは呼ばすに動物ウイルスと総称する．脊椎動物や昆虫などで増殖する種類も存在している．

D ウイルスの命名

ウイルスの命名は，動植物や細菌の命名法であるラテン語二名法は必ずしも使用されていないが，科，属などの概念は次第に導入されている．科の語尾：-viridae，属の語尾：-virus を付している．しかし種名は，現在のところ宿主名や病名などを通称として付している．

例 ポックスウイルス群（pox-viruses）：ポックスウイルス科（pox-viridae）：脊椎ポックスウイルス亜科（chordopox-viridae）：鳥類ウイルス属（Avipox-virus）：鶏痘ウイルス種（Fowlpox virus）などである．

ウイルスの分類標徴には核酸型，ウイルス構造，溶媒感受性，ウイルス粒子サイズ，免疫性状，培養性状など多数の標徴が採用されている．**表 6.1** に宿主別におもなウイルスの形態，核酸型，粒子の大きさおよび代表的な種名を掲げた．

6.2 ウイルスのかたちと構造

A ウイルスのかたち

ウイルスの種類に特有な形態を示すことが多い．頭部と尾部に分かれている「オタマジャクシ」状のウイルスは**細菌ウイルス**（バクテリオファー

表 6.1 主なウイルスの種類と性状（1）

a）動物ウイルス

ウイルス名	形態	核酸型（分子量：ダルトン）	粒子の大きさ	代表的なウイルス種名
バクロウイルス科（Baculoviridae）		二本鎖環状 DNA (80×10^6)	$40 \sim 70 \times 250 \sim 400$ m	カイコ核角体病ウイルス
脊髄動物ウイルス				
ヘルペスウイルス科（Herpesviridae）		二本鎖環状 DNA ($80 \sim 150 \times 10^6$)	$120 \sim 200$ nm，エンベロープ	ヘルペスウイルス，オーエスキー病ウイルス
アデノウイルス科（Adenoviridae）		二本鎖環状 DNA ($20 \sim 25 \times 10^6$)	$70 \sim 90$ nm	アデノウイルス
パポバウイルス科（Papovaviridae）		二本鎖環状 DNA ($1.5 \sim 2.0 \times 10^6$)	$18 \sim 26$ nm	ウサギ乳頭腫ウイルス，イボウイルス，イヌ口腔乳頭腫ウイルス
コロナウイルス科（Coronaviridae）		一本鎖環状 RNA (9×10^6) 9 nm のらせん状ヌクレオカプシド	径 $70 \sim 120$ nm，エンベロープあり	トリ伝染性気管支炎ウイルス，マウス肝炎ウイルス，豚伝染性胃腸炎ウイルス（TGE ウイルス）
アレナウイルス科（Arenaviridae）		一本鎖環状 RNA (5.5×10^6) リボソームと転写酵素	径 $50 \sim 300$ nm，エンベロープあり	ラッサ熱ウイルス，リンパ球性脈絡脳膜炎ウイルス
パラミクソウイルス科（Paramyxoviridae）		一本鎖環状 RNA ($5 \sim 8 \times 10^6$) $14 \sim 18$ nm のひも状ヌクレオカプシド	径 150 nm，スパイク付エンベロープあり	ニューカッスル病ウイルス，センダイウイルス，ムンプスウイルス，麻疹ウイルス
オルソミクソウイルス科（Orthomyxoviridae）		一本鎖環状 RNA (4×10^6) 9 nm のらせん状ヌクレオカプシド	径 $80 \sim 120$ nm，スパイク付エンベロープあり	インフルエンザウイルス，ニワトリペストウイルス
レトロウイルス科（Retroviridae）		一本鎖環状 RNA ($3 \sim 10 \times 10^6$) 正二十面体ヌクレオカプシド中に RNA 依存性 DNA ポリメラーゼ	径 100 nm，エンベロープ	RNA 腫瘍ウイルス，ニワトリ白血病ウイルス，ヒツジ進行性肺炎ウイルス
イリドウイルス科（Iridoviridae）		二本鎖環状 DNA ($130 \sim 160 \times 10^6$)	$130 \sim 300$ nm	昆虫イリデセントウイルス，オタマジャクシ浮腫ウイルス，魚のリンパ球増多ウイルス
ポックスウイルス科（Poxviridae）		二本鎖環状 DNA ($130 \sim 240 \times 10^6$)	$170 \sim 260 \times 300 \sim 450$ nm，外層エンベロープを持つ	昆虫エントモポックスウイルス，鶏痘ウイルス，羊痘ウイルス，ウサギ粘液腫ウイルス，偽牛痘ウイルス
パルボウイルス科（Parvoviridae）		一本鎖 DNA ($1.5 \sim 2.2 \times 10^6$)	径 $18 \sim 26$ nm，アデノウイルス随伴ウイルスも存在	昆虫デンソウイルス，ネコ汎白血球減少性ウイルス，ブタパルボウイルス，ウシパルボウイルス，ミンク腸炎ウイルス
レオウイルス科（Reoviridae）		二本鎖 RNA ($10 \sim 16 \times 10^6$)	径 $60 \sim 80$ nm，正二十面体	哺乳類レオウイルス，ロタウイルス（ヒト，ウシ，ブタ下痢症ウイルス），ブルータングウイルス，アフリカ馬疫ウイルス，コロラドダニ熱ウイルス，シカ流行性出血熱病ウイルス，クローバー創傷腫瘍ウイルス，昆虫の細胞質多角体病ウイルス
ピコルナウイルス科（Picornaviridae）		一本鎖 RNA (2.5×10^6)	$20 \sim 30$ nm	ポリオウイルス，コクサッキーウイルス，エコーウイルスなどヒトエンテロウイルス，ブタエンテロウイルス，ブタ水疱病ウイルス，ウシエンテロウイルス，口蹄疫ウイルス，ウシライノウイルスなどライノウイルス
トガウイルス科（Togaviridae）		一本鎖 RNA (4×10^6) 正二十面体ヌクレオカプシドがあり，血球凝集素が証明	径 $40 \sim 70$ nm，正二十面体，エンベロープ，節足動物媒介ウイルス	ウマ脳炎ウイルス，風疹ウイルス，ブタコレラウイルス
ラブドウイルス科（Rhabdoviridae）		一本鎖 RNA ($3.5 \sim 4.6 \times 10^6$) 転写酵素活性のらせん型ヌクレオカプシド	弾丸形で $130 \sim 300 \times 70$ nm，エンベロープ，10 nm スパイク	狂犬病ウイルス，水胞性口内炎ウイルス，ウシ流行熱ウイルス，昆虫シグマウイルス，レタスネクローシス黄斑ウイルス
ブニヤウイルス科（Bunyaviridae）		一本鎖 RNA ($3 \sim 5, 1 \sim 2, 0.4 \sim 0.8 \times 10^6$)	径 $90 \sim 110$ nm，エンベロープ，円状のリボヌクレオカプシド	アカバネウイルス，クリミア・コンゴ出血熱ウイルス，リフトレバー熱ウイルス

表6.1 主なウイルスの種類と性状（2）

b) 植物ウイルス

ウイルス名	形態	核酸型 （分子量：ダルトン）	粒子の大きさ	代表的なウイルス種名
カリモウイルス (Calimovirus)		二本鎖 DNA ($4 \sim 5 \times 10^6$)	径 50 nm ベクター：アリマキ	カリフラワーモザイクウイルス（CaMV）
ジェミニウイルス (Geminivirus)		環状一本鎖 DNA ($0.7 \sim 1 \times 10^6$)	径 18 nm ベクター：ハエ，バッタ	トウモロコシストリークウイルス
ブロモモザイクウイルス (Bromovirus)		一本鎖 RNA (4種) ($1.1 \sim 0.3 \times 10^6$)	径 25 nm ベクター：カブトムシ	ソラマメモザイクウイルス
コモウイルス (Comovirus)		一本鎖 RNA (2種) ($2.3 \sim 1.4 \times 10^6$)	径 28 nm ベクター：カブトムシ	ササゲモザイクウイルス
ククモウイルス (Cucumovirus)		一本鎖 RNA (3種) ($1.1 \sim 0.3 \times 10^6$)	径 29 nm ベクター：アリマキ	キュウリモザイクウイルス
ネポウイルス (Nepovirus)		一本鎖 RNA (2種) ($2.4 \sim 2.2 \times 10^6$)	径 30 nm ベクター：線虫	タバコリングスポットウイルス
イラーウイルス (Ilarvirus)		一本鎖 RNA (3種) ($1.3 \sim 0.4 \times 10^6$)	径 26 〜 35 nm	タバコストリークウイルス
ルテオウイルス (Luteovirus)		一本鎖 RNA (2×10^6)	径 25 nm ベクター：アリマキ	オオムギ黄葉萎縮病ウイルス
トムバスウイルス (Tombusvirus)		一本鎖 RNA (1.5×10^6)	径 30 nm	トマトブッシースタントウイルス
タイモウイルス (Tymovirus)		一本鎖 RNA (2.5×10^6)	径 30 nm ベクター：カブトムシ	カブ黄斑モザイクウイルス
ペナモウイルス (Penamovirus)		一本鎖 RNA ($1.4 \sim 1.7 \times 10^6$)	径 18 nm ベクター：アブラムシ	マメエネーションモザイクウイルス
トバネクロウイルス		一本鎖 RNA (1.5×10^6)	径 30 nm ベクター：糸状菌	タバコネクローシスウイルス
トスポウイルス (Tospovirus)		一本鎖 RNA（数個） (7.4×10^6)	径 75 nm ベクター：アザミウマ	トマトスポットウイルトウイルス
トバモウイルス (Tobamovirus)		一本鎖 RNA (2.0×10^6)	径 300 nm	タバコモザイクウイルス（TMV）
トブラウイルス (Tobravirus)		一本鎖 RNA (2.4×10^6)	径 200 nm ベクター：線虫	タバコラットウイルス
アルモウイルス		一本鎖 RNA ($1.0 \sim 0.25 \times 10^6$)	18×58, 18×48, 18×36 ベクター：アブラムシ	アルファルファモザイクウイルス
ポテックウイルス (Pote × virus)		一本鎖 RNA (2.1×10^6)	480×580 nm	ジャガイモ X ウイルス
ポティウイルス (Potyvirus)		一本鎖 RNA (3.0×10^6)	680×900 nm ベクター：アブラムシ	ジャガイモ Y ウイルス
ホルディウイルス (Hordeivirus)		一本鎖 RNA（3種） ($1 \sim 1.5 \times 10^6$)	$110 \sim 160 \times 20 \sim 25$ nm	ムギストライプモザイクウイルス
カルラウイルス (Carlavirus)		一本鎖 RNA (2.7×10^6)	$600 \sim 700 \times 13$ nm ベクター：アブラムシ	カーネーションラテントウイルス
クロステロウイルス (Closterovirus)		一本鎖 RNA ($2.3 \sim 4.3 \times 10^6$)	$600 \sim 2,000 \times 12$ nm ベクター：アブラムシ	ビートイエローウイルス

なお，これら以外に重要なウイルスとして，B 型肝炎ウイルスが属するヘパドナウイルス科，ノロウイルスが属するカリシウイルス科などがあげられる（本文参照）

ジ）に限定され，逆にヒト（動物）ウイルスにはらせん状のウイルスは見当たらない．また，一般的に**動物ウイルス**には立方対称の形が多く，とくに正二十面体の形態をもつものが多い（**表 6.1**，**図 6.1**）．

表 6.1 ウイルスの主な種類と性状（3）

c）バクテリオファージ

ウイルス名	形態	核酸型 （分子量：ダルトン）	粒子の大きさ	代表的なウイルス種名
ミオウイルス科 (Myoviridae)		線状二本鎖 DNA (120×10^6)	110×80 nm	T4, T6 など T 偶数ファージ, PBS 1, SP 8, SP ファージなど
スティロウイルス科 (Styloviridae)		線状二本鎖 DNA (33×10^6)	60×150 nm	カイ（χ）ファージ, ラムダ（λ）ファージなど
ペドウイルス科 (Pedviridae)		線状二本鎖 DNA (25×10^6)	径 65 nm	P22 ファージ, T7 ファージなど
コルティコウイルス科 (corticoviridae)		環状二本鎖 DNA (5×10^6)	径 60 nm, タンパク質殻の間に脂質層	シュードモナスファージ PM2 など
プラスマウイルス科 (Plasmaviridae)		環状一本鎖 DNA (7.6×10^6)	径 80 nm, エンベロープ内にコアーあり	MV-L2 ファージなど
ミクロウイルス科 (Microviridae)		環状一本鎖 DNA (1.9×10^6)	25〜30 nm, 正二十面体, 12 個の頂点に突起	φ174 ファージ, G4 ファージ
イノウイルス科 (Inoviridae)		環状一本鎖 DNA (1.9×10^6)	800×6 nm, 宿主を溶菌しない	M13 ファージ, fd ファージ, マイコプラズマファージ MVL51
シストウイルス科 (Cystoviridae)		線状二本鎖 RNA (13×10^6)	径 73 nm, 等辺多角形, 脂質含む, エンベロープあり	シュードモナスファージ φ6
レビウイルス科 (Leviviridae)		線状一本鎖 RNA (1.2×10^6)	径 25 nm, 正二十面体	大腸菌ファージ R17, R23, QB, カウロバクターファージ φcb5, シュードモナスファージ RPR1

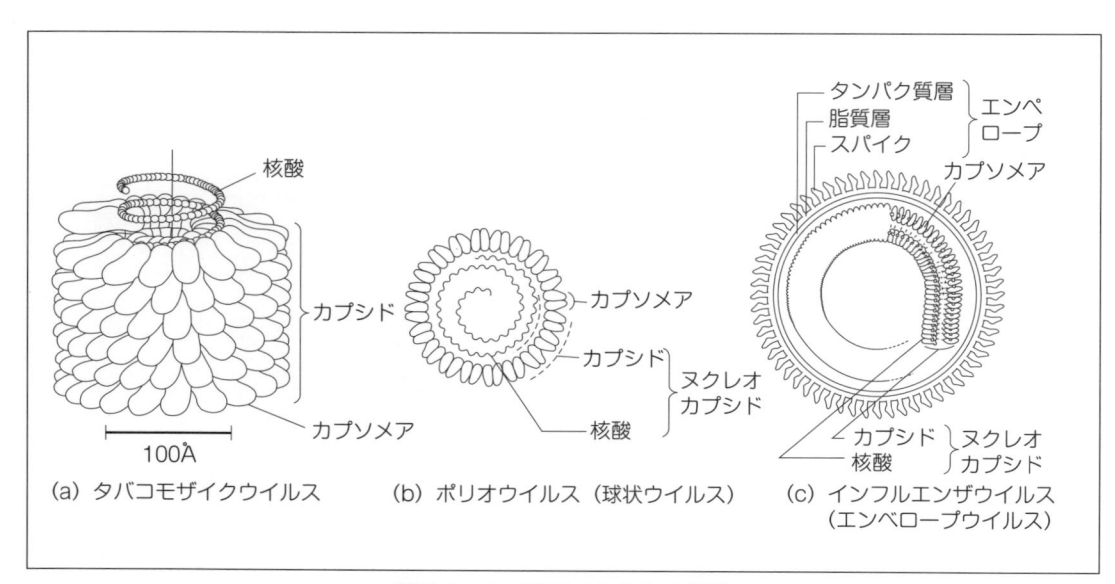

図 6.1 ウイルスのかたちと構造

(a) タバコモザイクウイルス
(b) ポリオウイルス（球状ウイルス）
(c) インフルエンザウイルス（エンベロープウイルス）

B ウイルスの構造

a) ウイルスの基本構造

完全なかたちをしたウイルス粒子は**ビリオン**（virion）と呼ぶ．ウイルスの基本的構造は核酸の**コアー**（core：芯）とその周囲を包むタンパクの**カプシド**（capsid：外殻構造）によって構成されている．核酸とカプシドを合わせた構造を**ヌクレオカプシド**，カプシドを構成する形態的構造の単位を**カプソメア**（capsomere）と呼ぶ．なおウイルスの種類によってカプシドの外側に**エンベロープ**（envelope）と呼ぶ糖タンパク質とリピド（脂質）の膜をもつ．

b) ウイルスの核酸

ウイルスの遺伝情報を担当するウイルス核酸はウイルス種により RNA か DNA のどちらかを保持している．さらにそれぞれ二本鎖または一本鎖の種類があることが知られている．ウイルス RNA は通常は分子がひとつであるが分節に分かれている．例えばロタウイルスでは分節が 11 個，インフルエンザ A 型では 8 個である．

6.3 ウイルスの増殖

A ウイルスの増殖過程

ウイルスは細胞内で増殖する．動物ウイルスは動物細胞内で増殖し，感染可能な細胞ではウイルスと特異的に結合する細胞受容体（レセプター）がありウイルスは細胞受容体に吸着する．増殖は，a) 宿主細胞への**吸着**，b) 宿主細胞への**侵入**，c) ウイルス核酸（ゲノム）の**複製**，d) 成熟ウイルス粒子の**組み立て**，e) 成熟ウイルス粒子の**放出**を経過する．

a) 宿主細胞への吸着

動物ウイルスの宿主細胞への吸着は，ウイルスの特定部位と生体細胞表層のウイルスレセプター（受容体）との間の非共有結合の形成で開始される．またバクテリオファージでは液体培地の細菌とファージはブラウン運動の拡散によって出会い吸着する．

b) 宿主細胞への侵入

宿主細胞に吸着したウイルスは，細胞膜から細胞に侵入を開始する．動

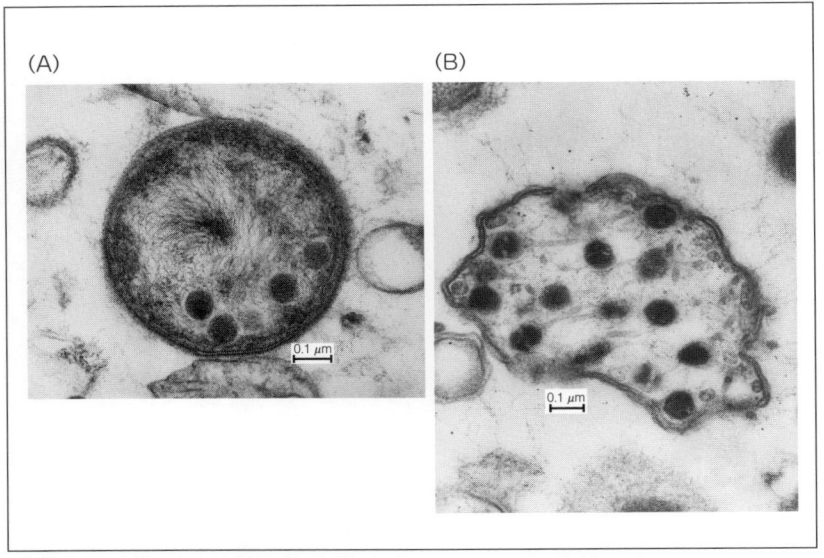

図6.2 細菌（宿主）細胞におけるファージウイルス増殖の電顕像（Richie）
（A）細菌細胞へのバクテリオファージの侵入増殖：宿主細胞内に多数のウイルスの増殖が認められる．
（B）細菌細胞の崩壊：侵入したウイルスは無数に増殖して細菌細胞は崩壊している．

物ウイルスがヒト生体組織や神経細胞などに侵入する過程を，水痘・帯状疱疹ウイルス（VZV）の感染経過を例にして**図6.3**に示した．

　また細菌に侵入するバクテリオファージのDNAファージはオタマジャクシ状の尾をもつが，吸着後に尾部を宿主に刺してDNAを注入する．**図6.2**はルーメン細菌体内に侵入したバクテリオファージ頭部が多数存在している電子顕微鏡像である．侵入された細菌はやがて崩壊する．なお植物ウイルスではウイルス・ベクター（媒介者）の昆虫，鳥類またヒトによって植物表層が物理的な損傷を受けウイルスが侵入する．

c）ウイルスゲノムの複製

　宿主細胞に感染したウイルス粒子は新しい核酸複製に動員される．ウイルス粒子は非感染の状態になり，検出不能な**暗黒期（エクリプス期）**に入る．やがてウイルス粒子は転写，翻訳の各ステージに入る．細胞内に取り込まれたウイルス粒子は，核酸（ゲノム）複製を開始するためにカプシドからゲノムが離脱する．ついで転写が行われ親ウイルスの核酸の塩基配列が転写されてメッセンジャーRNAをつくる．さらに翻訳はメッセンジャーRNA（mRNA）が細胞で翻訳され，ウイルスに特異的なペプチド，タンパク質などが合成される．このゲノム複製は細胞内で複製，転写して成熟ウイルス粒子のタンパク質が合成される．

d）成熟ウイルス粒子の組立て

ウイルス増殖の過程のなかではウイルス核酸とウイルスタンパクは別々に合成される．動物ウイルスの組立てはタンパクが出来上がったウイルス粒子には取り込まれずに，組立タンパク質が残存する．しかしバクテリオファージ T4 ファージでは頭部，尾部が各々全く独立に組立てられる．

B ウイルス感染症のパターン

a）感染時期によるパターン

ウイルス感染には 1）急性感染と 2）持続感染がある．**急性ウイルス感染**は潜伏期から急激に発症し，ほぼ 30 日程度の経過で治癒する．感染後にウイルスは急速に体内から消失することが特徴的で，その症例としてインフルエンザ・ウイルス感染症や風疹ウイルス感染症がある．また**持続ウイルス感染**は，潜伏感染から，やがて慢性感染に移行し，さらに遅発感染となる．

1）潜伏感染

初感染後に，急性期を経過したのち無症状となるが，体内に潜伏しており誘発によってウイルスが活性化する．症例には単純ヘルペス 1 型感染症，水痘感染症また帯状疱疹ウイルス感染症がある．

2）慢性感染

初感染のあとに長期間にわたりウイルス粒子が検出されるのが通例である．これは生体内におけるウイルス増殖が慢性的に進行しているためである．その例として C 型肝炎ウイルス感染症や，HIV 感染症がある．

3）遅発感染

スローウイルス感染とも呼ばれる．その症例として麻疹ウイルスによる亜急性硬化性全脳炎やパポウイルスによる脳症が知られている．

b）器官別のウイルス感染症

呼吸器，腸管などヒトの特定器官に侵入して増殖発症するウイルス感染症は，ウイルス**局所感染症**と呼ばれる．さらに特定器官はウイルスにとって標的であることから**標的器官**という．局所から血流に入り全身感染に展開するようなウイルスはやがて標的器官に到達する．皮膚ではパピローマウイルス，伝染性軟疣腫ウイルスなど，また呼吸器官ではインフルエンザウイルス，ライノウイルスなど，腸管ではロタウイルス，ノロウイルスなどである．

C ウイルスの干渉

a) 2種類のウイルスの関係

2種のウイルスが同一宿主に感染すると増殖が抑制される現象がみられる．このようなウイルス増殖抑制をウイルスの干渉という．なお植物ウイルス学では干渉現象のことを交互免疫または交差免疫と呼んでいる．2種のウイルスは類縁関係にあること，また活性化していることが必要である．

b) インターフェロン

ウイルス間のみならずウイルス感染細胞もウイルス増殖に干渉するが，これはインターフェロンと呼ばれる糖タンパクが細胞によって分泌産生されるためである．このインターフェロンはウイルス以外にも二本鎖RNA，植物凝集素などによっても誘起発現して，抗ウイルス作用以外の腫瘍増殖や免疫応答を制御する．インターフェロンは次の性状をもっている．(1)細胞はインターフェロン遺伝子を保有しウイルスなどの誘起物質でインターフェロンを産生する．(2)産生したインターフェロンはウイルスを不活化せずに宿主細胞がウイルス増殖を抑制する．(3)インターフェロンはウイルス種特異性は保有せず，産生細胞と同種の個体や細胞に特異性を示す．(4)インターフェロンは，分子量 15,000 以上のタンパクで，トリプシン消化で抗原性を失活する．(5)産生細胞種により α–, ω–, β–, γ– の4型が知られている

6.4 抗ウイルス薬剤

これまでウイルス病の治療は血清療法などの免疫製剤のみであったが，ウイルス増殖を阻害する抗ウイルス製剤の開発が行われている．**インターフェロン**も，そのひとつでヒトの慢性C型肝炎ウイルス症治療に用いられている．また宿主内にインターフェロン合成を誘発する薬剤も使用されている．また一方，ウイルス選択性が高く宿主細胞に影響のない化学療法剤の開発も進行している．

たとえば多環化合物**アマンタジン**（amantadine）はA型インフルエンザウイルスの予防と初期治療に用いられる．また**アシクロビル**（aciclovir）はヘルペスウイルスに薬効がある．感染細胞に選択的DNA合成阻害が効果的に発現してヘルペス性角膜炎，ヘルペス性皮膚炎，進行性水痘などの治療に用いられている．

その他，ウイルスRNAポリメラーゼ阻害剤の**リバビリン**（ribavirin）は，

ラッサ熱やアレナウイルス感染に免疫血清との併用効果があるという．また**三本鎖DNA**（trip helix DNA）合成剤による抗エイズウイルス剤やがんウイルス遺伝子発現阻止による抗がん作用剤の開発も行われている．ウイルスDNA合成阻害剤であるピリジン誘導体の**ビダラビン**（vidarabin），**イドクスウリジン**（idoxuridine）点眼液，などが抗単純ヘルペス製剤として用いられている．またヒト免疫不全ウイルスには逆転写酵素阻害剤やプロテアーゼ阻害剤が効果的であるという．

一方バクテリオファージは，微生物工業において培養菌を溶菌させる事故を起こす．このようなファージ対策には，ファージ抵抗性の菌株を使用したりファージの菌体吸着を促進させる2価陽イオン濃度を減少させることなどの対策がとられる．

6.5 ウイルスの分類と種類

国際ウイルス分類委員会第7次報告（2000）によるウイルス分類にほぼ準拠してウイルス種別順に記述した．

A DNA型ウイルス

a）ポックスウイルス科（*Poxviridae*）

ウイルスのなかで**最大の構造**をもつ．300〜450×170〜260 nmの大きさ，ヌクレオカプチドは対称構造を示さない．宿主細胞質内で増殖をするDNAウイルス．特有の封入体（グアニエル小体）を形成する．

1）痘瘡ウイルス（*Variola virus*）

天然痘（痘瘡）の病原体．感染症法ではヒトの痘瘡（天然痘）は**一類感染症**に指定されている．飛沫または吸入感染により上気道粘膜から感染する．潜伏期間を経て，局所リンパ節増殖，ウイルス血症，全身皮膚粘膜に発疹が始まる．1980年5月WHOによって**痘瘡根絶**宣言されている．

2）種痘ウイルス（ワクシニアウイルス（*Vacciniavirus*））

痘瘡予防のための種痘接種用の生ワクチンに用いているウイルスである．

種痘に用いる弱毒生ワクチンのことを「痘苗」と呼ぶ．1796年にジェンナーは牛痘ウイルスをヒト痘瘡予防のために用いたとされるが，現在の種痘にはワクシニアウイルスが用いられている．

3）伝染性軟疣腫ウイルス（*Molluscum contagisum virus*）

ヒトの「みずいぼ」病原体．ヒト以外の感染はない．

4) サル痘ウイルス（*Monkeypox virus*）

猿痘はサルまたはヒトに発症するポックスウイルス感染症で，**四類感染症**に指定されている．

b) ヘルペスウイルス科（*Herpesviridae*）

自然環境，動植物，ヒトなどに寄生するヘルペスウイルスは 100 種を越すとされ，ヒトに病原性を発現するウイルスも多い．分子量 $80 \sim 150 \times 10^6$ ダルトンの 2 本鎖 DNA，正二十面体のヌクレオカプチドを形成し，さらにエンベロープに覆われている．

1) 単純ヘルペスウイルス（HSV：*Herpes Simple Virus*）

2 種類のウイルス型が知られている．

① **HSV-1 型**：ヘルペス脳炎，口唇ヘルペス，角結膜ヘルペスなど主に体表部位に感染発症する．

② **HSV-2 型**：性器ヘルペス，新生児ヘルペス，ヘルペス湿疹など主に体表以外に感染発症する．

2) 水痘・帯状疱疹ウイルス（VZV：*Varicella-Zoster Virus*）

水痘は小児期，帯状疱疹は成人が感染する．ヒトへのウイルス感染過程の例として本ウイルスのヒト生体への侵入過程を図式化して示した（**図 6.3**）．

3) サイトメガロウイルス（CMV：*Cytromegalovirus*）

巨細胞封入体症の病原体．また伝染性単核症様疾患，肝炎，肺炎などの病原体となる．種特異性が強く，ヒトにしか感染しない．後天性の感染のみならず先天性感染もある．

4) EB ウイルス（EBV：*Epstein-Barr Virus*）

伝染性単核症（キス病），バーキットリンパ腫の病原体．

---

column

ヘルペス脳炎

感染症法 5 類：「急性脳炎」を代表する重要なウイルス疾患である．HSV-1 型，HSV-2 型の初感染あるいは再活性化する際に発症する．年長児から成人のヘルペス脳炎は HSV-1 型によることが多く，新生児では HSV-2 型が多い．致死率が高く，小児では約 70％，成人では約 30％であったが，抗ウイルス薬のアクロビル，ビダラビンなどが開発された現在では致死率は 10％程度に低下した．

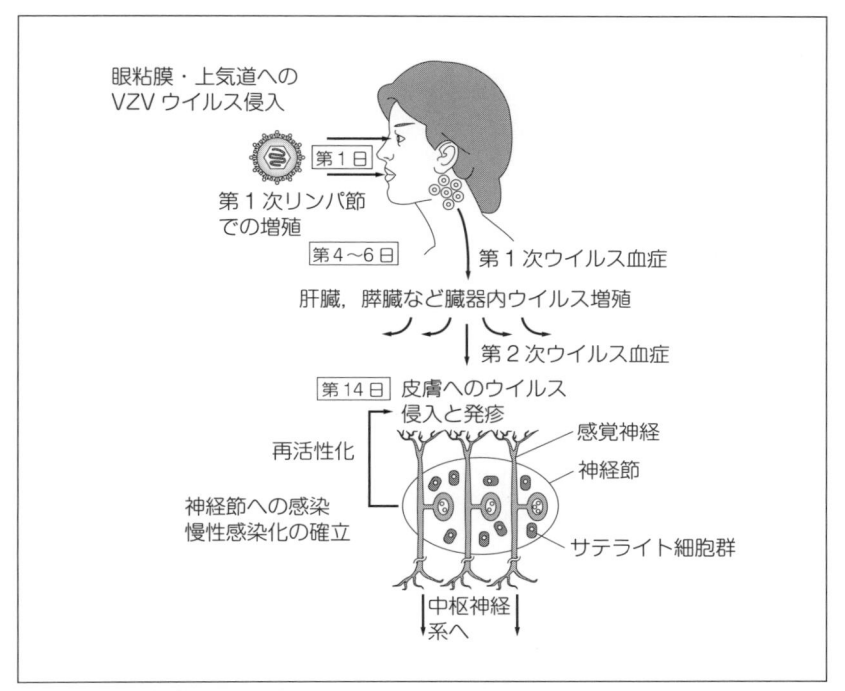

図 6.3　水痘・帯状疱疹ウイルス（VZV）のヒト生体内侵入過程

5）ヒトヘルペスウイルス 6（HHV6：*Human herpesvirus 6*）

突発性発疹病原体．突発性発疹は乳幼児の突然の高熱と発疹症状を示す．

6）B ウイルス（*B virus*）

ヒトと動物共通感染症：ヒトとサル共通感染症の B ウイルス病病原体，サルヘルペスウイルス感染症ともいう．アジアのカニクイサル，アカゲサル，ニホンザル，タイワンザルなどが自然宿主である．

B ウイルスは健康なサルの三叉神経節などで潜伏感染（持続感染）し，口腔粘膜などで増殖して唾液飛沫や咬傷などによって他の個体に伝播する．サル口腔内の水泡が潰瘍，痂皮（かひ）となり，1〜2週間程度で治癒する．

ヒトへの感染例は日本ではないが，米国では 17 症例の報告がある．サルからヒトには咬傷や唾液の付着などによる．死亡率は 60〜70%である．

c）アデノウイルス科（*Adenoviridae*）

ヒトや動物の腺組織から分離されている．ウイルス粒子はエンベロープをもたない正二十面体様構造．抵抗性が強く不活化されない．

ヒトアデノウイルスには，①**咽頭結膜熱**（プール熱），②**急性熱性咽頭炎**，③**流行性角結膜炎**，④**乳児急性胃腸炎**，⑤**急性出血性膀胱炎**の病原体がある．飛沫，接触，などによって感染する．有効な治療法はない．

d）パポバウイルス科（*Papovaviridae*）

パポバウイルスは粒子や遺伝子サイズ構造によってパピローマウイルス（*Papillomavirus*）とポリオーマウイルス（*Polyomavirus*）の2つの属に区分される．

1）ヒトパピローマウイルス（HPV：*Human papillomavirus*）

手や足につくられる**尋常性疣贅**（ゆうぜい）（いぼ），顔面にみられる**扁平疣贅**，また性器粘膜にできる**尖圭コンジローム**などの病原体である．

2）ポリオーマウイルス（*Polyomavirus*）

JCウイルス（*JC virus*）

40〜60％の健常者が抗体陽性といわれる．免疫不全症患者などで発症する遅発感染症（スローウイルス感染症）である**進行性多巣性白質脳症**の原因ウイルスである．

e）パルボウイルス科（*Parvoviridae*）

ヒトパルボウイルスB19（HPV：Human parvovirus）

伝染性紅斑．幼児流行性の発疹疾患，「**リンゴほっぺ病**」，造血機能障害，胎児水腫，関節炎の病原体である．

f）ヘパドナウイルス科（*Hepadnaviridae*）

直径42 nmの球状ウイルスである．デーン粒子と呼ばれるエンベロープとコアの二重構造を持つ．

B型肝炎ウイルス（HBV：*Hepatitis B virus*）

B型肝炎の病原ウイルスである．感染経路は非経口感染である．①HBV陽性の母体からの新生児感染，②HBV陽性血液が介在する医療行為（歯科治療，注射），③HBV陽性者との性行為，などによる感染があり，感染の機会から約60日の潜伏期間を経過したのちに発症する．

ウイルス肝炎

ウイルスが肝細胞に感染して増殖して引き起こされる疾病である．現在までにヒトの肝炎を発現するウイルスは5種類が知られている．感染経路

表6.2　肝炎ウイルスの種類

肝炎名	感染経路	ウイルス種-属名
A型肝炎	経口感染	RNA-ヘパトウイルス
B型肝炎	非経口感染	DNA-ヘパドナウイルス
C型肝炎	非経口感染	RNA-ヘパシウイルス
D型肝炎	非経口感染	RNA-デルタウイルス
E型肝炎	経口感染	RNA-カリシウイルス

は，**A 型**および**E 型**では，おもに経口感染し，流行性または散発性の肝炎を発症して，通常は一過性感染で終末を迎える．**B 型**，**C 型**，および**D 型**は，血液を介して感染する．感染は一過性の感染のみならず持続感染を維持する．とくに B 型および C 型は，慢性肝炎，肝硬変さらに肝がんの起因ウイルスになり得る（**表 6.2**）．

B RNA 型ウイルス

a）ピコルナウイルス科（*Picornaviridae*）

ウイルス属	ウイルス種
1）エンテロウイルス属：	①ポリオウイルス・②コクサッキーウイルス・③エコーウイルス・④エンテロウイルス
2）ヘパトウイルス属：	A 型肝炎ウイルス
3）ライノウイルス属：	かぜ症候群ウイルス
4）アフトウイルス属：	口蹄疫ウイルス（ウシ，ブタなど偶蹄類の病原体）

ピコ（Pico）は小さいという意味である．この小型ウイルスにはエンテロウイルス，ライノウイルス，ヘパトウイルスなどがある．エンベロープを持たない 21 〜 30 nm の直径の正二十面体の小型球形ウイルスで，$2 〜 2.5 \times 10^6$ ダルトンの 1 本鎖 RNA を含む．

1）エンテロウイルス属（*Enterovirus*）

酸に対する抵抗性が強い．至適増殖温度は 37℃である．

代表種①　ポリオウイルス：急性灰白髄炎（ポリオ，小児麻痺）の病原体．**二類感染症**．エーテル，アルコール，非イオン界面活性剤などでは不活化しないが熱，塩素，ホルムアルデヒド，紫外線，50 〜 60℃，30 分で不活化する．また pH 3.8 〜 8.5，低温では安定している．**経口感染**して咽頭や小腸粘膜で増殖し，リンパ節を介して血液中に侵入する．**弱毒生ワクチン（セービン）の経口投与による予防接種**が行われている．

代表種②　コクサッキーウイルス：生物学的性状から A 群と B 群に分別されている．A 群はヘルパンギーナなど口内炎，手足口病，また B 群は流行性筋痛症病原体で，また A 群と B 群が混在する無菌性髄膜炎，**夏季下痢症**の病原体でもある．

　①**手足口病**：A 群 16 型による．夏季の小児発疹性疾患．水疱性発疹を発症する．

　②**ヘルパンギーナ**：コクサッキーウイルス A 群 1 〜 10 型による．乳幼児の風邪様症状と発熱，水疱性喉頭炎などの口内炎が発症する．

　③**流行性筋痛症**：コクサッキーウイルス B 群 1 〜 6 型による．胸痛，腹筋痛を発症する．また，小児夏季流行性咽頭炎，夏期下痢症などを

発症する.

代表種③ エコーウイルス（ECHO：enteric cytopathic human orphan virus）：無菌性髄膜炎，発疹性疾患，上部気道炎の病原体となる.

代表種④ エンテロウイルス（*enterovirus*）：エンテロウイルス 70 は急性出血性結膜炎（アポロ病とも呼ばれる）．また，エンテロウイルス 71 はコクサッキーウイルス A16 とともに手足口病の病原体である.

2) ヘパトウイルス属（*Hepatovirus*）

代表種 A 型肝炎ウイルス：流行性肝炎ウイルスともいう．経口感染性，急性肝炎を発症する．肝臓細胞に吸着し増殖したウイルスは胆汁および胆管を経由して糞便に排出され食品や飲水を介して再び経口感染の機会を得る.

3) ライノウイルス属（*Rhinovirus*）

代表種 かぜ症候群ウイルス：鼻かぜウイルスには 114 の血清型がある．酸性に弱く pH 3 から 5 で不活化する．至適増殖温度は 33℃内外で 37℃では増殖しにくい.

4) アフトウイルス属（*Aphtovirus*）

ウシやブタなど偶蹄類に水疱性疾患を起こす**口蹄疫ウイルス**である．酸性条件の pH 4.0 では，15 秒，pH 6.0 では，2 分程度で病原性は失活する．しかし，一方，低温下の中性からアルカリ側（pH 7.0 から 9.0）では病原性は発現し，4℃で病原性を 18 週間は保持している.

代表種 偶蹄類の口蹄疫ウイルス：ヒトや馬など奇蹄類には感染しない．ウイルス，血清型は，O 型，A 型，C 型，SAT-1 型，SAT-2 型，SAT-3 型，Asia-1 型の 7 種類がある．これらの各ワクチンは相互性がなく，同じ血清型でもワクチン効果のない亜型が存在する．現在世界中で猛威をふるっている口蹄疫の多くは，O 型で，フランスのオワーズ（Oise）で最初に発生したことから O 型という名称がついた.

b) レオウイルス科（*Reoviridae*）

レオは Respiratory（呼吸器），Enteric（腸管の）Orphan（みなし子の）の略である．2 本鎖 RNA ゲノムの，エンベロープを持たない正二十面体対称をもつ直径 60 〜 80 nm の中型円形ウイルスである．レオウイルス科は 9 つのウイルス属が知られており，ヒト，動物のみならず魚類や植物など広範な宿主を持つ．そのなかには，**ロタウイルス**，**コロラドダニ熱ウイルス**，**哺乳類オルトレオウイルス**などヒトに重篤な感染症を発症するウイルス種も多い.

代表種 ロタウイルス：新興感染症の**乳児嘔吐下痢症**（急性胃腸炎）の原因ウイルスである．小児性コレラ，また下痢便が米のとぎ汁様の白色であ

ることから**乳児白色便性下痢症**ともいう．感染力が強力で，急性期には糞便 1 g 当たりロタウイルスが 10^7 以上も出現する．成人も非定型ロタウイルスに感染すると嘔吐や下痢を発症する．ロタ（Rota）は車輪の意味で，直径 70 nm で表面は平滑 2 層のカプシドから構成されている．

c）カリシウイルス科（*Caliciviridae*）

属	種	病原性状
1) ノロウイルス	ノーウオーク・ウイルス	ヒト感染性胃腸炎
2) サポウイルス	サッポロ・ウイルス	ヒト感染性胃腸炎
3) ラゴウイルス	ウサギ出血熱ウイルス	ウサギ出血熱
4) ベジウイルス	ブタ水疱疹ウイルス	ブタ水疱疹

　カリシウイルスはノロウイルス属，サポウイルス属，ラゴウイルス属，ベジウイルス属から構成されており，ヒトに関連するのはノロウイルスとサポウイルスである．カリシウイルスは直径 27 〜 30 nm のエンベロープを持たない正二十面体のウイルスでゲノム 1 本鎖 RNA をもつ．

1）ノロウイルス属（*Norovirus*）

代表種 **ノロウイルス**：**食中毒ウイルス（食品衛生法）**，ヒト急性胃腸炎の病原体．以前は「**小型球形ウイルス**」と称されていた．1968 年オハイオ州ノーウオークの小学校で発生した集団食中毒から分離された．日本では冬季の食中毒病原体，感染性胃腸炎，とくに**カキ**など**二枚貝の摂食**による事例が多く報告されている．

2）サポウイルス属（*Sapovirus*）

代表種 **サポウイルス**：ノロウイルスと同様に急性胃腸炎を起こす．乳幼児の嘔吐，下痢，発熱などを主症状とする．抗体調査ではほとんどの乳幼児は 5 歳までにサポウイルスに感染しているという．札幌で 1982 年に発見された．

d）アストロウイルス科（*Astroviridae*）

　1975 年英国で発症した乳幼児の急性胃腸炎から分離された．直径 28 〜 30 nm のエンベロープを持たない正二十面体のウイルスであるが観察角度によると 5 方向または 6 方向の特徴的な星状粒子で，ゲノム 1 本鎖 RNA を持つ．

代表種 **ヒトアストロウイルス**：ヒト急性胃腸炎の病原体．糞口感染によりヒトに感染する．

e）トガウイルス科（*Togaviridae*）

ヒトに関係している主なトガウイルス科

属	代表種	感染・病原性状
ルビウイルス属	風疹ウイルス	水平伝播，垂直伝播
アルファウイルス属	東部ウマ脳炎ウイルス	蚊の媒介による脳炎症状

　トガ（toga）はマントの意味でエンベロープを意味している．ルビウイルス属のヒト感染性は風疹症候群の病原ウイルスのみである．しかし全37種のアルファウイルスには22種のヒト関連ウイルスが存在しており，このウイルスの伝播は，蚊が媒介する「節足動物媒介ウイルス」である．

1）ルビウイルス属（*Rubivirus*）

　ルビウイルスには，ヒトに経気道感染して上気道で増殖する風疹ウイルスのみが所属する．感染した風疹ウイルスは，局所リンパ節でさらに増殖してウイルス血症を起こして各器官に伝播する．妊婦が感染すると胎盤増殖して胎児組織異常が起こり先天性風疹症候群が発現する．

　代表種 **風疹ウイルス**：風疹の病原体．妊娠早期の女性が感染すると胎盤感染で**先天性風疹症候群**の乳児出産の可能性がある．ヒトが唯一の宿主である．予防は**弱毒性生ワクチン**がある．

2）アルファウイルス属（*Alphavirus*）

　アルファウイルスは蚊をベクター（媒介動物）としてヒトや動物に感染

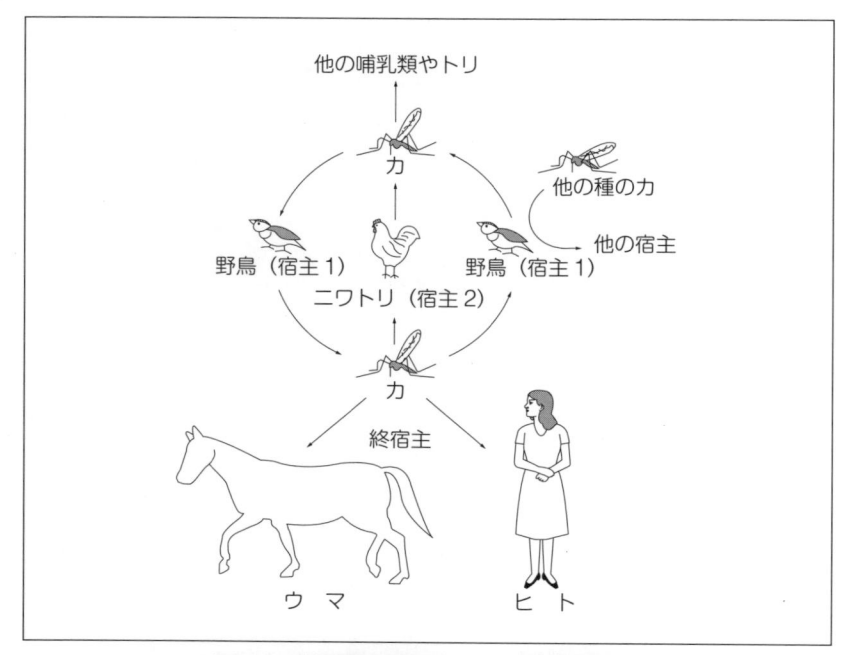

図6.4　節足動物媒介ウイルスの伝播様式

する「節足動物媒介ウイルス（アルボウイルス arbovirus, arthropod borne virus）」である．このウイルスはネズミなど齧歯類，野鳥またニワトリなどを自然宿主とする．蚊をベクターとしてヒトやウマに感染するが，ヒトやウマは感染サイクルには関与しない終末宿主である（図 **6.4**）．

代表種 **東部ウマ脳炎ウイルス**：動物とヒト共通感染症．ヒトへの感染はウイルス保有蚊の咬傷による．本ウイルスは蚊，野鳥または野生動物の間で越年や越冬を繰り返し増殖する．日本での発生は現在までない．類縁ウイルスには**西部ウマ脳炎ウイルス**，**ベネズエラウマ脳炎ウイルス**などがある．

f）フラビウイルス科（*Flaviviridae*）

ヒトに関連している主なフラビウイルス

疾患・ウイルス	媒介動物	地理的分布
ⅰ）出血熱を主症状とするウイルス群		
①黄熱ウイルス	蚊	南米・アフリカ
②デング熱ウイルス	蚊	熱帯・亜熱帯
ⅱ）脳炎を主症状とするウイルス群		
①日本脳炎	蚊	アジア・オセアニア
②セントルイス脳炎	蚊	北米・中南米
③マレー渓谷脳炎	蚊	東南アジア・オセアニア
④ウエストナイル脳炎	蚊	米大陸など全世界
ⅲ）ダニ媒介性脳炎ウイルス群		
①中央ヨーロッパ脳炎	ダニ	欧州
②ロシア春夏脳炎	ダニ	欧州・アジア
ⅳ）ヘパシウイルス属		
①C型肝炎ウイルス	ヒト・動物の血液を介して感染	

1）出血熱症状を示すウイルス群

代表種① **黄熱ウイルス**：四類感染症．**節足動物媒介性**．ヒト，サルを宿主として蚊が媒介する．致死率は20%程度で高いが，回復すると終生免疫となる．予防には弱毒生ワクチンによるワクチン接種が効果的である．

代表種② **デング熱ウイルス**：四類感染症．**節足動物媒介性**．4つの血清型があり，蚊−ヒト−蚊の感染環が成立している．発熱・発疹・疼痛が主症状のデング熱，発熱・出血傾向・循環障害が主症状の重篤なデング出血熱の病型がある．予防は蚊に刺されないことである．

2）脳炎症状を示すウイルス群

代表種① **日本脳炎ウイルス**：四類感染症．**節足動物媒介性**．日本をはじめとするアジア，オセアニアの広域に分布している疾病である．**蚊がベクター**となり動物との間で感染サイクルを形成しているが，日本では夏季に

水田などで発生したコガタアカイエカが主なベクターとなる．コガタアカイエカが本ウイルスを伝播すると鳥類のサギ科とブタは高いウイルス血症を呈して本ウイルスの増幅動物となる．ブタは日本脳炎感染における「自然宿主」であると同時に「**増幅動物**」となる．ヒトは本ウイルスを保持している**コガタアカイエカ**の刺咬によって感染する．日本脳炎ウイルスの発症率は感染者の約0.1％で，死亡率は発症者の0.5％という．1960年代まで年間1000人以上の本症患者が報告されていたが，2000年代では年間10人以下である．世界的には年間約5万人の患者発生があるという．臨床症状は1週間程度の潜伏期ののち，倦怠，食欲減退，悪心，腹痛などの前駆症状が発症する．やがて頭痛や意識障害が出現する．対症療法以外の有効な治療法はない．不活化ワクチンおよび生ワクチンが市販されている．

代表種② **セントルイス脳炎ウイルス**：**節足動物媒介性**：北米や中南米など米大陸にのみ確認されている脳炎ウイルスである．自然界ではトリ−蚊−トリのサイクル（感染環）が存在している．夏季に多く発症報告があり，ヒトの致死率は約20％といわれている．

代表種③ **マレー渓谷脳炎ウイルス**：**節足動物媒介性**：東南アジア・オセアニアなどに発生する脳炎ウイルスである．オーストラリア南東部やパプアニューギニアの夏季に多く流行する．ヒトの致死率は30〜40％といわれている．

代表種④ **ウエストナイル脳炎ウイルス**：**四類感染症．節足動物媒介性**：アフリカ，中近東，西アジアさらに欧米で発生している急性の熱性疾患である．自然界では鳥類に感染しており，主に鳥類と蚊の間で感染サイクルが維持され伝播されていると考えられている．しかしダニやシラミバエなどの吸血昆虫からも本ウイルスが分離されており，これらの媒介も否定できない．最終宿主はウマおよびヒトである．ヒト感染例は米国では1999年以来すでに1万人以上が発症しており300名以上の死亡例が報告されているが，日本では発生例はない．発症すると発熱，頭痛，発疹，リンパ節腫脹などの症状を呈する．1週間内外で解熱回復するが重篤の場合には死の転帰をとる．予防は蚊の咬傷を防御する．アメリカやカナダでは不活化ワクチンが使用されている．

3）ダニ媒介性脳炎ウイルス群

代表種① **中央ヨーロッパ脳炎ウイルス**：筋肉痛，高熱，頭痛，倦怠感，などの症状のあと中枢神経障害が発症する．致死率は1％から2％と言われている．

代表種② **ロシア春夏脳炎ウイルス**：筋肉痛から始まる高熱や頭痛などから中枢神経障害が発症する．致死率は約20％という．

4) ヘパシウイルス属

代表種① C型肝炎ウイルス：遺伝子構造の酷似から，現在のところフラビウイルス科のヘパシウイルス属に分類されている．輸血，血液付着物，注射器，鍼灸，刺青などで非経口感染する．国際的なヒト陽性率は0.3%から3.0%，また日本人のC型肝炎に対する抗体陽性率は1.4%といわれている．

g) オルソミクソウイルス科（*Orthomyxoviridae*）

ウイルス	抗原型
A型インフルエンザウイルス属	
ヒトインフルエンザウイルス	H1N1, H2N2, H3N2（N2H8）（H3N8）
ウマインフルエンザウイルス	H7N7, H3N8
ブタインフルエンザウイルス	H1N1, H3N2（H1N2）
トリインフルエンザウイルス	H4, H5, H7, N1, N2, N4, N7
シチメンチョウ	H1-10, N1-9
アヒル	H1-12, N1-9
カモ	H1-12, 14, N1-9
アザラシ	H1-7, H4N5
B型インフルエンザウイルス属	
ヒトインフルエンザウイルスB	ない
C型インフルエンザウイルス属	
ヒトインフルエンザCウイルス	ない
ブタインフルエンザCウイルス	ない

三上彪編著，獣医微生物学（文永堂，1995），p.256　表6-42.を参照して作表

　オルソ（ortho-）は，正しい，ミクソ（myxo-）は，粘液の意味である．直径80〜120 nmの球形，または糸状多形性ビリオン．エンベロープをもつ1本鎖RNAウイルスである．エンベロープには赤血球凝集素（HA）とノイラミニダーゼ（NA）が5〜4：1の割合でスパイク状に配列している

インフルエンザウイルス（*Influenzavirus*）

　A型，B型，C型の抗原型がある．A型はヒトをはじめトリ，ウマ，ブタなど多くの動物に病原性を発現する．しかしB型はヒトのみ感染して病原性を発現し，C型はヒトに感染するが病原性は示さない．A型ウイルス表在抗原は**赤血球凝集素によるH1からH15までの血清型**，また**ノイラミニダーゼによるN1からN9**までの血清型がある．感染症は動物からヒト，ヒトからヒトに飛沫感染する全身性疾病である．

（1）**高病原性トリインフルエンザ**：トリインフルエンザはカモなどの水禽類に多く発生する感染症であるが，高病原性トリインフルエンザはニワトリ，シチメンチョウ，ウズラ，キジなど鳥類に対する急性で致死的なA

型インフルエンザウイルスのことである．同義病名は**家禽ペスト**である．
なお現在までのところ高病原性トリインフルエンザはA型インフルエンザ抗原群のなかでH5およびH7亜型抗原のみである．

(2) **鳥類での発生**：1800年代のイタリアのニワトリの発生記録以来，多くの流行があり1900年代後半からはアメリカやメキシコなど，またオランダ，ベルギー，ドイツ，イタリアなど，香港，韓国などで流行が繰り返されている．日本では2004年1月に山陰地方で発生した高病原性トリインフルエンザはH5N1型で近年アジアで発生した本症もH5N1型またはH7N3型である．罹患鳥の臨床症状は突然に飲水や採食が消失，羽毛逆立，沈鬱などを示し産卵停止，また，くしゃみや咳などの呼吸器症状から腸炎また神経症状などの急性症状を呈して死亡する例が多い．

(3) **ヒトインフルエンザの流行**：（ⅰ）**ヒト発生の歴史**：古くは1918年から1933年まで流行したスペインかぜ，また1957年から1968年まで流行したアジアかぜ，1968年から流行している香港かぜなど，地球規模のヒトインフルエンザウイルス流行が繰り返されている．これらの流行には動物インフルエンザが関与していることが多い．たとえば1910年代から大流行した**スペインかぜ**はブタインフルエンザ抗原型（H1N1型）と同型である．また1968年に大流行した**香港かぜ**（H3N2型）は1957年に流行した**アジアかぜ**（H2N2型）が，トリインフルエンザ（H3N2型）との**遺伝子再集合**（genetic reassortment）によりトリインフルエンザ遺伝子分節を転移して新型のヒトインフルエンザ（H3N2型）に変換した例である．（ⅱ）**感染源**：これまでヒトから分離された抗原型はH1N1，H2N2，H3N2などであるが，これらの抗原型はまたトリ，ブタ，ウマなどの動物からも分離されている．今後も動物ウイルスから変異したヒト感染性ウイルスが出現する可能性は高い．（ⅲ）**予防**：米国などではH5とH7抗原の不活化ワクチンがあるが，特異的な治療方法はない．早期摘発による淘汰が基本的予防法である．**五類感染症**に指定されている．ヒトのインフルエンザの予防にはワクチン接種，また治療にはノイラミニダーゼ阻害剤のオセルタミビル（商品名・タミフル）やザナミビルなどを用いる．

(4) **新型インフルエンザ**：新型インフルエンザはブタ経由とみられていたことからブタインフルエンザとされていた．現在ではブタインフルエンザ（H1N1亜型）は「新型インフルエンザ等感染症」として取り扱う．インフルエンザAウイルスの血清亜型H2N2・H5N1・H7N7は「四種病原体等」である．

h) パラミクソウイルス科（*Paramyxoviridae*）

ゲノムは$5 \sim 8 \times 10^6$ダルトンの1本鎖RNAウイルスである．パラミ

クソウイルス科にはパラミクソ属，モルビウイルス属，ニューモウイルス属などが知られているが，ヒトに対して病原性を示すウイルス種はパラインフルエンザ，流行性耳下腺炎（おたふくカゼ），麻疹などがある．また動物のみに病原性を示すウイルス種にはマウス病原性センダイウイルス，トリ病原性ニューカッスル病ウイルス，トリ病原性ユカイバウイルス，イヌ病原性イヌジステンバーウイルス，ウシ病原性牛疫ウイルスなどが知られている．さらに1990年代後半に知られてきた動物とヒトに共通感染症としてヘンドラウイルス，またニパウイルス症が出現した．

代表種①　ムンプスウイルス（流行性耳下腺炎）：ムンプス（流行性耳下腺炎）の病原体である．飛沫感染によってヒトからヒトに伝播するとされる．成人が感染すると合併症として精嚢炎卵巣炎などを伴うことがある．わが国では1歳から4歳の罹患率は95％と高いが，一方，感染者の約30％は不顕性感染である．予防には弱毒生ワクチンの任意接種が行われる．

代表種②　麻疹ウイルス：はしかの病原体．飛沫感染，接触感染などでヒトからヒトに感染する．春から夏にかけて流行する．感染性は高く，患者の多くは1歳児から2歳児であるという．なお毎年，数十人の麻疹死亡例があり，0〜4歳児が大半を占めるという．本ウイルスはまた「亜急性硬化性全脳炎（SSPE）」も発症する病原体である．

代表種③　RSウイルス：幼児の冬かぜの重要な病原体である．培養細胞に巨大な融合細胞を形成するウイルスである．

代表種④　パラインフルエンザウイルス：上気道感染症の病原体．4つのタイプがある．

代表種⑤　ヘンドラウイルス：ヒトと動物共通感染症．1994年にオーストラリアでウマと接触したヒト2名の死亡例が報告されている．伝播経路は大型コウモリからウマへの感染，またウマからヒトとされている．呼吸器障害またはインフルエンザ様の症状で頭痛や筋肉痛など，また軽度の髄膜炎症状などを示すという．

代表種⑥　ニパウイルス：**四類感染症**．ヒトと動物共通感染症．1998年か

表6.3　パラミクソウイルスの主な感染症

ウイルス	感染症
①ムンプスウイルス：（流行性耳下腺炎）	おたふくかぜ・男性不妊症：気道粘膜，全身感染
②麻疹ウイルス	はしか：急性全身感染，硬化性全脳炎
③RSウイルス	乳幼児冬季かぜ
④パラインフルエンザウイルス	急性喉頭気管支炎（クループ）：肺炎
⑤ヘンドラウイルス	急性肺炎，ヒトと動物の共通感染症
⑥ニパウイルス	脳炎，ヒトと動物の共通感染症

ら1999年にかけてマレー半島に多発した．本症はブタの飼育関係者で260名以上が罹患し100名以上が死亡した．感染経路はブタからヒトに感染したとされ，ヒトからヒトの感染はないとされている．ブタ以外にもイノシシ，ウマ，ネコ，イヌ，ヤギ，トリまた齧歯類などにも本ウイルス抗体が認められている．ブタはニパウイルスの増幅動物で自然宿主はコウモリとされている．症状は頭痛，発熱，嘔吐などの脳炎症状で，感染後が不良な場合には筋肉麻痺などから昏睡状態になるなど死の転帰をとる．

i) ラブドウイルス科（*Rhabdoviridae*）

ゲノムは3.8×10^6ダルトンの1本鎖RNAウイルスである．130〜300×70 nmの砲弾形のビリオンで，長さ6〜10 nmのノブ状スパイクに包まれたエンベロープをもつ．このラブドウイルス科はリッサウイルス属，ベシキュロウイルス属，エフェメロウイルス属があり，ヒトに病原性を示すウイルスは狂犬病ウイルスが属しているリッサウイルス属である．

代表種①　狂犬病ウイルス：四類感染症．ラブドウイルス科リッサウイルス属に属している，狂犬病の病原体である．**ヒトと動物の共通感染症**である．世界的には87カ国に本症が存在し年間5万人が狂犬病で死亡しているという．日本では1958年以来，狂犬病の発生はない．ただしネパール旅行中にイヌに咬まれ，帰国したのちに発症し死亡した1例がある．なお，韓国では1999年11月に狂犬病に感染して死亡した例がある．狂犬病の検疫対象動物にはイヌ，ネコ，アライグマ，キツネおよびスカンクが指定されている．吸血コウモリ，キツネ，オオカミ，コヨーテ，など肉食動物には常在している．ヒトへの感染経路はイヌによる咬傷によって感染する．コウモリの生息する洞窟などでは気道感染，また医原的な角膜移植による感染もある．

ヒトは狂犬病ウイルスの**終末宿主**である．症状は1カ月から3カ月程度の不安定な潜伏期間後に発病する．全身の倦怠感食欲不振などの症状や咬傷部位の知覚異常などの前駆症状の後に反射性のけいれん収縮や嚥下が困難になる狂水発作，昏睡症状を経過して死の転帰をとる．予防には不活化ワクチンが使用されている．イヌなどからの咬傷被害の後でもワクチン接種によって予防することができる．感染後のワクチン接種が行われるが，狂犬病常在地の旅行やウイルスまた動物の研究者には事前接種する．2000年代になって発生報告のないのは，わずかに日本，スカンジナビア諸国，ニュージーランドおよびハワイなどの太平洋に点在する島国のみである．なおネコをはじめとする他の家畜についても1954年以来，発生はないが，飼育動物ではウマ，イヌ，ネコの感染症例があり，また鳥類ではカラスやカケス，ハト，カモメまたフラミンゴなどに本症による死亡例がある．

代表種② リッサウイルス感染症（モコラウイルス・ドウベンヘイグウイルス・ラゴスコウモリウイルス）：**輸入感染症**．狂犬病ウイルス以外のリッサウイルス属による狂犬病類似ウイルス疾患を「**リッサウイルス感染症**」という．これまで日本では本症の発生またコウモリ，齧歯類からの本ウイルス分離報告はない．ヒトはリッサウイルスに感染したコウモリまたトガリネズミに咬まれて発症する．

j）レトロウイルス科（*Retroviridae*）

　レトロウイルスは，逆転写酵素（reverse transcriptase）活性をもち遺伝情報をレトロ（retro：後ろ向き）にRNAからDNAを用いるように転写する．すなわちウイルスが宿主細胞に感染するとウイルスは自己RNAから逆転写酵素を使用して自己の遺伝情報をもつDNAをつくる．このDNAが宿主細胞遺伝子に組み込まれると宿主から排除されなくなる．ビリオンは直径約100 nmの中型ウイルスで正二十面体のコアをエンベロープで包む．1本鎖RNAが2分子存在する．2つのRNAは水素結合されており，逆転写酵素によりウイルスRNAから相補的なDNAが合成され，さらに2本鎖DNAが複製される．

代表種① 成人T細胞白血病ウイルス（HTLV）：成人T細胞白血病（ATL）の病原体．日本全国に100万人の保菌者が存在するといわれている．そのなかで，5～10%の頻度で発症して2年以内に死亡するという．

代表種② 後天性免疫不全ウイルス（HIV）：後天性免疫不全症候群（AIDS）の病原体．これまでにHIVには三つの類似ウイルス型が知られている．現在，わが国や世界中に流行伝播しているHIVは「**HIV-1**」と命名されている．このHIV以外に1986年に西アフリカ在住のAIDS患者から分離された「**HIV-2**」があるが，このHIV-2の流行地域は西アフリカ地域に限局している．また1984年に米国に輸入されたサルから「**SIV（simian IV）**」が分離されている．SIVはアフリカ原産サルが自然宿主であるがアジア原産のマカクサルに人工感染が可能であることからAIDS発症動物モデルとして研究材料に使用されている．

　エイズはHIVウイルスに感染したCD4陽性T細胞やマクロファージによって伝播される．血液，血液製剤，性的関係によって人びとに伝播する．また垂直感染，母子感染もある．高ウイルス新生児は，低ウイルス新生児よりも疾病の進行が速く重症化しやすい．CD4陽性T細胞が減少して死に至る．正常ヒト血液CD4T細胞は，750～1,250/μlであるが，エイズ患者は200/μl以下になると**図6.5**のような症状となる．自然経過ではCD4T細胞は1年に40～80/μlのペースで減少する．このCD4T細胞減少に対しては200/μl以下になるのは感染後10年程度といわれている．

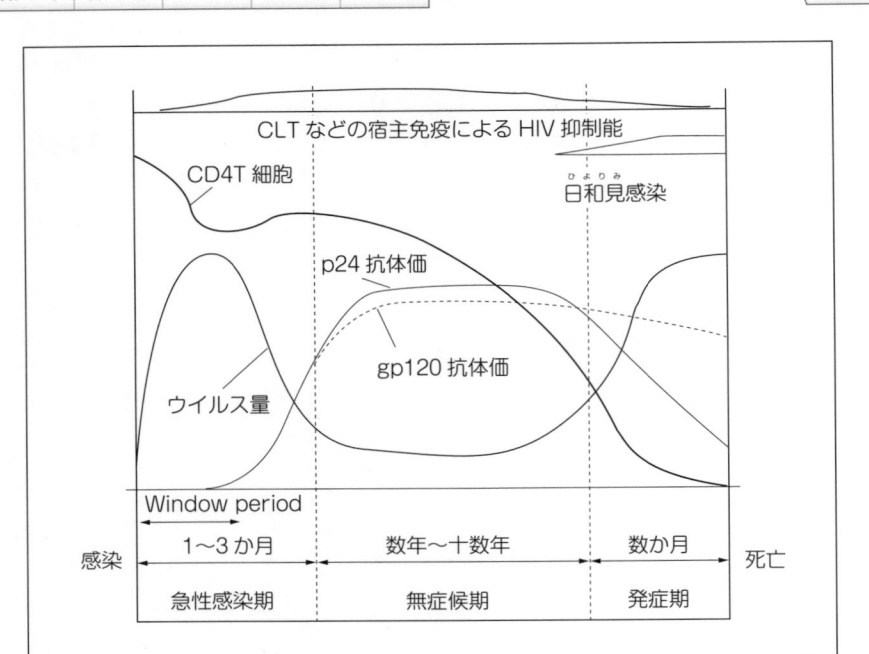

図 6.5　HIV 感染の自然感染経過の模式図

　HIV ウイルスの外被膜タンパク質 gp120 が CD4 陽性 T 細胞およびサイトカイン受容体 CXCR4，CCR5 に結合して Th 細胞に感染する．また HIV はマクロファージや T 細胞を刺激する樹状細胞にも感染する．感染細胞内では RNA は逆転写酵素によって DNA に変換され DNA は宿主ゲノムに組み込まれる．CD4 陽性 T 細胞の低下は免疫能を破壊して多くの日和見感染症を発症する．

k）アレナウイルス科（*Arenaviridae*）

　ウイルス粒子内に宿主細胞に由来するリボソームがあり，電子密度の高い砂状粒子の様に観察される．ゲノムは 1 本鎖 RNA，エンベロープで包まれた 50 〜 300 nm の球状ウイルス粒子である．

　本ウイルスの**自然宿主**は，**齧歯類**，とくにノネズミである．**仔ネズミに垂直伝播**して終生ウイルスを排泄する．**ヒトに水平伝播**して出血熱，髄膜炎を発症させる．

　代表種①　ラッサ熱ウイルス：**一類感染症．新興感染症．輸入感染症**ラッサ熱病原体．ナイジェリア・ラッサ村で米国人修道尼 3 名が感染して 2 名が死亡した最初の症例に由来する．その後，1975 年までに院内感染なども含め 118 人が発症して 48 人が死亡した．アフリカのラッサ熱ウイルス常在地では，ヒト抗体保有率は 8 〜 52％，死亡率は感染者の 1 〜 2％で毎

年数十万人が感染しており数千人が死亡していると推定されている．アフリカ以外の欧米やアジアなどの非流行地における飛び火的な感染症例も21例が報告されており，日本では1987年の18症例目が報告されている．ヒトへの感染は**マストミス**の排泄物の接触や咬傷で成立する．ヒトからヒトの感染は成立するが飛沫感染，空気感染はない．ヒトの臨床症状は潜伏期間は7日から18日で発症は突発的であるが，病状の進行は緩慢で全身倦怠感や39℃から41℃の発熱，ついで関節痛や咽頭痛，さらに嘔吐や下痢，顔面浮腫，胸膜炎や消化管出血などがみられる．入院患者の15〜20%は死亡する．予防ワクチンはない．発熱後6日以内にリバビリン（ribavirin）を投与すると死亡率は5%，7日以降からでは26%に減少する．日本では2004年から本症の自然宿主とされる齧歯類，ネズミ科，ヤワゲネズミ属（マストミス）は輸入禁止処置がとられている．マストミス（*Mastomys natalensis*：多乳房ネズミ）は西アフリカから中央アフリカに分布し，ヒトの住居環境，周辺の密林やサバンナに生息している．

代表種❷ リンパ球脈絡髄膜炎（LCM）ウイルス：LCM病原体．ヒト無菌性髄膜炎，発熱，筋肉痛などからやがて脳炎に至る症例もある．マウス，イヌ，サル，モルモットなどで常在的に流行を繰り返しているが，ヒト先天性LCMもあるという．ヒトと動物の共通感染症である．

その他，「**南米出血熱**」と呼ばれる**ボリビア出血熱**（マチェポウイルス），**アルゼンチン出血熱**（フニンウイルス），**ベネズエラ出血熱**（グアナリトウイルス），**ブラジル出血熱**（サビアウイルス），**不明出血熱**（ホワイトウオーターアロヨウイルス）などがある．

l）フィロウイルス科（*Filoviridae*）

ゲノムは 4.2×10^6 ダルトンの1本鎖RNAウイルスである．Filo（フィロ）・ウイルスとは糸状（フィラメント）ウイルスの意味である．フィロウイルスによるエボラ出血熱，マールブルグ病は「**一類感染症**」に指定されているヒト死亡率の高い危険な感染症である．

代表種❶ マールブルグウイルス：マールブルグ病の病原体．**一類感染症**．**新興感染症ウイルス**．1967年ドイツのマールブルグとユーゴスラビアにウガンダから輸入したアフリカミドリザルからヒトに感染した．自然感染の潜伏期間は1〜2週間と思われる．

直接感染では感染するが空気感染はない．サルは短期間で発症してウイルスを大量に排出する．この期間中にヒトが接触すると高い感染率と死亡例が起こる可能性がある．ヒトの発生・感染経路・症状は，1967年ドイツのマールブルグ感染時におけるヒト感染例は31例で7例が死亡した．致死率は23%であった．その後，1975年にジンバブエ，1980年と1987

年にケニア，1982年に南アフリカで発生してすべてのヒトが死亡した．さらに1999年にコンゴで流行した症例では76例の症例から52例が死亡した．感染経路は，サルまた未知動物からヒトへ，ヒトからヒトへの感染が考えられる．ヒト患者の血液，体液，分泌液などから皮膚粘膜からも感染する．ヒトの臨床症状の潜伏期間は3日から10日で発熱，頭痛などインフルエンザ様症状から病勢により重症に進行する．死亡率は25%である．予防用ワクチンはない．サル類の輸入検疫の強化のみである．有効な治療法はない．

代表種②　エボラ出血熱ウイルス：エボラ出血熱病原体．**一類感染症**．**新興感染症ウイルス**．このウイルスの名称は最初の男性患者の出身地であるザイールのエボラ川に由来する．1976年スーダン南部とザイール北部で初めてヒトの発症が確認された．スーダンでは3例の初発から284例の感染があり151例が死亡し致命率は53%であった．2001年までに11回の発生が報告されているが，これまで1523例の発症があり1018例の死亡が報告されており致命率はきわめて高い．これまでチンパンジーなどのサルおよびヒトからのウイルス分離がある．自然宿主および自然宿主からヒトへの感染経路は不明である．ヒトからヒトへの感染が成立する．感染経路は発症者血液などの体液からの接触感染によるもので空気感染は否定されている．ヒトの臨床症状は2日から7日の潜伏期間後に重篤なインフルエンザ様症状が突発的に襲いかかる．頭痛，発熱はほぼ100%，咽頭痛，筋肉痛また胸腹痛は80%，病勢の進行とともに吐血や消化管出血などの出血が80%から90%にみられる．発症から死亡までの期間があまりにも短いことから詳細な臨床検査はないという．

m）ブニヤウイルス科（*Bunyaviridae*）

　名称は発見されたウガンダの地名ブニヤに由来する．エンベロープに包まれた直径90〜110 nmの球形ウイルス粒子でエンベロープに糖タンパクのスパイクをもつ．1本鎖RNAウイルスである．300種以上のウイルス種が記載されている最大のウイルス科である．

　このなかには野生動物を自然宿主とするヒトと動物の共通感染症ウイルスも多い．とくにハンタウイルス属以外は節足動物をベクター（媒介動物）として感染するアルボウイルスである．

　ブニヤウイルスによる感染症には，クリミア・コンゴ出血熱，ハンタウイルス感染症（腎症候性出血熱，ハンタウイルス肺症候群），リフトバレー熱などがある．これらのなかには「感染症法」による**一類感染症**に指定されている**「ウイルス性出血熱」**としてまとめて呼ばれるヒト死亡率の高い危険な感染症および出血性を生じる感染症がある．

代表種① **クリミア・コンゴ出血熱ウイルス**：クリミア・コンゴ出血熱の病原体，一類感染症．ナイロウイルス属である．1944年から1945年にかけてロシアのクリミア地方で多くの兵士が重篤な出血熱に罹患したのが初発である．その後，1956年にアフリカのコンゴで流行した出血熱と同様のウイルスが分離されてクリミア・コンゴ出血熱ウイルスと命名された．

感染経路：動物からダニ，ダニからヒト，ヒトからヒトの感染が成立する．ウイルスに汚染したウシ，ウマ，ロバ，ヒツジ，ヤギ，ブタ，野ウサギの血液や体液の汚染また感染ダニ類の咬傷によるヒトの感染はさらにヒトに伝播して増幅する．

臨床症状：ヒトの臨床症状は2日から9日の潜伏期間後の突発的な発熱，悪寒から頭痛，筋肉痛などのインフルエンザ様症状から病勢が重症化すると広範囲な皮下出血や腸管出血などから死の転帰をとる．感染者の20％が発症しており**致死率は15％から20％**に達している．

自然宿主：本ウイルスの自然宿主はウシ，ウマ，ロバ，ヒツジ，ヤギ，ブタ，多くの野生動物である．ウイルスはマダニ（*Hyalomama* 属）で維持されており，このマダニの吸血で動物は感染するが不顕性感染にとどまる．しかし感染した動物は高いウイルス血症を示しておりヒトへの感染源やダニへのウイルス供給源となる．なおウシやヒツジには軽い発熱があるとされるが明確な症状は不明である．

分布：本病の分布はアフリカ大陸一帯，中近東，東欧，中央アジア，インド大陸，中国西部など広域に認められる．特定のワクチンはない．予防はダニ類の駆除を行う．

代表種② **ハンタウイルス**：**四類感染症**に指定．ブニヤウイルス科のなかのハンタウイルスによる感染症には，ⅰ）**腎症候性出血熱**およびⅱ）**ハンタウイルス肺症候群**があり，これらを合わせて「ハンタウイルス感染症」と総称する．古くから知られているヒトと動物の共通感染症で野ネズミがウイルスを持続感染しておりヒトに感染する．

ⅰ）**腎症候性出血熱**：**ヒトの発生・感染経路**：中国では10世紀頃から知られており，近代では1930年代に朝鮮半島から中国またシベリアにかけて流行性の出血熱として風土病として知られている．1950年代の朝鮮戦争では国連兵士が約2,000名感染し1960年代から1970年にかけて日本では大阪市民119例の感染があり2例が死亡した．さらに1970年代から1980年代には実験動物取扱者間で126症例が発生して1例が死亡した．ヒトへの感染は感染ネズミの血液や尿，またこれらを含んだエアロゾル，咬傷により成立する．ヒトからヒトへの感染はない．

臨床症状：ヒトの臨床症状は10日から30日の潜伏期後に発症する．4日から10日の発熱，低血圧ショック期，8日から13日の欠尿期，10日から

表 6.4 主なウイルス性出血熱

疾患名称	ウイルス種（科）	自然宿主・感染経路
ⅰ）ヒトからヒトへの感染は多い：**クラス4病原体**		
ラッサ熱	ラッサ（アレナ科）	マストミス→ヒト→ヒト
エボラ出血熱	エボラ（フィロ科）	不明→ヒト→ヒト
マールブルグ病	マールブルグ（フィロ科）	不明→サル→ヒト→ヒト
クリミア・コンゴ熱	コンゴ（ブニヤ科）	哺乳類→ダニ→ヒト→ヒト
ⅱ）ヒトからヒトへの感染は稀である：**クラス4病原体**		
南米出血熱	サビア・フニン・マチュポ・グアナリト・（アレナ科）	野ネズミ→ヒト
ⅲ）媒介動物からヒトへの感染：		
黄熱	黄熱（フラビ科）	蚊→ヒト
腎症候性出血熱	ハンタ（ブニヤ科）	野ネズミ→ヒト
ハンタウイルス肺症候群	ハンタ（ブニヤ科）	野ネズミ→ヒト
リフトバレー熱	リフトバレー（ブニヤ科）	蚊→ヒト
デング熱	デング（フラビ科）	蚊→ヒト

28日の利尿期から回復期の経過をとる．

自然宿主：セスジネズミ，ドブネズミ，アカネズミ，ヤチネズミなどの齧歯類である．これらの齧歯類は不顕性感染であるが，高いウイルス抗体価を保持しており持続感染しながらウイルスを排泄物や唾液また体液に排出している．

予防：予防または治療法は韓国と中国では不活化ワクチンが開発されている．特異的な治療法はない．

ⅱ）**ハンタウイルス肺症候群**（HPS hantavirus pulmonary syndrome）：本症例は1993年に米国ニューメキシコ，アリゾナから初めて報告された．その後，北米大陸から2000年までに277例の症例が報告されたが，そのなかで106例が死亡した．また南米では300例以上の症例が報告されている．ヒトの臨床症状は数日間の発熱，悪寒，筋肉痛などの症状から急速な呼吸困難の進行や酸素不飽和状態となりショック死に陥ることも多い．死亡率は30〜40％であるという．自然宿主は北米に分布するシカシロアシネズミなど，また南米に分布するオナガコメネズミなどである．本ウイルスに感染した齧歯類は無症状であるがウイルスは血管内皮細胞に持続感染の状態で存在している．

代表種③ リフトバレー熱ウイルス：リフトバレー熱病原体．ブニヤウイルス科フレボウイルス属に属する．ヒトは出血熱，脳炎など重篤な症状を呈する．蚊の吸血や咬傷，または感染動物の血液や体液などからヒトや動物に伝染する．

n）コロナウイルス科（*Coronaviridae*）

このウイルスの形態的特徴であるペクマーと呼ばれるスパイクが長い突起を形成している．これはあたかも**太陽のコロナ**に似ているので，**コロナウイルス**と呼ばれている．ヒトに対しては**かぜ症候群**，**上気道感染症**，とくに冬季から夏にかけての軽い鼻かぜを主病因とする病原体である．コロナウイルスは多くの動物感染症，ブタ伝染性胃腸炎，鶏伝染性気管支炎など重篤な感染症を引き起こす病原ウイルスである．

代表種 サーズウイルス：**SARS**（サーズ）（severe acute respiratory syndrome：重症急性呼吸器症候群）：**二類感染症指定**．重要な呼吸感染症の病原体である．2003年2月に中国広東省でヒトに流行し，その後，香港，シンガポール，ベトナム，カナダ・トロント，台湾など世界各地で流行した．病原体はコロナウイルスに属するSARS-CoV（SARS-associated corona virus）とされる．従来知られている他のコロナウイルスとは遺伝的にもかなり異なるとされている．動物からヒトに感染したとされるが詳細は不明である．ヒトにSARS病原体を媒介する恐れのある指定動物として**イタチアナグマ**，**タヌキ**，**ハクビシン**は輸入が禁止されている（感染症法第8章第54条）．臨床症状は潜伏期間は2～7日で，主症状は38℃以上の発熱，呼吸困難，咳，などとともに頭痛，悪寒，全身倦怠感，下痢などがある．発症後7日程度で軽快するが，致死率は15％内外という．予防には手洗いを励行する．消毒薬は次亜塩素酸ナトリウム（漂白剤），アルコール，グルタラール，ポピドンヨードなどが有効とされる．ワクチンなど有効な治療法は確立していない．

C ウイロイドとプリオン

ウイルスよりも極めて微小で，慢性的な遅延感染をする病原粒子としてウイロイドとプリオンが見出されている．

a）ウイロイド

ウイロイド（viroid）は植物を矮小化する病原粒子として1971年に米国のテオドールによって見出された．ジャガイモ，柑橘類，トマト，アボカド，キク，ゴボウ，キュウリ，ホップなど植物が矮化または萎縮する感染粒子として，数十種のウイロイドが知られている．ウイロイド感染は昆虫媒介性ではなく汁液伝染性である．また感染した植物細胞内ではウイロイドは細胞核内に局在している．ウイロイド粒子はタンパク質を持たない240～380塩基の小さな環状一本鎖RNAのみで構成され，ウイロイドの複製は宿主細胞に依存している．

b) プリオン

プリオン（prion）はヒトや動物の伝達性海綿状脳症（TSE）の病原粒子で 1982 年に米国のプリスナーによって確認され命名された．しかし本 TSE 症例は古く 1930 年代からの報告がある．

プリオンタンパク質の遺伝子変異が多く見出されているが，遺伝性プリオン病は優性遺伝形質である．変異部位は多岐にわたるが，異常型プリオンタンパク質の沈着様式は規定されている．これらのプリオン感染症には以下のような病名が報告されている．

1) ヒトのプリオン病

①**孤発性クロイツフェルト・ヤコブ病**：中年以降に発症して 1 年から 2 年後には死の転帰をとる．初発症状は歩行困難，視覚障害，精神異常であるが，病状の進行とともに痴呆，特徴的な脳波異常が認められる．病因は不明でプリオンタンパク質遺伝子異常も認められない．

②**クールー病（Kure）**：感染性プリオン病である．ニューギニア山岳のフォレ族に流行したという．死者の食人儀式から感染流行した．ふるえや運動失調が主症状である．神経細胞の海綿状異常とともに異常型プリオンタンパク質の集合体のクールー斑が小脳などに多発する．

③**医原性クロイツフェルト・ヤコブ病**：感染性プリオン病である．角膜移植，乾燥脳膜移植，下垂体抽出ホルモン剤投与などによりプリオンが伝染して発症する．日本でも 1980 年代の症例がある．

④**家族性クロイツフェルト・ヤコブ病**：遺伝性プリオン病である．孤発性クロイツフェルト・ヤコブ病とは臨床的には区別できないが，家系によって異なるプリオンタンパク質遺伝子変異があり，家族性によって発症するが，クール斑は認められない．

⑤**ゲルトマン・ストロイスラー・シャインカー病**：遺伝性プリオン病である．病歴の集積家系が存在する．多くは小脳失調から眼振症状が発症するが脳波異常は認められず，クロイツフェルト・ヤコブ病に比べると病状の経過は緩やかである．小脳などの中枢神経系にクール斑を認める場合には本症と診断される．

⑥**致死性家族性不眠症**：遺伝性プリオン病である．進行性不眠症と自律神経失調を主徴とするが，1 年以内に死亡する．脳の海綿状変性は顕著ではなく，またクール斑も認められないが，視床に局在する神経細胞変性が特徴的である．

2) 動物のプリオン病

①ウシ感染：ウシ海綿状脳症（**BSE**），俗称として**狂牛病**という．

②ヒツジ・ヤギ感染：スクレイピー病という．

③シカ・エルク感染：慢性消耗病（CWD）という．

④ニアラ・クーズー感染：外来性有蹄類脳症（EUE）
⑤ネコ感染：ネコ海綿状脳症（FSE）という．
⑥ミンク感染：伝達性ミンク海綿状脳症（TME）

　いずれも長い潜伏期間後に発症して，亜急性経過を経て死亡する遅発性感染症である．感染した動物脳組織の病理所見は中枢神経組織の空胞変性，神経細胞の脱落などの海綿状病変を示すが炎症像はない．感染性プリオンを紫外線照射しても，100℃で加熱しても，またホルマリン処理しても，感染力はなくならない．プリオンは外来性タンパク質ではなくヒトや動物が元来もっているタンパク質構造である．正常プリオンと感染型プリオンのアミノ酸一次構造も同じであることから，正常プリオンは感染型プリオンと接触すると変化するのではないかと現在のところ考えられている．

D バクテリオファージの性状と種類

a）バクテリオファージの形態

　バクテリオファージのビリオンの形態は頭部と尾部に分かれている「おたまじゃくし」状である（**図6.6**）．ここでは典型的なファージタイプのカプシド（頭部），鞘部および尾部が観察できる．動物ウイルスや植物ウイルスにはこのような形態はない．

b）ウイルスの感染態度

1）ヴィルレントファージとテンペレートファージ

　宿主菌に感染するだけで菌を殺すことができるファージを**ヴィルレントファージ**（virulent phage：毒性ファージ）という．宿主菌体に感染し

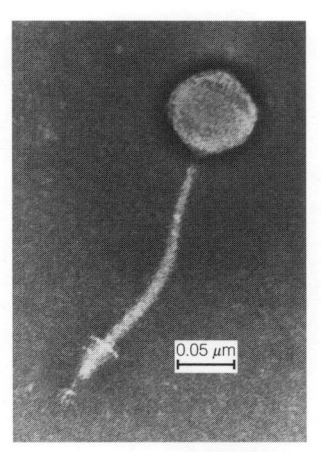

図6.6　バクテリオファージの電顕像（Richite）

たヴィルレントファージは，ただちに溶菌して溶菌感染が発現する．一方，**テンペレートファージ**（temperate phage）では，菌体感染が発現しても，ただちに溶菌しないで不顕性の感染をして溶原化感染になる．

このような菌体内に潜在化したファージをプロファージ（prophage）と呼ぶ．この現象はファージが溶原化したのであってプロファージ保有菌を**溶原菌**（lysogenic bacteria）と呼ぶ．溶原化するとサルモネラ菌の抗原変換やジフテリア菌の毒素生産伝達など，宿主菌が新形質を獲得するための溶原ウイルス変換が起こる．

宿主菌の中でプロファージの形で共存することのできるラムダ（λ）ファージ，ファイ80（φ80）ファージなどの感染でも宿主菌DNAは分解されず宿主遺伝子の発現はファージ感染後に起こる．

2）バクテリオファージ・ゲノムの複製

バクテリオファージDNA複製は，一般的な核酸とタンパクの合成機構に従う．T偶数系ファージは，DNAが宿主細胞に侵入すると直ちにファージDNAを鋳型として初期メッセンジャーRNAがつくられる．初期タンパクは宿主菌DNAの分解を行いファージDNAの複製も開始する．ファージ頭部タンパク内にDNAが取り込まれ尾部タンパクの結合が起こるまでの間，ファージ粒子のDNAとタンパクが完全に解離するので感染性のファージは宿主菌体内には検出されなくなる．このようなウイルスが非感染の状態で細胞内に存在する時期を**暗黒期**（エクリプス期：陰性期）という．

3）環状一本鎖DNAファージ

ファージは正二十面体粒子で宿主菌の細胞壁上にあるレセプターを介して感染する．感染後一定の潜伏期の後溶菌してファージ放出を行う．

4）RNAファージ

正二十面体をしているRNAファージ Qβ，MS2などはRNAが遺伝子となる．吸着部位は細菌線毛の側面で，側面に吸着して核酸注入が行われる．RNAファージが宿主細菌細胞に感染するとファージRNAを直接鋳型としてポリメラーゼを合成する．

c）バクテリオファージの種類

バクテリオファージは数百種にのぼるとされているが，実験に繁用される種は限定されている．2種の代表種を述べる．

代表種① **ラムダファージ**（λ phage, lambda phage）：大腸菌K12株のプロファージとして発見された．正二十面体の頭部と非収縮性の長い尾部から構成されている．

代表種② **T4ファージ**（T4phage, phageT4）：大腸菌ファージで線状二本鎖DNAをもつ．正二十面体の頭部と長い収縮性尾部をもつ．

第6章 まとめ

1 ウイルスの特性：(1) 直径 10 〜 300 nm．(2) 動物（ヒト）ウイルスは RNA か DNA のいずれか 1 種類の核酸をもち，カプシドに囲まれている．(3) 細菌のような二分裂増殖をしない．特有の増殖サイクルをもち暗黒期を経過する過程をとる．(4) 増殖には宿主細胞が必要．(5) 抗生物質に感受性がない．(6) タンパク質の殻に囲まれ宿主細胞から細胞へ移動する感染性核酸分子．(7)（a）宿主細胞外では代謝活性を保持しない感染性ウイルス粒子．（b）宿主細胞内では複製するウイルス核酸．この（a）と（b）の生活環をくり返している細胞寄生生物．

2 ウイルスの分類：RNA ウイルスまたは DNA ウイルス：動物ウイルス，植物ウイルス，バクテリオファージ（細菌ウイルス）に大別．ヒトに感染するウイルスはヒトウイルスではなく動物ウイルスと総称する．脊椎動物や昆虫などで増殖する種類も存在している．

3 ウイルスの構造：ビリオン（virion）．ウイルスの基本的構造は核酸のコアー（core：芯）とカプシド（capsid：外殻構造）で構成．核酸とカプシドを合わせた構造はヌクレオカプシド．カプシドを構成する形態的構造の単位をカプソメア（capsomere）．カプシドの外側にエンベロープ（envelope）とよぶ糖タンパク質とリピドの膜をもつ種もある．

4 ウイルスの増殖過程：a) 宿主細胞への吸着．b) 宿主細胞への侵入．c) ウイルスゲノムの複製．d) 成熟ウイルス粒子の組立て

ウイルス感染症のパターン：a) 感染時期．(1) 潜伏感染．(2) 慢性感染．(3) 遅発感染：b) 器官別感染症；局所感染症．標的器官

ウイルスの干渉；a) 2 種類のウイルスの関係．b) インターフェロン

5 抗ウイルス薬剤：アマンタジン（amantadine），アシクロビル（aciclovir），リバビリン（ribavirin），ビダラビン（vidarabin），イドクスウリジン（idoxuridine）

6 ウイルスの分類と種類

 A DNA 型ウイルス；a）ポックスウイルス，b）ヘルペスウイルス，c）アデノウイルス，d）パピローマウイルス，e）ポリオーマウイルス，f）パルボウイルス，g）ヘパドナウイルス

 B RNA 型ウイルス；a）ピコルナウイルス，b）レオウイルス，c）カリシウイルス，d）アストロウイルス，e）トガウイルス，f）フラビウイルス，g）オルソミクソウイルス，h）パラミクソウイルス，i）ラブドウイルス，j）レトロウイルス，k）アレナウイルス，l）フィロウイルス，m）ブニヤウイルス，n）コロナウイルス

CHAPTER 7 真核微生物（真菌類・原虫・藻類）

7.1 真核微生物の構造

　真核微生物は単細胞で**真菌類**（糸状菌，酵母），**原虫**（原生動物）また**藻類**から構成されている．これらの真核微生物は，動植物と同じ細胞構造をもつ真核細胞で構成されている．もちろん真菌類，原虫，藻類の細胞構造は同じ構造である．**図7.1**に鞭毛虫体細胞の電顕像を掲げた．

　真核細胞の核は核膜に包まれており，染色糸と仁（核小体）から構成されている．真核とも呼ばれる真正核であり，有系分裂を行い染色体上における遺伝情報の複製と分配を行う．また原核生物が細胞内共生した痕跡ではないかというミトコンドリアをはじめリボソーム，ゴルジ体，小胞体などの多くのオルガネラ（細胞小器官）が細胞質内に存在しており，その間隙をタンパク粒やデンプン粒などの細胞含有物と細胞液で埋めている．

7.2 真菌類のかたちと種類

A 真菌類の特徴

　真菌類は約8万種以上が知られている．そして，その真菌類の起源は約 6×10^{10} 年前にさかのぼる．この真菌類は土壌，水圏，枯植物，動物死物など自然環境，とくに死物有機物や有機廃棄物を栄養源として摂取する死物寄生性の**腐生生物**（saprophytes）として物質循環の重要な役割を演じている．

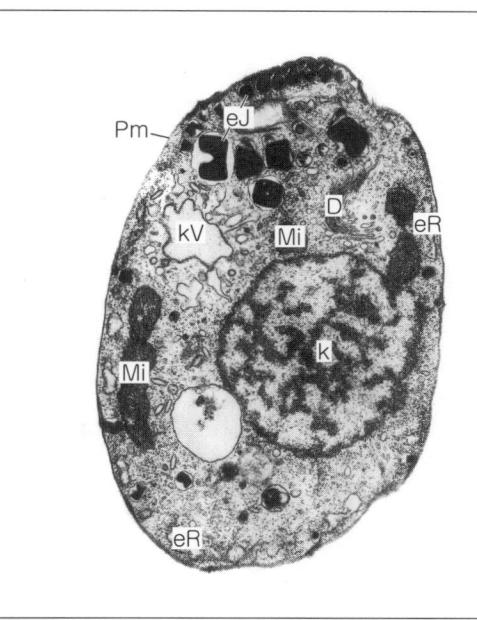

図 7.1　真核細胞の電顕像（シアソモナス原虫体細胞の微細構造）（Hausman：扇元訳）

D＝ゴルジ体，eJ＝射出対，eR＝小胞体，K＝細胞核，kV＝収縮胞，Mi＝ミトコンドリア，Pm＝細胞膜

　また有機物分解性を利用したビールやワイン，チーズなどの発酵食品や飲料製造に利用されてきたが，一方，食品腐敗や生活用品劣化，動植物の疾病を起こすことも多い．

　真菌の多くは腐生性真菌として自然環境に存在しているが，病原性真菌のようにヒト生体細胞に侵襲して病原性を発現する際には**寄生性真菌**としてふるまう．この寄生性真菌が病原性を発現して生体細胞が破壊され死滅して腐食した場合には，これを摂取した病原性の腐生性真菌は生体の血中に代謝産物を放出して**腐敗菌症**（sapremia）と呼ばれる病状になる．

　本書では真菌類を記述の便宜上から**糸状菌**（mold）と**酵母**（yeast）および**二形性真菌類**（dimorphic fungi）に区分して記述した．

B　真菌類の分類

　真菌類は，さまざまな分類体系が提案されている．本書では表現形質を重視し，菌糸隔壁のある純正菌（子嚢菌類，担子菌類，不完全菌類），および菌糸隔壁がない藻状菌（鞭毛菌類，接合菌類），に区分して便宜的な分類をした．**表7.1**には英国の真菌学教科書（M. J. Carile, S. C. Watkinson, W. G. Gooday, *The Fungi*. 2nd ed. Academic Press, NY：2001）や真菌類辞書（P. M. Kirk, P. F. Cannon, J. C. David and J. A. Staloers, *Dictionary of the Fungi*, 9 ed, CABI Biosi. Pub, Wallingford, UK：2001）を参考にして作成した簡易な分類表を示した.

表 7.1　主な真菌類の分類表

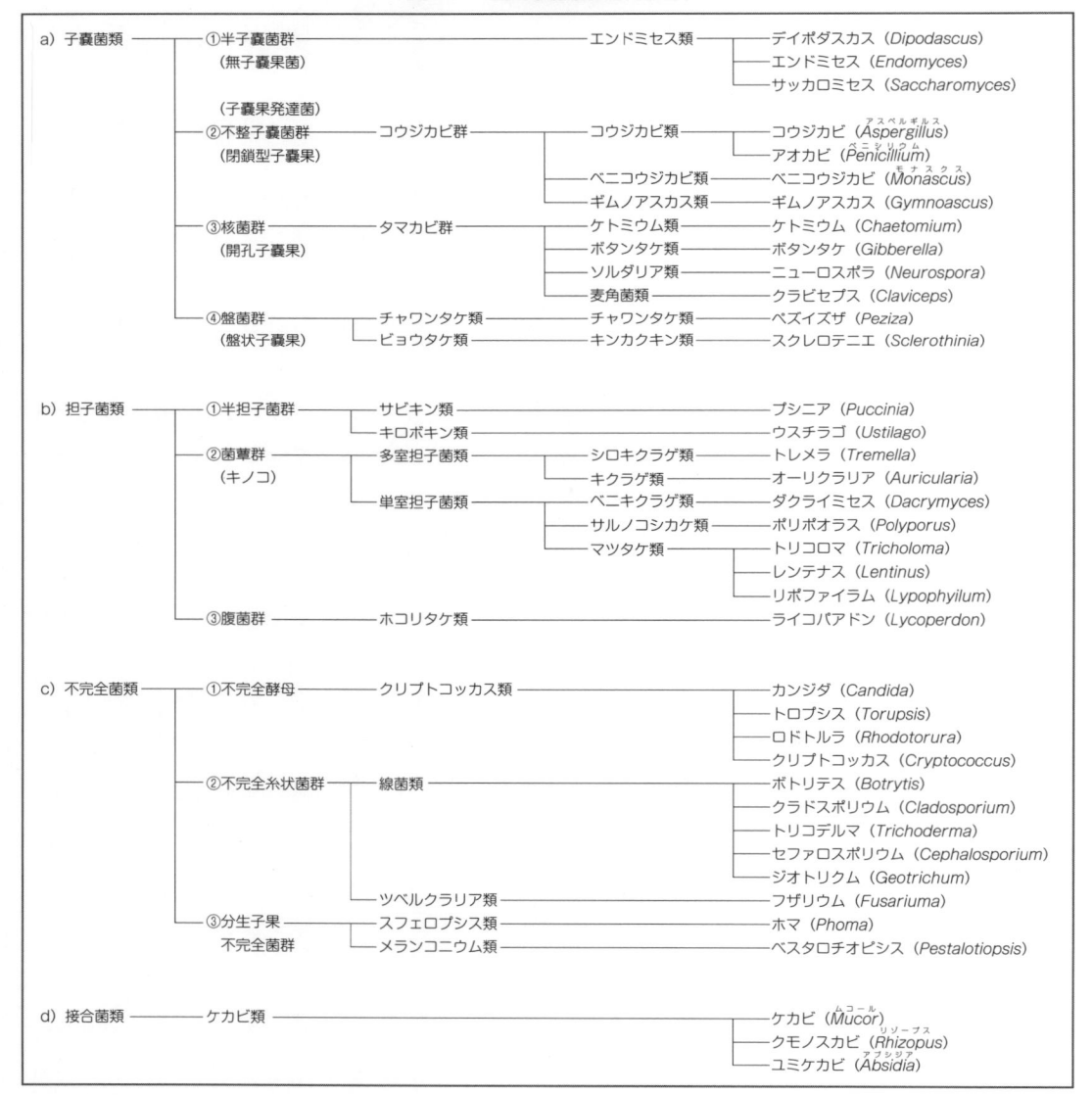

a) 子嚢菌類	①半子嚢菌群 （無子嚢果菌）		エンドミセス類	デイポダスカス（*Dipodascus*） エンドミセス（*Endomyces*） サッカロミセス（*Saccharomyces*）
	（子嚢果発達菌）			
	②不整子嚢菌群 （閉鎖型子嚢果）	コウジカビ群	コウジカビ類	コウジカビ（*Aspergillus*） アオカビ（*Penicillium*）
			ベニコウジカビ類	ベニコウジカビ（*Monascus*）
			ギムノアスカス類	ギムノアスカス（*Gymnoascus*）
	③核菌群 （開孔子嚢果）	タマカビ群	ケトミウム類	ケトミウム（*Chaetomium*）
			ボタンタケ類	ボタンタケ（*Gibberella*）
			ソルダリア類	ニューロスポラ（*Neurospora*）
			麦角菌類	クラビセプス（*Claviceps*）
	④盤菌群 （盤状子嚢果）	チャワンタケ類	チャワンタケ類	ペズイズザ（*Peziza*）
		ビョウタケ類	キンカクキン類	スクレロテニエ（*Sclerotinia*）
b) 担子菌類	①半担子菌群	サビキン類		プシニア（*Puccinia*）
		クロボキン類		ウスチラゴ（*Ustilago*）
	②菌蕈群 （キノコ）	多室担子菌類	シロキクラゲ類	トレメラ（*Tremella*）
			キクラゲ類	オーリクラリア（*Auricularia*）
		単室担子菌類	ベニキクラゲ類	ダクライミセス（*Dacrymyces*）
			サルノコシカケ類	ポリポオラス（*Polyporus*）
			マツタケ類	トリコロマ（*Tricholoma*） レンテナス（*Lentinus*） リポファイラム（*Lypophyilum*）
	③腹菌群	ホコリタケ類		ライコパアドン（*Lycoperdon*）
c) 不完全菌類	①不完全酵母	クリプトコッカス類		カンジダ（*Candida*） トロプシス（*Torupsis*） ロドトルラ（*Rhodotorura*） クリプトコッカス（*Cryptococcus*）
	②不完全糸状菌群	線菌類		ボトリテス（*Botrytis*） クラドスポリウム（*Cladosporium*） トリコデルマ（*Trichoderma*） セファロスポリウム（*Cephalosporium*） ジオトリクム（*Geotrichum*）
		ツベルクラリア類		フザリウム（*Fusariuma*）
	③分生子果 不完全菌群	スフェロプシス類		ホマ（*Phoma*）
		メランコニウム類		ペスタロチオピシス（*Pestalotiopsis*）
d) 接合菌類	ケカビ類			ケカビ（*Mucor*） クモノスカビ（*Rhizopus*） ユミケカビ（*Absidia*）

7.3 糸状菌のかたちと種類

A 糸状菌のかたち

　糸状菌はフィラメント状の枝分かれした幅が 10 〜 30 μ の細胞で構成されている．この細胞は，**菌糸**と呼ばれ集合して**菌糸体**となる．菌糸体から分岐した柄（え）が伸びた先には胞子をつけた**子実体**（担胞子体）という増殖器官があり，これらの構造の全体を**菌叢**と呼ぶ．

a) 菌糸体の構造
　菌糸体の一部は培地表層に密着して発育する．固形培地にくい込んで養分を摂取する基中菌糸や空中に向かって伸びる**気菌糸**がある．発育初期の菌糸は無色であるが，原形質に満たされており成長とともに細胞膜が厚くなり，液胞が形成され淡黄色に変化する．

b) 隔　壁
　糸状菌が成長するにつれて菌糸は分かれて伸長し，竹の節（ふし）のような**隔壁**で仕切りができる．隔壁の存在は糸状菌の区別に重要な表徴で，鞭毛菌体や接合菌体には隔壁はなく，子嚢菌や担子菌には隔壁がある．

c) 菌糸・菌叢
　隔壁のある担子菌類には，二核性の**二次菌糸**があり，**かすがい連結**（觜状突起）と呼ばれている．通常は多数の菌糸が結合した**菌糸結合組織**，大きな塊状の**菌核**，菌糸が束になった**結束糸**，菌糸束が根状になった**根状菌糸束**などがある．菌糸体が集合した菌叢の細胞壁は強固なセルロースやキチン質などで構成され着色されることもある．

d) 有性胞子
　糸状菌の増殖は胞子で行われ，胞子は条件によって菌糸となり，やがて菌糸体となる．**有性増殖**で形成された有性胞子は 2 個の細胞の核融合や分裂核からつくられる．1）**卵胞子**：藏卵器中の卵球の受精で形成される一種の休眠胞子．2）**接合胞子**：厚壁接合子とも呼ばれ，黒褐色の厚く突起のある細胞壁をもつ球形胞子である．二つの菌糸が接合して膨化し形成され発芽して胞子を形成する．3）**子嚢胞子**：菌糸が分化し融合膨化して子嚢のなかで生ずる内生胞子である．酵母では細胞が子嚢となり，糸状菌では菌糸が子嚢となる．なお子嚢が大きな球状の被子器となる菌種もある．4）

担子胞子：菌糸が発達した担子上の外生胞子である．担子先端に4個の胞子が着生する．

e）無性胞子

1個の細胞から無性的に核融合がなく分裂形成される胞子である．1) **分節胞子**：分裂子とも呼ばれ，菌糸が順次隔壁を生じ小片に切断され分散して増殖する．2) **厚膜胞子**：厚壁胞子ともいう．菌糸先端や中間が膨化し細胞壁が肥厚二重化した細胞壁となる．隔壁で仕切られた石垣状厚膜胞子もある．3) **胞子嚢胞子**：菌糸先端が膨化形成した胞子嚢に内生する胞子である．4) **分生子（分生胞子）：分生芽胞**ともいう．菌糸先端に着生する胞子である．胞子を支えている菌糸を分生子柄（**ペニチラス**：分生芽胞柄）という．（ⅰ）分芽型分生子：菌糸先端や隔壁上に芽細胞が形成する．例：カンジダ．（ⅱ）分節型分生子：菌糸が隔壁で区分され胞子は形成される．例：コクシジオイデス．（ⅲ）アレウリオ型分生子：大型と小型の分生子が形成される．例：フザリウム．（ⅳ）ファイアロ型分生子：先端に梗子（フィアライド）が形成される．例：アスペルギルス．5) **出芽型胞子**：出芽型分生子とも呼ばれる．不完全菌類の胞子のタイプで外生出芽型と内生出芽型がある．

B 糸状菌の主な種類

a）子嚢菌類

菌糸に隔壁があり，無性的に外生胞子を形成する．一方，有性的には子嚢のなかに子嚢胞子をつくる．1) コウジカビ（*Aspergillus*），2) アオカビ（*Penicillium*），3) ベニコウジカビ（*Monascus*），4) タマカビ（*Sphaeriales*）に区分される．

1）コウジカビ（*Aspergillus*）

菌糸から分生胞子柄が伸び，先端が球状の頂嚢となり，その上に梗子が生じる．梗子の先端から分生子が連鎖状になる．菌糸や胞子は多核で菌糸は融合や吻合で**ヘテロカリオン**（異核共存体）となり増殖の可能性ができる．

代表種① 黄麹カビ（*Aspergillus oryzae*）：わが国の多くの醸造産業で用いられている．用途に応じてプロテアーゼやアミラーゼまた香気などに特徴がある菌株が確立している．胞子を集めて種コウジとして使用する．類似のカビに醤油麹菌（*Aspergillus sojae*）があり，大豆や小麦に生育させて使用する．

代表種② 黒麹カビ（*Aspergillus niger*）：クエン酸やシュウ酸の製造，

セルラーゼやアミラーゼなどの酵素剤製造に用いられる．また機能性食材としてオリゴ糖を生成するトランスグルコシターゼを生産する．耐酸性でペクチナーゼも強くミカンなどを腐らせる．類縁菌に，泡盛や焼酎に用いられるアワモリコウジ（*Aspergillus awamori*）がある．

代表種③ 草色カビ（*Aspergillus glaucus*）：*A. repens*，*A. ruber*，*A. katsuobushi* などとともに鰹節の製造過程から分離され種カビとして使用されるカビ菌叢で，これらを「かつおぶしカビ」とも呼ぶ．かつおぶしカビは脂肪分解性で鰹節の香気の5′-イノシン酸を発現させる．また草色カビは，このような燻製品以外に皮革製品にもよく発生する．有性世代をもち子嚢果は菌叢中で黄色から橙黄色となる．

代表種④ アスペルギルス・フラブス（*Aspergillus flavus*）：土壌，コメ，ムギなど穀類，ビーンズ，ピーナッツなどから分離される．発がん物質であるカビ毒の**アフラトキシン**を産生する．

代表種⑤ アスペルギルス・フミガーツス（*Aspergillus fumigatus*）：土壌中や穀類に常在するが**日和見病原体**としてヒトや動物の呼吸器に寄生して発症する．

代表種⑥ アスペルギルス・ニードランス（*Aspergillus nidulans*）：遺伝学材料として有名である．

2) アオカビ（*Penicillium*）

菌糸から分生胞子柄の先端が分岐してホウキ状体（ペニシラス）となり，そのまま梗子（フィアライド）ができて分生胞子が付着する．フィアライドを支える分枝を**メトレ**という．ペニシリウム（*penicillium*）はラテン語の筆毛，刷毛の意味である．

代表種① ペニシリウム・クリソゲヌム（*Penicillium chrysogenum*）：ペニシリンを生産するカビ．紫外線照射などの突然変異株が工業生産に使用されている．なおフレミングが初めてペニシリンを見出したのは *Penicillium notatum* である．

代表種② ペニシリウム・ロックフォルティ（*Penicillium roqueforti*）：カゼイン分解性が強く緑色斑点のロックフォールチーズ熟成に使用する．

代表種③ ペニシリウム・カマンベルティ（*Penicillium camemberti*）：カマンベールチーズの製造に使用する．

代表種④ ペニシリウム・イスランディクム（*Penicillium islandicum*）：**黄変米起因菌**のひとつである．

代表種⑤ ペニシリウム・シトリヌム（*Penicillium citrinum*）：腎臓障害をひきおこす**黄色色素シトリニン**を産生する黄変米起因菌である．

代表種⑥ ペニシリウム・イクスパンサム（*Penicillium expansum*）：リンゴやナシなどの果実腐敗を行う青カビである．

3）ベニコウジカビ（Monascus モナスカス）

菌叢は紅色，紅紫色で食品着色料として使用される．

代表種① モナスカス・パープリウス（*Monascus purpureus*）：中国やマレーシアの紅酒製造のための**アンカ**（anka）やインドネシアの**甘酒**（tape ketan）に用いられる．

代表種② モナスカス・アンカ（*Monascus anka*）：沖縄の豆腐羹や中国の紅乳腐に使用する．デンプン分解性が強い．

4）たまカビ（Sphaeriales スフェリアレス）

代表種① アカパンカビ：ジュズカビ：ノイロスポラ・シトフィラ（*Neurospora sitophila*）．焼きかたの悪いパン表面に淡紅色の菌叢をつくる．インドネシアの発酵食品**オンチョーム**（ontjom）は落花生にこのカビを付着させてつくる．微生物遺伝学の材料．

代表種② ジベレラ・フジクロイ（*Gibberella fujikuroi*）：稲ばか苗病菌で植物ホルモンのジベレリンを産生する．

代表種③ 麦角菌（クラヴィセプス・パルプレア（*Claviceps purpurea*）：麦角アルカロイド中毒菌になる．医薬品に用いられる．

代表種④ 冬虫夏草菌（コルディセプス：*Cordyceps*）：セミタケ，サナギタケなど昆虫寄生性キノコである．

b）担子菌類（Basidiomycotina バシディオミコティナ）

菌糸に隔壁があり単相の1核を含む一次菌糸および2核を含む二次菌糸がある．二次菌糸は，一次菌糸や分生胞子との接合で形成され，有性的に担子胞子が担子器の上に外生する菌類である．ここに属する約1,100属，16,000種のうち重要なカビは，さび菌（*Puccinia*）と黒穂菌（*Ustilago*）などの植物病原カビで，他はキノコ（茸：菌蕈類）である．

1）半担子菌（Teliomycetes）

多くは植物病原性カビで子実体をつくらず厚い膜のある耐久性の胞子を形成する．

代表種① 麦さび病菌：（*Puccinia graminis* プチニア グラミニス）：麦の葉に寄生する．

代表種② トウモロコシ黒穂病菌：（*Ustilago maydis* ウスチラゴ メイディス）：葉茎や種子にこぶを形成して黒穂胞子（焦胞子）と呼ばれる厚膜耐久胞子をつくる．類似菌にタマネギ黒穂病菌がある．

2）菌蕈類（Hymenomycetes きんじんるい）

キノコ類．担子器が子実体（担子果：キノコ）に着生して発達する．

例 食用キノコ：マツタケ（*Tricholoma matsutake*），シイタケ（*Lentinus edodes*），ナメコ（*Pholiota nameko*），マッシュルーム（mushroom：*Agaricus bisporus*）などがある．

例 **毒キノコ**：ベニテングタケ（*Amanita muscaria*），ツキヨタケ（*Lampteromyces japonicus*）などの有毒で致死的な毒キノコもある．

c）不完全菌類（*Deuteromycotina*）

菌糸に隔壁があるが有性生殖が見出されていない真菌類を不完全菌という．土壌中の真菌類には不完全菌類が多く存在しており，ヒトに病原性を発現する真菌類も多い．

代表種① **つちあおカビ**：（*Trichoderma viride* トリコデルマ ビリデ）：キノコ種木など木材に付着して腐朽させる．セルラーゼ酵素生産に使用する．

代表種② **灰色カビ病菌**：（*Botrytis cinerea* ボトリチス シネレア）：ブドウやイチゴまたダリアやキクなどに発生する．未熟な果房に繁殖すると果房茎を腐らせ落果が起こる．ただし熟成ブドウ果実に，このカビが繁殖すると水分が蒸発し酸度を減じ甘味が増加して**貴腐ブドウ酒**となり尊重される．

代表種③ **トマト葉カビ病菌**：クラドスポリウム・ヘルバラム（*Cladosporium herbarum*）：木，紙，皮革などに緑黒色汚点をつける**有害カビ**である．

代表種④ **ススカビ**：アルタナリア・テヌイス（*Alternaria tenuis*）：繊維製品，木材工芸品に黒色汚点をつける．また類似菌種はニンジン，ダイコン，ナシなどの**黒斑病菌**がある．

代表種⑤ **チチカビ**：ゲオトリクム・カンディダム（*Geotrichum candidum*）：乳製品に粉状白色菌叢を形成したり工場廃水によく発生する．

代表種⑥ **セファロスポリウム・アクレモニウム**（*Cephalosporium acremonium*）：抗生物質セファロスポリンの生産菌である．

代表種⑦ **スコプラリオプシス・ブレヴィカウリス**（*Scopulariopsis*

column

アナモルフ・テレモルフ・ホロモルフ

子嚢菌と担子菌は，無性胞子を形成する無性世代（不完全世代）と有性胞子を形成する有性世代（完全世代）がある．同一菌種でも2つの世代に，異なるそれぞれの菌種名をつけることが**国際植物命名規約**で決められている．無性世代の表現型を**アナモルフ**，有性世代は**テレモルフ**，さらに同一菌種と判明したさいの両世代は**ホロモルフ**という．両世代が同一菌種の異なる表現型であることが判明したさいには**無性世代名は消失**する．

例えばヒト病原性真菌とくに皮膚糸状菌症菌は有性世代を土壌で生息しており**アースロデルマ**（arthroderma）と呼ばれているが，ヒト感染真菌として分離すると無性世代となっており別名がつけられる．

brevicaulis）：食品に発生する土壌菌で微量の砒素があるとにんにく臭を発生するので砒素菌ともいう．

d）接合菌類

菌糸に隔壁がなく2本の菌糸から側枝が伸びて接合胞子をつくる．
1）ケカビ（*Mucor*），2）クモノスカビ（*Rhizopus*），3）ユミケカビ（*Absidia*），4）クスダマカビ（*Cunninghamella*）などに区分される．まれにヒトや動物に接合菌症（ムコール症）を発症する真菌種もある．

1）ケカビ（*Mucor*）

胞子嚢柄の型から単一ケカビ型，ブドウ状ケカビ型，仮軸状ケカビ型の3つがある．真菌類では特定の他菌株，他系統株とでないと有性生殖が成立しない性状がある．これを**自家不和合性**という．

代表種① ムコール・ムセド（*Mucor mucedo*）：野菜や果物から分離される．灰白色の胞子嚢胞子をつくる単一ケカビ型である．

代表種② ムコール・ラセモサス（*Mucor racemosus*）：果物を腐敗させる．ブドウ状ケカビ型である．

代表種③ ムコール・プシラス（*Mucor pusillus*）：自然発熱した枯草や土から分離される．牛乳凝固酵素を産生してレンネット代用となる．球状胞子でブドウ状ケカビ型である．

2）クモノスカビ（*Rhizopus*）

灰白色のクモの巣状コロニーを形成する．ブドウ状菌糸で隔壁がなく仮根を胞子嚢柄の根元に形成する．皮製品によく付着する．基本的には腐生菌であるが，弱い寄生性を示して**植物病原体**としてモモなどの腐敗を早めることもある．また**接合菌症（ムコール症）**としてヒトに病原性を発現する菌種もある．

代表種① リゾープス・オリゴスポロス（*Rhizopus oligosporus*）：インドネシアの発酵食品**テンペ**製造に使用する

代表種② リゾープス・オリゼ（*Rhizopus oryzae*）：木材パルプ，土壌などに広く分布しているが，日本のヒト接合菌症の約60％が本菌種によるとの報告もある．

3）ユミケカビ（*Absidia*）

クモノスカビに近い形状を示す．森林土壌からよく分離される

代表種 アプシジア・スピノサ（*Absidia spinosa*）：森林土壌から分離されている．円筒形の胞子が出来る．自家和合性真菌である．

4）クスダマカビ（*Cunninghamella*）

菌糸体はケカビに類似している．土壌や動物糞便などの腐生真菌でヒト接合菌症を発症する．

代表種 カニングハメラ・ベソレテア（*Cunninghamella bertholletiae*）：ヒト接合菌症の起因菌.

7.4 酵 母

A 酵母のかたち

酵母（yeast）は，接合菌，子嚢菌，不完全菌，担子菌の一部に属する菌糸をつくらない真菌類である．自然界の野生酵母（wild yeast）の大きさは $6\mu \times 3\mu$ 程度であるが，醸造用の培養酵母（culture yeast）は，大きさが $10\mu \times 5\mu$ 程度となる．酵母の典型的な形態はタマゴ形，長円形，ソーセージ形，レモン形，偽菌糸タイプなどがある．

B 酵母の細胞構造

a）酵母細胞の構造

特徴的な細胞構造は，細胞壁がグルカン，マンナンまたキチンなどタンパク質，脂質から構成されている高硬度構造である．この細胞表層には母細胞から分裂した誕生痕（birth scar），娘細胞を産生した出芽痕（bud scar）がある．

b）酵母の胞子

酵母には，栄養増殖のみを行う**無胞子酵母**以外に，生存条件が悪い場合に生活環のなかに子嚢胞子を形成して増殖をする子嚢胞子酵母（**有胞子酵母**）がある．

c）胞子の形成

1）デプロイド（2倍体）の栄養細胞が胞子形成の際に減数分裂によって4個のハプロイド（1倍体）の子嚢胞子を形成する．そのまま子嚢となり，発芽した胞子相互で接合して2倍体細胞になる（例：*Saccharomyces cerevisiae*）．

2）子嚢中で2つの胞子が接合しデプロイドとなり出芽増殖する（例：*Saccharomyces rudwigii*）．

3）栄養細胞が1倍体で2つの菌体が接合管を出して先端が接合しデプロイドとなる（例：*Saccharomyces bailii*）．

4）子嚢胞子出芽の際に分裂した2核が融合して母菌体に胞子をつくる

(例：*Debaryomyces*(デバリヨミセス))

5) 母菌体と出芽菌体の間で融合した核が別の出芽菌体に移動して胞子をつくる．（例：*Nodsonia*(ノドソニア)）．

なお胞子を持たない酵母では，核融合や接合が見られず，1倍体細胞のみで出芽増殖する．しかし *Saccharomyces*(サッカロミセス) 属などは子嚢胞子ではなく栄養細胞に突出した小柄上に射出胞子を形成する．

C 酵母の分類

J. A. Barnett らによる *YEASTS : Characteristics and identification* 第3版（Cambridge Univ. Press，2000）には酵母菌種678菌種を記載している．実用分類には「ビール酵母」，「ブドウ酒酵母」，「パン酵母」，「飼料酵母」，「石油酵母」などがある．また醸造酵母では発酵中に液面に浮上して発育するものを「上面酵母」，「下面酵母」，*Pichia*(ピヒア) 属，*Hansenula*(ハンゼニュラ) 属などの液面に皮膜状になって発育する酵母を「産膜酵母」，また *Rodotorula*(ロドトルラ) 属，*Sporobolomyces*(スポロボロミセス) 属などのような赤色の酵母を「赤色酵母」などと呼ぶ．

D 酵母の主な種類

a) 主な有胞子酵母

1) シゾサッカロミセス（*Schizosaccharomyces*）

円筒形酵母，分裂増殖を行う有胞子酵母．細胞壁はグルカンのみで熱帯地方に分布しており，至適発育温度は37℃である．

2) サッカロミセス（*Saccharomyces*）

醸造や製パンに用いられる．球状や卵状で多極出芽をする．

代表種① サッカロミセス・セレビシエ（*Saccharomyces cerevisiae*）：イギリスの上面発酵ビールから分離され，ビール，ブドウ酒，清酒，アルコール，パンなどの製造に用いられている．球形，卵形，楕円形の酵母．なお清酒酵母の *Saccharomyces sake*，ブドウ酒酵母の *Saccharomyces ellipsoideus*，また糖蜜のアルコール発酵用酵母として知られている台研396号 *Saccharomyces formosensis* などは分類上すべて本菌種に属している．増殖中の酵母体内の核では，通常の真核細胞と同じようにDNAの分裂および合成が行われている．

代表種② サッカロミセス・ジアスタティクス（*Saccharomyces diastaticus*）：ビール醸造中に混入する有害菌で，デキストリンやでんぷんを分解し，エキス成分の低下や異臭を発生させる．

代表種③ サッカロミセス・ベイアヌス（*Saccharomyces bayanus*）：ビールやブドウ酒の醸造中に混入して不快臭を発生させる有害菌である．

代表種④ サッカロミセス・ルーキシイ（*Saccharomyces rouxii*）：しょう油のもろみ酵母で耐塩性，好浸透圧性である．なお，しょう油の表面に白色被膜を形成する酵母も同じ菌種に属している．

3) クリヴェロミセス（*Kluyveromyces*）

　乳糖発酵性の有胞子酵母．多極出芽法で増殖する．

4) その他の有胞子酵母類

代表種① ハンゼニュラ・アノマラ（*Hansenula anomala*）：乾ブドウ，カエデ樹液，ゴム樹液などからもよく分離される．清酒の後熟成酵母として芳香産生に関与している．ハンゼニュラ属は産膜酵母でアルコールから酢酸エチルなどを産生しブドウ酒に芳香を与えることもあるが，醸造での有害菌も多い．

代表種② ピヒア・メンブラネファシエンス（*Pichia membranaefaciens*）：ビール，ブドウ酒醸造過程での有害菌で，アルコールを消費して不快臭を呈する．漬物液表面にちりめん状被膜をつくる．

b) 主な無胞子酵母

代表種① カンジダ・トロピカリス（*Candida tropicalis*）：球形，円形，円筒形の酵母で偽菌糸をつくりアルコール発酵を行う．*Candida lipolytica* とともに炭化水素を資化するので菌体タンパク製造や油脂変換に用いられ**石油酵母**として知られている．

代表種② カンジダ・アルビカンス（*Candida albicans*）：健常人の口腔や腸管の常在真菌である．ヒトの免疫性の低下，とくに好中球減少や貪食細胞の機能減少などの影響が多い．日和見感染症，菌交代症の原因となる．口腔粘膜や皮膚などに白苔を形成し，やがて全身症状となる．乳幼児の鵞口瘡やおむつかぶれなどの原因菌でもある．

代表種③ クリプトコッカス・ネオフォルマンス（*Cryptococcus neoformans*）：担子菌門に属し莢膜を保持している球形または卵形酵母でヒトや動物の**日和見感染菌**でクリプトコッカス症を起こす．

代表種④ トリコスポロン・アサヒ（*Trichosporon asahii*）：担子菌門に属している．細胞膜，細胞壁が無く莢膜を保持している球形または卵形酵母である．日本人皮膚から分離されたヒトや動物の**日和見感染菌**でトリコスポロン症を起こす．トウフやエビなど食品からも検出される．

7.5 二形性真菌類

　真菌類には，環境条件や栄養条件など発育環境によって糸状菌形か酵母形のいずれか，または両方の発育形態をとるものがあり，**二形性**（dimorphism）と称し，**二形性真菌類**（dimorphic fungus）という．

　病原性真菌には二形性真菌類が多く存在しており，土壌中などの腐生環境条件では**糸状菌形**であるが，**生体組織中**などの寄生環境条件では**酵母形**として増殖することが多い．この二形性真菌類の形態変化は温度や気相などの生育環境条件や生育栄養条件の影響によることが知られている．例えば輸入真菌症の病因真菌類は，土壌中などの自然環境下または25～27℃で培養した際には分生子（分生胞子：分生芽胞）増殖による「糸状菌形」として発育する「**腐生形発育**」となる．しかし生体組織内または37～39℃で培養した際には，**出芽**（分芽）**増殖**による「酵母菌形」として発育する「**寄生形発育**」となる．このような培養温度による二形性に変換する真菌類を温度依存性二形性真菌ともいう．ただしコクシジオイデスのみは37℃培養などの環境条件下では酵母形には変換しないことが知られている．**図7.2**には二形性を示す病原性真菌の形態図を示した．

	生体内	培地上
(A) 表皮真菌症： エピデルモフィトン（*Epidermophyton*）		
(B) 白癬菌症： トリコフィトン（*Trichophyton*）		
(C) 小胞子菌症： ミクロスポルム（*Microsporum*）		

図7.2　病原性真菌の二形性の形態変化図

7.6 病原性の真菌類

約8万種ちかい真菌類のなかで，ヒトに病原性を発現する「病原性真菌類」は，約4千種と言われている．そのなかで，わが国では約50種の病原性真菌類が見出されている．このような病原性真菌類によって発症する真菌性感染症を「真菌症」と呼ぶ．わが国では国民の高齢化，生活様式の変化，さらに輸入品の増加，海外旅行の普遍化などの国際交通の激増などによって真菌症が増加しているといわれている．真菌症は真菌の感染部位によって **a) 深在性真菌症，b) 深部皮膚真菌症，c) 表在性真菌症（皮膚糸状菌症），d) マイコトキシン症**に大別される．おもな真菌症は**表7.2**に掲げた．

表7.2 主な真菌症

A) **深在性真菌症**（全身性真菌症）：日和見感染，呼吸器感染
　a) 地域流行型真菌症（輸入真菌症）
　　①コクシジオイデス症（*Coccidioides immitis*）
　　②ヒストプラズマ症（*Histoplasma capsulatum*）
　　③パラコクシジオイデス症（南米分芽菌症）
　　④マルネッフェイ型ペニシリウム症
　　⑤ブラストミセス症（北米分芽菌症）
　b) 日和見真菌症（国内多頻度発症）
　　①カンジダ症（*Candida albicans*）
　　②アスペルギルス症（*Aspergillus fumigates*）
　　③クリプトコッカス症（*Cryptococcus neoformans*）
　　④ムコール症（*Mucor ramosissimus*）
　　⑤トリコスポロン症（*Trichosporon cutanecum*）
　　⑥ニューモシスチス-カリニ肺炎（*Pneumocystis jirovecii*）

B) **深部皮膚真菌症**
　①スポロトリクム症（起因菌：*Sporothrix schenckii*）
　　二形性真菌，皮膚からリンパ管に移行
　②黒色真菌症（*Phialophora verucosa*, *Fonsecaea pedrosoi* など）
　　黒色のコロニー形成
　③マズラ菌症（熱帯地方に多くわが国ではまれである：菌腫から病変が増大する）

C) **皮膚糸状菌症**（白癬菌によることが多い：体表，皮膚，爪，毛髪に感染する）
　①白癬菌症＝トリコフィトン属（*Trichophyton*）：**図7.2 (B)**
　②小胞子菌症＝ミクロスポルム属（*Microsporum*）：**図7.2 (C)**
　③表皮真菌症＝エピデルモフィトン属（*Epidermophyton*）：**図7.2 (A)**

D) **マイコトキシン症**（カビ毒）：真菌類の代謝産物，細菌毒素と異なり低分子物質．
　①アフラトキシン＝アスペルギルス
　②オクラトキシン＝アスペルギルス
　③シトリニン＝ペニシリウム
　④トリコテセン＝フザリウム（赤カビ）
　⑤麦角アルカロイド＝麦角菌

A 深在性真菌症（全身性真菌症）

　生体の深部器官または全身に菌が播種されて多くの器官や組織に真菌感染病巣を形成する真菌症を深在性真菌症という．この病態は，時として血行性播種によって皮膚に二次病巣を形成したり主病変が皮膚組織に限定されることもある．この深在性真菌症は，2つのタイプに区分されている．すなわちひとつは**地域流行型真菌症**と呼ばれる米大陸など特定汚染地域に原発的に発生する真菌症で，わが国での発生が知られていないことから**輸入真菌症**ともいう．また，もうひとつの深在性真菌症は土壌など自然環境に存在する腐生真菌によって発症する**日和見真菌症**である．

a）地域流行型真菌症（輸入真菌症）

　本症は，これまで5つの真菌が知られている．これらは本来，自然環境とくに土壌生息真菌である．なんらかの機会に土壌や塵埃などに存在している病原性真菌類の分生子（分生胞子）を吸入して感染する．主に肺に病変を形成してやがて生体全身の深部器官に播種される．

　これまで5つの真菌類は，日本国内の土壌には生息していないとされ，国内での自然感染例はないとされている．しかし汚染地域への海外旅行者や滞在者が入国後に発症した例や原綿などの原材料また腎臓などの移植用器官が感染源となる「**輸入真菌症**」は増加傾向にある．

①コクシジオイデス症 四類感染症．北米カリフォルニア州や中南米メキシコ，ベネズエラなどの乾燥地帯に分布している *Coccidioides immitis*（コクシジオイデス イムミチス），北米アリゾナ，テキサス，ユタ，ネバダ州や中南米，アルゼンチン，ブラジルの特定地域に分布している本症病原性真菌 *Coccidioides posadasii*（コクシジオイデス ポサダシイ）が原因菌である．

②ヒストプラズマ症

ⅰ）**カプスラーツム型ヒストプラズマ症**：米国のオハイオ渓谷，ミシシッピー渓谷など，中南米メキシコ，グアテマラ，ブラジル，ベネズエラ，アルゼンチンの乾燥地帯，東南アジアの中国，台湾，タイ，フィリッピン，マレーシア，インドネシア，シンガポール，オセアニアのオーストラリア特定地域に分布している．本症の病原性真菌は，無性世代 *Histoplasma capsulatum* var. *capsulatum*（ヒストプラズマ カプスラーツム ヴァール カプスラーツム）で有性世代名 *Emmonisiella capsulata*（エモニシエラ カプスラータ）である．

ⅱ）**ズボアジイ型（アフリカ型）ヒストプラズマ症**：中央アフリアのナイジェリア，チャド，ザイール，コンゴ，カメルーンなどに分布している．本症の病原性真菌は無性世代 *Histoplasma capsulatum* var. *duboisii*（ヒストプラズマ カプスラーツム ヴァール ズボアジイ）で有性世代名 *Emmonisiella duboisila*（エモニシエラ ズボアジラ）である．

ⅲ）**ファルシミノーズム型ヒストプラズマ症**：東欧，中近東のエジプト，スーダン，インドなどに分布する．本症の病原性真菌は，無性世代 *Histoplasma capsulatum* var. *farciminosum* で有性世代名 *Emmonisiella farciminosula* である．

いずれのヒストプラズマも子嚢菌類に属しており，有性世代をもつ**二形性真菌**である．25℃では糸状菌形発育を示し生体組織内および37℃培養では酵母形発育を示す．感染源はヒストプラズマ真菌分生子に汚染されたコウモリや鳥類の糞便や汚染された土壌である．経気道感染により肺に一次病変を形成し，多くの臓器に播種する．なおファルシミノーズム型ヒストプラズマ症では動物との接触感染による皮膚病変も報告されている．

③**パラコクシジオイデス症（南米分芽菌症）** 中南米ブラジル，コロンビア，ベネズエラに分布している．本症の病原性真菌は *Paracoccidioides brasiliensis* である．本真菌は不完全菌類に属する二形性真菌である．汚染された植物や土壌および粉塵が感染源となる．経気道感染またはサボテンなど汚染植物の刺傷を介して皮膚や口腔粘膜への直接感染がある．肺や皮膚の一次感染からしばしば深部器官への播種がある．本症はエイズなど免疫不全症患者で好発することが知られている．

④**マルネッフェイ型ペニシリウム症** 中国南部雲南省など，北部ベトナム山岳地帯，タイ，マレーシア，カンボジア，インド東部，ミャンマー，フィリッピン，シンガポールに分布している．本症の病原性真菌は *Penicillium marneffei* である．本真菌は子嚢菌類に属する二形性真菌である．土壌やそこに生息するタケネズミ（学名：*Rhizomys sinensis*）など齧歯類から感染する．ヒトへの感染は本真菌分生子の経気道感染と思われている．

⑤**ブラストミセス症（北米分芽菌症）** 北米東北部五大湖からミシシッピー流域，アフリカ全土，インド，サウジアラビア，イスラエルなど中近東地域に分布している．本症の病原性真菌は 子嚢菌類に属する有性世代をもつ二形性真菌で無性世代は *Blastomyces dermatitidis*，有性世代は *Ajellomyces dermatitidis* と呼ぶ．土壌および感染動物が感染源となる．経気道感染して肺臓病変を形成し，さらに皮膚など他組織に播種することがある．また感染動物からの皮膚や粘膜への接触感染によることもある．潜伏期は4〜6週間とされる．

b）日和見真菌感染症

わが国における日和見真菌感染症のなかで深在性感染真菌症の多くはカンジダ症とアスペルギルス症である．また発生頻度は低いがクリプトコッカス症やムコール症など接合菌症の症例も報告されている．これらの真菌症は，混合感染が多く病型もさまざまである．また日和見真菌感染も多く

なりトリコスポロン感染症，カリニ肺炎起因真菌症などがある．これらは**新興真菌症**と呼ばれている．

①カンジダ症 代表的真菌は**カンジダ・アルビカンス**（*Candida albicans*）．その他，カンジダ・トロピカル（*Candida tropicalis*），カンジダ・パラプシローシス（*Candida parapsilosis*）である．いずれも不完全酵母（無胞子酵母）で二形性真菌である．カンジダ真菌は健常人の皮膚，口腔，腸管，膣などの常在性真菌類で，健常人の上気道や口腔から20〜40％の頻度で検出される．

ヒトの免疫不全，免疫能の低下によってカンジダ症が発症する日和見感染症や菌交代症の代表的な菌種である．皮膚，爪，膣，腸管，循環器などを侵し，粘膜に白苔をつくり内膜炎，肺炎，眼内炎さらにカンジダ血症などを発症する．

②アスペルギルス症 代表的真菌は**アスペルギルス・フミガーテス**（*Aspergillus fumigates*）である．その他，アスペルギルス・フラバス（*Aspergillus flavus*），アスペルギルス・ニガー（*Aspergillus niger*），アスペルギルス・テレアス（*Aspergillus terreus*），アスペルギルス・ニダランス（*Aspergillus nidulans*）などがある．アスペルギルス真菌は広く自然環境に生息する腐生性真菌として知られている．

ⅰ）**呼吸器系アスペルギルス症**：温湿潤環境に多い本真菌分生子の吸入によって感染する．2〜3 μmと微小な分生子は吸入されて気管支まで到達して肺で増殖して**肺アスペルギローマ**（aspergilloma：アスペルギルス腫：真菌塊：菌球）が形成される．

ⅱ）**侵襲性アスペルギルス症**：好中球不全や細胞性免疫機能不全などの免疫能低下の際に重症化して呼吸器のみならず消化管障害や心内膜炎など全身臓器への播種が引き起こされる．

ⅲ）**アレルギー性気管支肺アスペルギルス症（ABPA）**：すでにアスペルギルス真菌に感作されていたヒトが，ある機会に，本真菌分生子を吸入すると喘息様発作，中枢性気管支拡張，末梢好酸球増加などアレルギー症状を伴った感染症になる．

③クリプトコッカス症 本症の代表的病原真菌は*Cryptococcus neoformans*である．有性世代名は*Filobasidiella neoformans*で担子菌門に属している．本菌種は2種の変種var. *neoformans*とvar. *gattii*に分けられる．わが国や欧米で分離される菌種は*Cryptococcus neoformans* var. *neoformans*に限定されているが，一方，東南アジアやオセニアでは*Cryptococcus neoformans* var. *gattii*が多く分離される．本真菌は感染組織でも培地培養でも莢膜をもつ**酵母型真菌**として発育する．元来，クリプトコッカス真菌は，土壌，果汁，牛乳など自然界に

広く分布しており，またヒトや動物の皮膚や腸管からも分離される**常在性真菌類**である．ヒトからヒト，また動物から直接的なヒトへの感染はないとされる．しかし温暖多湿な土壌やハトやニワトリなど鳥類の糞便の存在する塵埃では高頻度に分離され，この塵埃や土壌を吸引したヒトの感染例が多く報告されている．

ヒトの原発病巣は肺または皮膚の感染発症で，初期感染は肺クリプトコッカス症で，中枢神経系に親和性をもつことが知られている．そのために免疫機能の低下した患者では脳や髄膜に転移して重症化するが，とくに後天性免疫不全症患者ではクリプトコッカス髄膜炎が高頻度に発生する．また同様の免疫不全症では皮膚クリプトコッカス症から播種性の病変が出現することもある．健常者では，日和見感染症のために不顕性感染のまま自然治癒することが多いが慢性化して限局性の肉芽腫病変を形成することも多い．

なお鳥類は体温が高いためにトリには本菌による発症はないとされる．しかしネコの日和見感染性呼吸器疾患は多く報告されており，イヌ，ウシ，ウマなどでも呼吸器疾患が報告されている．動物の気道に吸引された本菌は呼吸器内部で病巣を形成するが，とくにネコ白血病疾患やネコ免疫不全症の患畜にクリプトコッカス症を見出すことが多い．ネコでは上気道感染が主で，鼻汁，くしゃみ，鼻梁部の硬度腫脹が認められる．またイヌでは中枢神経の異常や視神経炎，脈絡網膜炎などの眼異常，皮膚には潰瘍や肉芽腫などが認められる．有効な予防法はない．

④ムコール症（接合菌症） 接合菌類は菌糸に隔壁がなく2本の菌糸から側枝が伸びて接合胞子をつくる．病原性真菌はケカビ属（*Mucor*ムコール），クモノスカビ属（*Rhizopus*リゾープス），ユミケカビ属（*Absidia*アブシジア），クスダマカビ属（*Cunninghamella*カニングハメラ），リゾムコール属（*Rhizomucor*）などのなかの特定菌種である．

病態は糖尿病，高血圧，免疫不全症など重大な基礎疾患に併発することが多くステロイド，代謝拮抗剤の使用により悪化する．感染経路は不明であるが免疫不全や悪性腫瘍リンパ腫などの病状では，肺ムコール症や全身播種性ムコール症が好発し，また重症の糖尿病や代謝性アシドーシスなどでは，鼻，眼，脳を侵す鼻眼脳型ムコール症などが好発する．

⑤トリコスポロン症 本症の代表的病原真菌は**トリコスポロン・アサヒ**（*Trichosporon asahii*）で担子菌類に属し隔壁を形成して伸長増殖する．日和見感染真菌症として表在性白色砂毛症，夏型過敏性肺炎と呼ばれるアレルギー性呼吸器疾患の起因真菌である．夏型過敏性肺炎は，いわゆる**シックハウス症候群**で，室内の本真菌の吸入による．また外傷など皮膚創傷部位から本真菌が感染して深部皮膚真菌感染症，免疫不全症など易感染患者

に全身播種性真菌症が知られている．全身性また深在性本真菌症の死亡率は80％以上という．

⑥ニューモシスチス・カリニ肺炎 本症の病原菌種は，これまで原虫として記載され Pneumocystis carinii（ニューモシスチス カリニ）と呼ばれていたが，現在では古生子嚢菌類に類似する酵母型真菌 Pneumocystis jirovecii（ニューモシスチス イロヴェチ）と称される．本真菌は健常人にも常在していることが多く発症はまれである．しかし，長期にわたる化学療法やステロイド剤の投与，またHIV（後天性免疫不全症）では本肺炎を発症することが多い．日和見真菌症の一つである．

B 深部皮膚真菌症

土壌常在性または植物付着性の真菌類によって発症する．多くは皮膚粘膜への偶発的創傷感染からリンパなどを介して生体深部へ侵入する．

①スポロトリクム症（スポロトリコーシス） スポロトリクス・シェンキイ（Sporothrix schenckii）が起因菌である．本真菌は子嚢菌類に属している二形性真菌である．日本の深部皮膚真菌症の多くは本真菌とされ擦傷などを介して皮内に侵入し発症する．侵入部位からリンパ管に走行し皮疹ができるリンパ管型と単発皮疹が肥大する限局型がある．浸潤している丘疹から結節を形成することも多い．潰瘍をつくり浸出液を出すこともある．発症は外傷の多い子どもや成人の農作業やガーデニングからの感染が，秋季から冬季にかけて多い．

②黒色真菌症 病原性の黒色真菌は，細胞壁にメラニン色素を含有し培地培養時に黒褐色のコロニーを形成する．黒色真菌症は黒色酵母菌症と黒色糸状菌症の2病型に区分されている．

ⅰ）**黒色酵母菌症**：皮膚や皮下組織内に慢性肉芽腫性病変を形成して腫瘍化する．病変部位には真菌胞子体で構成されている硬化体（硬化細胞）が観察される．この硬化体は直径$5〜10\mu m$内外の褐色球状体である．本症は東南アジアやオセアニアなどに多いが日本では稀な疾患である．70％の高頻度に分離される病原真菌は子嚢菌属フォンセカイア・ペドロゾイ（Fonsecaea pedrosoi）が多く，次いで子嚢菌属フィアロホラ・ベルコサ（Phialophora verucosa）などが多い．

ⅱ）**黒色糸状菌症**：皮内組織には硬化体が存在しない，多様な褐色菌糸をもつ褐色糸状菌形真菌や褐色円盤をもつ褐色酵母形真菌などが観察される．皮下に膿瘍や疣状病巣を形成する．免疫不全などから重度の日和見感染症に移行すると全身性播種することもある．

③マズラ菌症（足菌腫） 土壌に生息している真菌類が外傷によって皮膚や皮下に侵入して慢性進行性の化膿性肉芽腫瘍（菌腫）を形成する真菌症で

ある．多くは熱帯地方に多い疾患であるが，日本でも症例報告がある．起因菌種には子嚢菌に属するマズレラ・ミセトミイ（*Madurella mycetomii*）をはじめ 15 菌種以上が知られている．

C 皮膚糸状菌症

ヒトの皮膚・毛髪または爪などヒト生体の体表に感染する真菌類は「皮膚糸状菌」と総称する．このヒト皮膚糸状菌症はトリコフィトン属（*Trichophyton*）が白癬菌症，ミクロスポルム属（*Microsporum*）が小胞子菌症，エピデルモフィトン属（*Epidermophyton*）が表皮菌症である．これらのなかで，とくに白癬菌によることが多く，体表，皮膚，爪，毛髪などに感染することが多い．とくに日本のヒト白癬起因菌は *Trichophyton rubrum*（トリコフィトン ルブラム）が多く，その症例報告も全皮膚真菌症の 60％以上を占める．白癬はヒトからヒトへ伝播する，ほぼ唯一の真菌症であるとされているが，ウシやウマなどの産業動物またイヌやネコなどからの接触感染も多い．

ヒトの皮膚糸状菌症は，症状から白癬，黄癬および渦状癬に区分されているが，皮膚糸状菌症と白癬とは同意語としても使用されている．この白癬は角層，毛または爪などにのみ感染する**浅在性白癬**および真皮または皮下組織内にまで感染する**深在性白癬**に分けられる．病型は足指の趾間や足底に蔓延する足白癬，頭部白癬，股部白癬，手白癬，爪白癬などがある．温暖多湿の地帯に多発しており日本人の 10％以上が感染を受けていると推定されている．

また表在性皮膚真菌症の 80％以上が白癬，ついで皮膚カンジダ症が多いとされているが，表在性の皮膚真菌症の 80％以上は浅在性白癬で占められており，次のような病型に分ける．

a）円形脱毛症状の**頭部白癬**．b）掻痒，発赤水泡，中心部脱屑または円形斑症状の**体部白癬**．c）掻痒，紅斑脱屑症状の**股部白癬**．d）掻痒，発赤，水泡，脱屑症状の**手指白癬・足白癬**．e）爪肥厚，脱色，末端または光沢消失症状の**爪白癬**である．

D マイコトキシン症（カビ毒）

マイコトキシン（mycotoxin）は真菌類の二次代謝産物で，ヒトに対して病的生理的障害を与える毒性物質の総称である．このマイコトキシンは，これまで約 300 種類以上が報告されているが，多くはアスペルギルス（*Aspergillus*），ペニシリウム（*Penicillium*），フザリウム（*Fusarium*）

の3真菌属から代謝産生される場合が多い．これらの真菌は菌体がたとえ死滅しても，産生マイコトキシン活性は残存しており，この活性は加熱分解されることも少なく除去は困難である．なお真菌類の代謝産物は細菌毒素と異なり低分子物質である．

①アフラトキシン 天然の物質としては最も発がん性の高いものとされている．肝がんを発症する，これまでに少なくとも13種類の食品に含有されているとされる．日本ではピーナッツ含有食品に0.01 ppm以下の含有基準，米国では20 ppmなどの法的規制がある．起因真菌類は熱帯から亜熱帯地域に常在しているアスペルギルス・フラバス（*Aspergillus flavus*）やアスペルギルス・パラジチカス（*A. parasiticus*）などである．

②オクラトキシン トウモロコシなど穀類，コーヒー豆，煮干し，チョコレートなどから検出された．腎臓や肝臓に毒性を発現する．その他，本オクラトキシンによる催奇性，生殖毒性，神経毒性，発がん性，遺伝毒性などが報告されている．起因真菌類は土壌や穀類付着真菌として分離されるアスペルギルス・オクラセウス（*Aspergillus ochraceus*）やペニシリウム・ビリディカータム（*Penicillium viridicatum*）などである．これらオクラトキシン生産菌は低温でも増殖可能で毒素を産生する．欧州やカナダのような寒冷地帯にも発症例が多い．

③シトリニン ペニシリウム・シトリナム（*Penicillium citrinum*）やペニシリウム・ビリディカータム（*P. viridicatum*）などの真菌類により生成されオクラトキシンとともに飼料から検出されることが多い．オクラトキシンと同様に腎臓毒性を有しており，腎臓腫大，近位尿細管の壊死や腎細尿管上皮変性を引き起こす．黄変米原因物質のひとつである．

④トリコテセン（赤カビ病原） 主にムギ赤かび病の原因菌として知られるアカカビであるフザリウム・グラミネアルム（*Fusarium graminearum*），フザリウム・ポエ（*Fusarium. poae*）などのフザリウム属で，植物に付着している真菌類から生産される．またキノコのカエンタケもトリコテセンを産生するが，この物質は紫外線下で蛍光を発するのが特徴である．経皮感染，呼吸器感染，摂取食品からの経口感染の三つの感染経路がある．汚染された穀物を摂取すると腹痛，下痢，嘔吐また脱力，発熱などを発症する．

⑤麦角アルカロイド 子嚢菌類クラヴィセプス・パルプレア（*Claviceps purpurae*）などによって産生される．イネ科植物が本菌種胞子に感染すると麦角が形成される．麦角は麦角アルカロイドを含有しており，ヒトや動物の循環器や神経に毒性を示す．手足の感覚，血管収縮，手足壊死，精神異常，子宮収縮などの症状を呈する．

7.7 原 虫（原生動物）

A 原虫のあらまし

原虫（原生動物：protozoa）は光合成を行わない運動性の真核微生物である．真核生物であるから細胞内の微細構造は他の真菌類や藻類と同様である（**図7.3**）．

その大きさは約5〜250 μm内外で65,000種以上の虫種が知られている．11,500種の肉質虫類（Sarcodina），11,500種の鞭毛虫類（Mastigophora），5,600種の胞子虫類（Sporozoa），7,000種の繊毛虫類（Ciliophora）が知られている．いろいろな動物やヒトに寄生しながら世代交代をしながら病原性を発揮する．また原虫は多種の生物と共生することも多い．

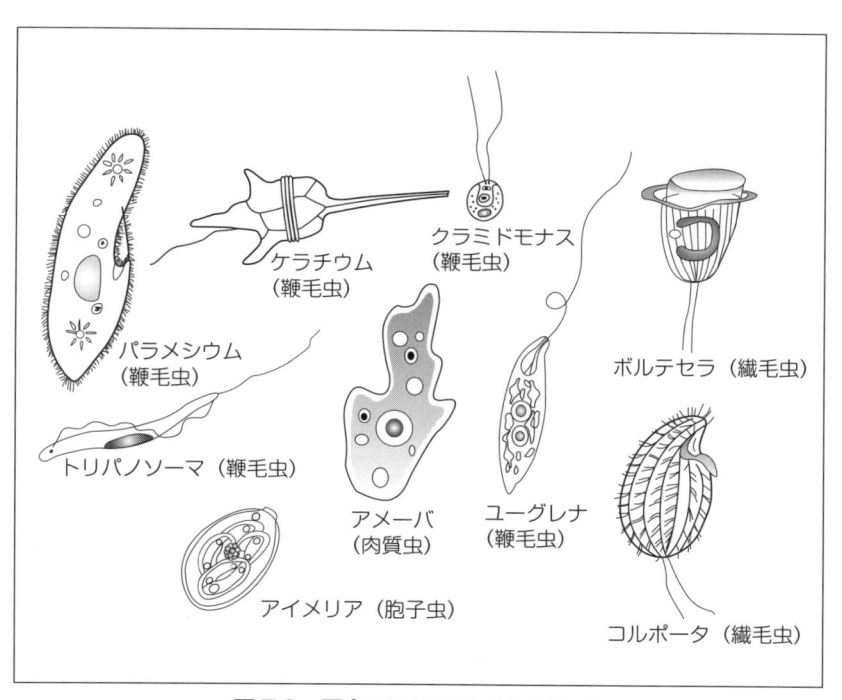

図7.3 原虫のいろいろ（今井壯一）

B ヒトに関連のある原虫類

a) 肉質虫類（Sarcodina）

赤痢アメーバ，大腸アメーバ，有孔虫，大腸虫など11,500種が属している．虫体は粘液状，運動器官は偽足（仮足）で，仮足を延ばして移動する．増殖は分裂と分芽による．生活環は「栄養型」と「シスト（囊子型）」である．

栄養型は20〜40 μmの大きさで，虫体内は外質と細胞内小器官が存在する内質に区分されている．内質の細胞核は1個で核中心は点状カリオソーム（核小体）が存在している．これは赤痢アメーバ特有の構造で大腸アメーバ（*Entamoeba coli*）との鑑別に用いられている．

代表虫類 赤痢アメーバ（*Entamoeba histolytica*）：病原性原虫．ヒトと動物の共通寄生虫症．輸入寄生虫症．検疫寄生虫症．保虫動物はサル，イヌ，ネコ，齧歯類などであるが，とくに輸入サルには注意が必要である．世界的には約5億人が感染しており年間に約5千万人の患者，7万5千人が死亡しているとされている．インド，パキスタンなど東南アジア，メキシコなど中南米地帯の熱帯，亜熱帯地域に多く流行している．わが国では輸入寄生虫症であったが，1980年代からSTD（性行為感染症）による都市アメーバ症が急激に増加している．糞便中に排泄されたシストの経口感染による．他の経路では感染しない．

腸アメーバ症：赤痢特有のイチゴゼリー様の粘血便，さらに腸穿孔に移行することもある．無症状の不顕性保菌者（キャリヤー）は感染性シストを排泄し続ける

腸管外アメーバ症：腸管組織から門脈に移行して肝臓，肺，脳などの各器官に転移して膿瘍を形成する．

他の寄生アメーバには大腸アメーバや歯肉アメーバなどがある．

b) 鞭毛虫類（Mastigophora）

トリパノソーマ，トリコモナス，渦鞭毛虫，ユーグレナなど11,500種が属している．虫体には1本から数本の鞭毛を持つ．鞭毛の長さは50 μmを越えることはない．

代表虫類① 膣トリコモナス（*Trichomonas vaginalis*）：病原性原虫．性行為感染症．成人女性の膣，尿道に寄生する．ヒトからヒトへ感染する．膣炎，尿道炎，膀胱炎の起因原虫．男子より女子寄生率が高い．栄養型虫体のみである．長径は10〜20 μmの楕円形で4本の前鞭毛と1本の後鞭毛を持つ．その他，ヒト体腔の寄生性原虫には腸トリコモナス，口腔トリコモナスがある．

代表虫類② アフリカ・トリパノソーマ（*Trypanosoma brucei*）：病原性原虫．ヒトと動物の共通寄生虫症．輸入寄生虫症．検疫寄生虫症．ツェツェバエが媒介する．

　ツェツェバエの咬傷から感染後約2週間の潜伏期をおいてハエの刺口部は腫脹し感染水疱や発赤ができる．血中やリンパで増殖すると発熱，嘔吐，頭痛など，関節痛，内分泌異常などから多彩で広範な神経症状を呈し昏睡状態に至る．

代表虫類③ アメリカ・トリパノソーマ（*Trypanosoma cruzi*）：クルーズトリパノソーマ．シャガス病の病原体．メキシコ，ブラジルなどに流行する原虫病である．衛生害虫サシガメ（刺亀虫，大型吸血昆虫）の一種による人体への咬傷による．患者の約1割が死亡するとされる．

代表虫類④ リーシュマニア（*Leishmania*）：病原性原虫．ヒトと動物の共通寄生虫症．輸入寄生虫症．検疫寄生虫症．サシチョウバエの媒介による．

ⅰ）**ドノバン・リーシュマニア**（*Leishmania donovani*）．内臓型リーシュマニア症の病原体である．中央アジア，インド，中国，アフリカ，中南米などに広く流行分布している．発熱，脾腫，貧血を主徴としたヒト原虫病である．

ⅱ）**熱帯リーシュマニア**（*Leishmania tropica*）：皮膚型リーシュマニア症病原体の一虫種である．皮膚結節，東洋瘤腫，潰瘍などを形成する．南西アジア，中南米，地中海沿岸で流行分布する．

代表虫類⑤ ランブル鞭毛虫（*Giardia Lamblia*）：シスト型による不潔な飲食による経口感染，とくに旅行者下痢症，熱帯脂肪性下痢症（スプール）の原因虫体となる．小児，低栄養乳幼児では脱水症状から致死的である．

c）胞子虫類（Sporozoa）

コクシジウム，ピロプラズマなど5,600種が属している．

代表虫類① マラリア原虫（*Plasmodium*）：マラリアの病原体．輸入寄生虫症．ハマダラカが媒介する．潜伏期間は1週間から4週間で発熱，発作，脾腫の主症状を示す．ヒトに感染したマラリア原虫は，赤血球内で増殖するが，その発育時間と患者の熱発作は一致しており，特有の熱症状を示す．悪寒，灼熱，発汗を経過して，発熱を繰り返す．4つの虫種がある．

ⅰ）**熱帯マラリア原虫**：症状が最も激しいことから悪性マラリアともいう．熱発作は24時間から48時間（2～3日おきに発熱）．

ⅱ）**三日熱マラリア原虫**：熱発作は48時間（3日おきに発熱）．

ⅲ）**卵形マラリア原虫**：熱発作は48時間（3日おきに発熱）．

ⅳ）**四日熱マラリア原虫**：熱発作は72時間（4日おきに発熱）．

代表虫類② **トキソプラズマ**（*Toxoplasma gondii*）：トキソプラズマ症の病原体，ヒトと動物に共通寄生虫症．新興感染症．栄養型と囊子型（オーシスト型）の二つの生活環をもつ．ヒトでは原虫が細胞に寄生して分裂増殖する．ネコ科動物が終宿主で，ヒトや他の哺乳動物，鳥類は中間宿主である．世界的に分布する．ヒトの感染率は年齢とともに上昇する．先天性トキソプラズマ症と後天性トキソプラズマ症がある．先天性では既感染母体から胎児への垂直感染，流産，死産または脳水腫，後天性では日和見感染症として発症する．ヒトへの感染は動物やヒト糞便に排泄されるオーシストの経口感染による．

代表虫類③ **クリプトスポリジウム**（*Cryptosporidium parvum*）：クリプトスポリジウム症の病原体，ヒトと動物に共通寄生虫症．新興感染症．世界的に分布しており年間患者発生は 2.5〜5 億人と推定されている．水系感染が多く集団感染によることが多い．1994 年，ミルウォーキーでは 40 万 3 千人が，1996 年，埼玉県下では 9,000 人が感染した事例がある．下痢，腹痛，嘔吐を伴う水様性下痢を主徴とする．エイズなど免疫不全症は日和見感染の原因となる．

代表虫類④ **ザルコシスト**（*Sarcocystis hominis*）：住肉胞子虫，リンデマン肉胞子虫とも呼ばれる．多くの虫種が知られている．終宿主はヒト，サル，イヌ，ネコ，キツネなど肉食（雑食）性動物，中間宿主はウシで，これらの動物間を循環している．人体寄生例が増加している．なお某食肉処理場に搬入されたウシ 5,000 頭のうち 3,664 頭（73.2％）の食肉用筋肉中にザルコシストが検出されたという．筋肉腫脹，発熱，喘息様症状，好中球増多などの症状を呈する．予防は食肉の生食を避けることである．

d) 繊毛虫類（Ciliophora）

大腸バランチジウム，エントデニウム，テトラヒメナ，ゾウリムシなど 7,000 種が属している．

代表虫類 **大腸バランチジウム**（*Balantidium coli*）：ヒトに寄生して赤痢様の症状を呈する．

なお原虫類についての詳細な情報は『ハウスマン原生動物学入門』扇元敬司訳，弘学出版（1989）を参照されたい．

7.8 藻類

藻類（algae）はクロレラ，ユレモなどがあり，おもに水生の光合成性微生物群で，現在までに 1,800 属，24,000 種が知られている．

A 藻類の形態と構造

藻類の細胞壁外層には細菌の莢膜様の粘質物質（mucilage）があり，紅藻類ではアガロース型物質の寒天，カラギニン（carrageenin），褐藻類ではアルギニン酸（alginic acid），ラミナリン（laminarin），珪藻類ではガラクトース（galactose），キシロース（xylose）などを保持する．黄金藻類ではペクトース，ペクチン酸，緑藻類ではペクチン（pectin）などで構成されている．また緑藻類にはセルロース膜の外側にペクトース（pectose）が存在しており，その外部に水溶性ペクチンでカバーされている．

B 藻類の増殖

有性生殖と無性生殖の過程が存在する．生活環には単相環，単複相環，また複相環が存在している．海産藻類は海綿やサンゴ虫などと共生することも多く，魚貝類に捕食され宿主細胞内で増殖していることもある．

C 藻類の生態

海産藻類は，いわゆるノリ，ワカメなど海藻以外は主として珪藻と渦鞭毛藻からなる海洋プランクトンとして海水表層に浮遊している．このプランクトンは富栄養下では赤潮となったり，貝類に捕食され体内に貯溜されたものがヒトの食中毒の原因となったりする．藻類の産生する二次代謝産物が動物やヒトに毒作用を及ぼすことがある．これらの藻類の代謝毒物質は，わが国で毎年，アサリ，カキ，バイ貝などで食中毒が発生する原因となったり，またフグ毒の原因も，このような藻類代謝産物である．アメリカでも牧場の水溜まりに藻類が大量に発生し，これを飲んだウシが大量死したという事例が知られている．土壌中または樹皮上の若干の陸生藻類も植物，真菌類また原虫類と共生することが多い．

D 藻類の利用

単細胞で光合成能をもっている藻類は栄養要求が単純で，明るい所で無機培地で増殖可能である．クロレラ（Chlorella），スピルリナ（Spirulina）などを食糧や飼料に利用することが行われている．速い生育，高タンパク含量また安価な培養基質に対する容易な資化性といった利点があるが，一方，細胞壁成分などの難消化性などの問題点もある．

7.9 地衣類

A 地衣類の種類

　地衣（lichen）は子嚢菌などの真菌と藻類とが共生している複合微生物である．この地衣は400属，20,000種にも及ぶ種類が知られているが，微生物学的には真菌類の付録として位置づけられている．
a) 固着地衣には小型葉状で全体が基体に固着している，チャシブゴケ（Lecanora），ヘリトリゴケ（Lecidea），チズゴケ（Rinodina）などがある．**b) 葉状地衣**には扁平葉状で一部が基体に固着している，ウメノキゴケ（Panmelia），ツメゴケ（Peltigera），ムカデゴケ（Physcia）などがある．**c) 樹枝状地衣**にはハナゴケ（Cladonia），ツノマタゴケ（Evernia），リトマスゴケ（Recella）などがある．

B 地衣類の構造

　構造的には表皮層の下に藻層，髄層があり，その下の偽足が基体に付着している．表層には，いぼ状突起のイシディア（isidia）か果実状のソレディア（soredia）と呼ばれる突起物が存在するが，これらは地衣の繁殖器官で，藻細胞の付着した菌糸が，これらから散布される．

C 地衣類の増殖

　地衣類は，極端な乾燥などの極限的な諸条件に耐える能力を保持しており，また無機物を収集する能力をそなえている．自然界では乾燥と湿潤の繰り返しにも耐えて生存している．代謝活性は低く，増殖も遅く一年で数mmの生長しか見られないことが多い．

D 地衣類の共生と利用

　微生物共生体は，地衣酸と呼ばれる物質を産生し地衣表層に結晶をつくる．地衣酸は100種以上が存在しており，その多くはフェニルカルボン酸のデブシド類やデブシドン類に属しており，それぞれは地衣特有成分のレカノール酸やウスニン酸として知られ，強い抗生作用をもち地衣類の生存を保護するのに役立っている．地衣類は北極地方やツンドラ地帯では，トナカイやカリブーにとって重要な飼料資源として知られ栄養的にも高い価

値をもっている．

第7章 まとめ

1 真核生物の構造：真菌類（糸状菌や酵母），原虫，藻類．動植物と同じ真核細胞で構成

真菌類のかたちと種類：真菌類は約8万種以上存在．腐生生物．

2 真菌類の分類：子嚢菌類，担子菌類，不完全菌類，鞭毛菌類，接合菌類

3 糸状菌の主な種類：接合菌類：子嚢菌類：担子菌類；不完全菌類

アナモルフ＝無性世代の表現型．テレモルフ＝有性世代．ホロモルフ＝同一菌種の両世代．

不完全菌＝有性生殖が不明の真菌類．子嚢菌類と担子菌のアナモルフ（無性世代の呼び名）は糸状菌と酵母の双方が属している．

4 酵母の主な種類：有胞子酵母＝シゾサッカロミセス，サッカロミセスなど．無胞子酵母＝カンジダ・トロピカリス，カンジダ・アルピカンス，クリプトコッカス（日和見感染菌）

5 二形性真菌類：発育環境で糸状菌形か酵母形または両方の発育形態をとる真菌類．

6 病原性真菌類：病原性真菌には二形性真菌類が多い．腐生環境では糸状菌形，ヒト生体組織では酵母形として増殖する．この形態変化は生育環境の影響による．

a）深在性真菌症（全身性真菌症）＝①地域流行型真菌症（輸入真菌症）：②日和見真菌感染症

b）深部皮膚真菌症＝スポロトリクム症（スポロトリコーシス），黒色真菌症

c）皮膚糸状菌症：浅在性白癬，深在性白癬

d）マイコトキシン症（カビ毒）：真菌類の二次代謝産物．①アフラトキシン②オクラトキシン：③シトリニン④トリコテセン（赤カビ病原）⑤麦角アルカロイド

7 ヒトに関連のある原虫類：①肉質虫類：赤痢アメーバ，大腸アメーバ，有孔虫，大腸虫など．②鞭毛虫類：膣トリコモナス，トリパノソーマ，リーシュマニア．③ 胞子虫類：コクシジウム，ピロプラズマなど．マラリア原虫，トキソプラズマ，クリプトスポリジウム，ザルコシスト，④繊毛虫類：大腸バランチジウム

8 藻類：クロレラ，ユレモなど．水生の光合成微生物群．

9 地衣類の種類：複合微生物：固着地衣，葉状地衣，樹枝状地衣

CHAPTER 8

滅菌と消毒・微生物の制御

8.1 消毒・滅菌

A 用語

(1) 滅菌（sterilization）

すべての微生物を殺滅し除去して微生物が完全に存在しない無菌（sterile）にすること．主に加熱など物理作用によることが多い．

(2) 消毒（disinfection）

病原菌を殺滅させて病原性を封じること．主に消毒剤などの化学作用によることが多い．

(3) 殺菌（germcide）

微生物を殺滅すること．滅菌と消毒を含めた語意で，食物製造業や牛乳処理では加熱処理を指すことが多い．

(4) 除菌（dezymotize）

液状や気体の中に存在する微生物を濾過して除くこと．

(5) 静菌（bacteriostasis）

化学療法剤が微生物に作用して一時的に増殖を抑制すること．

(6) 洗浄（detergent）

微生物や不要物質を物理的に除去すること．

(7) 防腐（antisepsis）

食物などが微生物の増殖により変質変敗することを阻止すること．

B 微生物の死滅

微生物の増殖能力の不可逆的な失活を微生物学的な死滅という．微生物の死滅速度は生菌数と比例する．生菌数の対数と処理時間の間の直線関係を「死滅の対数法則」と呼ぶ．

C 微生物の制御法

微生物の制御の方法は加熱滅菌法，濾過滅菌法，照射滅菌法，化学滅菌法がある（**表 8.1**）．

D 加熱滅菌の方法

水を必要とする**湿熱滅菌法**と，水を必要としない**乾熱滅菌法**に区分される．

a）水を必要とする滅菌法（湿熱滅菌法）
1）蒸気滅菌

①**常圧（流通）蒸気滅菌**：「コッホ滅菌釜」などの器具が用いられる．調理用「蒸し器」で代用できる．水蒸気で滅菌するので加熱前に水を注入することが必要である．煮沸して水蒸気が出るとコッホ釜内部は90℃から100℃になるので指定された時間（多くは1時間）加熱する．

表 8.1　微生物の制御法の区分

```
A. 加熱滅菌法
   a  水が要る滅菌法（湿熱滅菌法）
      ⅰ）蒸気滅菌
         ①：常圧（流通）蒸気滅菌：間欠滅菌法による
         ②：加圧蒸気滅菌（オートクレービング）：121℃，15分～20分加熱
      ⅱ）煮沸滅菌
   b. 水の要らない滅菌法（乾熱滅菌法）
      ⅰ）火炎滅菌（焼却滅菌）：試験管口や白金耳の滅菌
      ⅱ）乾熱滅菌：160～170℃で30～60分の保持滅菌
B. 濾過滅菌法：メンブランフィルター
C. 照射滅菌法
      ⅰ）放射線滅菌法
      ⅱ）紫外線滅菌法
      ⅲ）高周波滅菌法
D. 化学滅菌法
      ⅰ）ガス滅菌法：ホルマリンガス，エチレンオキサイドガス
      ⅱ）薬剤滅菌法：消毒薬
```

微生物の芽胞は完全に殺滅することはできないことがあるので,「**間欠滅菌**」を行う.間欠滅菌法は,通常は1日1回,100℃,30分間ずつ3日間連続して蒸気滅菌する.

なお培地中に糖類など加熱に弱い物質がある場合には,100℃ 15分,60〜70℃ 1時間の滅菌も用いられることがある.目的は1回の滅菌では死滅しない芽胞を翌日までに発芽させて,熱抵抗性の弱い栄養型(発育型)にして滅菌することである.そのため,滅菌後には室温放置が必要で,冷蔵庫や冷室に入れておくことは誤りである.

②**加圧蒸気滅菌(オートクレービング)**:「高圧滅菌機(オートクレーブ)」を用いる.飽和蒸気による高温と湿度,作用時間による滅菌効果が期待されている.

2)煮沸滅菌

沸騰している熱湯中で滅菌する方法である.ビーカー,実験用鍋,消毒器などを用いる.主にピンセット,ハサミ,注射器などの実験過程で急を要する滅菌に使用する.滅菌器具中に水を入れ,滅菌をする器具をガーゼに包み,加熱して沸騰してから10分から20分以上煮沸する.金属器具の腐食防止および消毒滅菌効果を高めるためには1〜2%**炭酸ソーダ**を添加してから煮沸を開始する.この煮沸滅菌法は簡便であるが,芽胞やウイルスが殺滅されないこともある.

b)水を必要としない滅菌法(乾熱滅菌法)

1)火炎滅菌(焼却滅菌)

直接,火に燃やすことである.微生物実験に使用する「白金耳」や「白金線」また試験管口などはバーナーの火炎で焼いて使用する.バーナーの焔(ほのお)は,還元炎と酸化炎があり,その温度差に注意する必要がある.

2)乾熱滅菌

調理に使用するオーブンと同じ構造の乾熱滅菌器を使用する.通常のガラス器具や金属類では160℃で1時間,または170℃で30分の加熱を行う.

E 加熱滅菌の効果表示

a)**D値(D-value)**:decimal reduction time:90%死滅時間

菌を90%死滅させるのに必要とする時間

b)**TDT(加熱致死時間)**:thermal death time

すべての菌が死滅するのに要する時間.

c) Q10（温度係数）：temperature coefficient

加熱温度が 10℃上昇した際の反応速度恒数の比．一般に作用温度が上昇すると殺菌速度は増大する．

F 濾過滅菌法

濾過滅菌法は微生物より小さい間隙をもつ膜または小孔を通して除菌液をつくる．ビールなど発酵食品の熱に不安定な溶液の滅菌に適している．ケイソウ土，陶土，セルロース・エステル膜メンブランフィルターなどが用いられる．

G 照射滅菌法

a) 紫外線照射

紫外線は太陽光に多く含まれ，殺菌力があるのは紫外線の波長の一部（200〜300 nm）が，微生物の DNA に損傷を与えるためである．殺菌効果は照射距離，温度などで変化して，空気中のほこりや水滴は効果を減少させる．

b) X 線その他の放射線照射

γ 線は，主に DNA や酵素を変性させる．60Co，137Ce の電子加速装置からの電子線が滅菌に用いられる．食物の殺菌および殺虫効果，またジャガイモやタマネギの発芽・発根の抑制，トウガラシのカロチノイドの蓄積，バナナ・モモなどの果実の熟成制御などが実用化している．一方，デンプンやタンパクなど高分子物質の変性，ウイスキーの熟成などの化学的な影響もある．

c) 高周波滅菌法

マイクロ波加熱では，2,450MHz の高周波電磁界に入れた物体を分子摩擦熱で内部から加熱する電子レンジを食物保存に利用する試みがなされている．音波破壊法では，細菌細胞は 20 kHz 以上の超音波で破壊され死滅するが，10〜25 kHz の通常の超音波によって細胞内に空隙が出来ることを利用して細菌を破壊する超音波磨砕器が用いられる．

H 化学滅菌法

a）ガス滅菌法
エチレンオキサイドガスやホルムアルデヒドガスが用いられている．これらはいずれも毒性が強く発がん性がある．またエチレンオキサイドガスは引火性もある．

b）薬剤滅菌法
殺菌を目的として使用し，物体を無菌的にする薬剤を**消毒剤**，生体組織などを無菌的にする薬剤を**防腐剤**，食物，医薬品などを長期的に保存するために添加する薬物を**保存剤**という．なお，主に食器洗浄などに使用し生体内に入っても安全で，かつ汚染微生物を公衆衛生上で安全とされる菌数にまで減少させる薬剤を**サニタイザー**（環境殺菌剤）という．

8.2 消毒剤

A 消毒剤の種類

化学滅菌方法のひとつに薬剤滅菌法があり，そのなかの消毒薬の種類や各薬剤効果は様々である．

a）アルコール類
消毒作用は細胞膜変性やタンパク質凝固によるものであるが芽胞には効果が弱い．
1) エチルアルコール：60%～95%エタノールを消毒用エタノールとして使用する．一般細菌には約10秒で殺菌する速効性を保持するが，持続性はない．
2) イソプロピルアルコール：エタノールよりも消毒効果は大きいが水に溶け難くなる．メタノールとの混合溶液，ポピドンヨードとの混合溶液など，他の消毒薬との混合溶液を用いる．

b）フェノール（石炭酸）類
外科手術に用いられた消毒薬として有名である．
1) クレゾール石鹸液：フェノールは水溶性なので石鹸液として使用する．一般細菌や結核菌には消毒効果があるが，ウイルスや芽胞菌には消毒効果があまりない．

2) 石炭酸：化学的な純品が得られるので，石炭酸を基準として消毒薬の力価とする**石炭酸係数**がある．

c) ビグアニド類

グアニジンを2個結合したビグアニド化合物は副作用も少なく臭気もないので広く使用され，そのなかに**クロルヘキシジン**（商品名：ヒビテン）がある．

d) ヨウ素（沃素）剤

ヨウ素の遊離による殺菌，菌体タンパクや核酸の破壊による．効果は持続的である．

1) ヨードチンキ：ヨウ素とエチルアルコールの混合物は，酵素タンパクの酸化分解による微生物機能の阻害を引き起こす．
2) ルゴール：ヨウ素，ヨウ化カリ，フェノール，グリセリンを主成分とする薬剤で，口腔粘膜や扁桃の消毒に使用する．
3) ポピドンヨード：ヨウ素と可溶化剤の混合物をヨードホルと呼ぶ．ヨウ素とポリビニルピロリドンの混合剤で殺菌性と洗浄性を兼ねている．商品名はイソジンである．ヨウ素とグリセリンとの混合物もある．

e) 塩素剤

塩素ガスは水溶性では次亜塩素酸 HOCl になるが，分解する際には活性酸素を発生して殺菌作用を発現する．塩素イオンは殺菌作用がない．

塩素の殺菌効果を知るためには「有効塩素濃度」の測定が必要である．

1) さらし粉：消石灰に塩素ガスを注入して製造する．$Ca(ClO)_2$，$Ca(OH)_2$ などの混合物で，塩素含量は30％以上が必要である．カルキとも呼ばれており下水，プールなどの消毒に使用する．
2) 次亜塩素酸ナトリウム：細胞膜に浸透して酸化作用によってタンパク変性や核酸不活化する．タンパク質と反応して食塩や塩素ガスとなるので残留性は低い．抗菌力は広く，ウイルス，真菌，結核菌などにも有効とされる．1％〜10％の低濃度で使用する．遮光低温保存が必要である．
3) クロラミン：有機塩素化合物．金属腐食性が低く，手指消毒に使用する．水溶液中の塩素放出が消毒効果となる．

f) 酸化剤

活性酸素の酸化作用による消毒効果である．

1) 過酸化水素：水酸化ラジカルによる酸化作用の消毒効果である．組織

や微生物のカタラーゼが過酸化水素に接触すると分解されて酸素を放出する．酸素の酸化作用による消毒効果とともに発泡作用による機械的清浄効果，異物除去効果が効果的である．光線や空気に触れると効果が低下するので長期保存は困難である．商品名はオキシドールである．
2) 過マンガン酸カリウム：比較的刺激の少ない消毒剤として知られ0.1〜0.01％溶液を創傷，粘膜，尿道洗浄に使用する．
3) 過酢酸：強力な作用で人体には使用しない．器具や動物飼育箱などの消毒に使用する．芽胞の死滅には10分以上の感作が必要である．

g）酸・アルカリ

生体損傷の恐れのある硫酸，塩酸，水酸化ナトリウムなどは消毒剤として使用しない．

1) ホウ酸：刺激が少なく，1〜5％水溶液を口腔や眼の消毒に用いる．
2) 酢　酸：ホウ酸よりも殺菌力が強力で，0.5〜5.0％水溶液を使用する．なお通常の調理用食酢には5％以上の酢酸を含有している．
3) サリチル酸：真菌症の治療に使用する．
4) 生石灰：トイレや下水溝の消毒には20％の乳剤で使用する．

h）アルキル化剤

1) ホルムアルデヒド：タンパク合成の阻害や核酸合成阻害また菌体表層を損傷するなどの作用がある．ホルマリンは35〜37％のホルムアルデヒド水溶液である．器具や手指消毒にはホルマリンの0.5〜1.0％水溶液を用いる．1.0〜5％ホルマリンを加熱または過マンガン酸カリを加えるとホルマリンアルデヒドガス（ホルマリンガス）が発生する．
2) グルタルアルデヒド（グルタラール）：タンパク凝固作用．高度汚染が予想される器具類の消毒に使用する．刺激臭が強く人体に有害なので取り扱いの際の吸入や接触などに注意し，マスク，ゴーグル，手袋を使用する．
3) フタラール：タンパク凝固作用．オルト-フタルアルデヒドを0.55％含有する製剤である．オルト-フタルアルデヒドはグルタルアルデヒドよりも揮発性が低くて粘膜刺激性が微弱で皮膚に対する刺激や感作性は陰性である．

i）界面活性剤

逆性石鹸（陽イオン界面活性剤）：陰イオン界面活性剤である石鹸と混用すると洗浄作用や消毒効果は消失する．

j) 重金属化合物

1) **水銀化合物**：塩化第二水銀は昇汞水として使用されたが，重金属の環境汚染の理由で，現在は使用されない．マーキュロクーム（赤チン）
2) **銀化合物**：硝酸銀，プロテイン銀を粘膜，とくに口腔，眼粘膜，尿道の消毒のために用いる．淋病予防のために新生児出産時に硝酸銀を点眼するグレーデ法があったが，現在では抗生物質を点滴することが多い．

B 消毒剤の効果・使用区分・効力検定法

a) 消毒薬の効果と用途区分

米国では消毒薬の殺菌力効果のおおよその目安として high（強力），intermediate（中度），low（低度）に分けている．また常用薬剤についての使用濃度の目安も提案されている．

1) **強度薬剤**：バシラスなど芽胞形成菌にも殺菌効力を有する消毒薬剤．①グルタラール：2％，②過酸化水素：3～6％
2) **中度薬剤**：芽胞菌は不活化できないが結核菌など抗酸菌までは殺菌効力を有する消毒薬剤．①エタノール：60～95％，②クレゾール：0.5～5.0％，③次亜塩素酸ナトリウム：500～5,000 ppm（有効塩素），④ポビドンヨード：0.2～0.5％（有効ヨード）
3) **低度薬剤**：無芽胞菌やエンベロープ保有ウイルスには殺菌効力を有する消毒薬剤である．①ヒビテン（クロルヘキシジン）：0.1～0.5％，②逆性石鹸：0.1～0.2％

このような目安から，その消毒剤の殺菌スペクトルを**表 8.2**，および使用する器具などの区分を**表 8.3** に示した．

表 8.2 主な消毒薬の殺菌スペクトル

区分	消毒薬剤	常在菌	緑膿菌	結核菌	芽胞菌	真菌	細菌	MRSA	HIV	HBV
強度	①グルタラール	P	P	P	P	P	P	P	P	P
	②フタラール	P	P	P	P	P	P	P	P	P
中度	①エタノール	P	P	D	N	P	P	P	P	N
	②クレゾール	P	P	D	N	P	P	P	P	N
	③次亜塩素酸 Na	P	P	D	D	P	P	P	P	P
	④ポビドンヨード	P	P	D	N	P	P	P	P	N
低度	①逆性石鹸	P	P	D	N	P	P	P	P	N
	②ヒビテン	P	P	N	N	P	P	P	P	N

註）P＝効果あり，D＝効果不確定，N＝効果なし
　　逆性石鹸：塩化ベンザルコニウム，ヒビテン：グルコン酸クロルヘキシジン，常在菌（非病原菌（含日和見感染菌）），HIV：後天性免疫不全症ウイルス，HBV：B型肝炎ウイルス，細菌（栄養型細菌），MRSA（メチシリン耐性ブドウ球菌）

表 8.3　主な消毒薬の使用区分

区分	消毒薬剤	環境全般	金属製品	非金属製品	手指皮膚	粘膜等	排泄物
強度	①グルタラール	N	P	P	N	N	D
	②フタラール	N	P	P	N	N	D
中度	①エタノール	P	D	P	P	N	N
	②クレゾール	D	D	D	D	D	P
	③次亜塩素酸 Na	P	N	P	N	N	P
	④ポビドンヨード	N	N	N	P	P	N
低度	①逆性石鹸	P	P	P	P	P	N
	②ヒビテン	P	P	P	P	P	N

註）P＝効果あり，D＝効果不確定，N＝効果なし
逆性石鹸：塩化ベンザルコニウム，ヒビテン：グルコン酸クロルヘキシジン

b）消毒薬の効力検定法

以下のような検定方法が知られている．例えば石炭酸係数法，塩素殺菌作用検定法，殺菌濃度指数，最小発育阻止濃度，最小殺菌濃度測定，死滅速度恒数測定などがある．

8.3 化学療法剤

A 化学療法と化学療法剤

化学薬剤をヒトに投与して疾病を治療する方法を**化学療法**という．そして用いる薬剤を**化学療法剤**という．また微生物が産生した薬剤を**抗生物質**という．

B 選択毒性

ヒト細胞や生体に無害であるが，特定の微生物には毒性を発現する化学物質の性状を「**選択毒性**」という．このような選択毒性をもつ化学薬剤が化学療法剤である．

C 化学療法指数

ヒト生体また実験動物を治癒させるのに必要な最小有効量および薬剤に対するヒト生体の最大許容量の比をいう．この指数が小さいほど良い薬剤となる．

最小有効量/最大耐容量＝化学療法指数

例 ペニシリン化学療法指数はレンサ球菌感染者に対して 1/100 ～ 1/1,000 である．

D 主な化学療法剤

a) 抗細菌化学療法剤
1) **合成薬剤**：スルホン剤，サルファ剤など
2) **抗生物質**：ペニシリン，ストレプトマイシンなど

b) 抗癌性化学療法剤
1) **合成制癌剤**：アルキル化剤，代謝拮抗剤
2) **抗生物質**：アクチノマイシン D，ミトマイシン C など

c) 抗真菌化学療法剤
1) **抗生物質**：グリセオフルビン，アムホテリシン，イミダゾールなど
2) **合成薬剤**：サルファ剤，ヨードカリなど

d) 抗ウイルス化学療法剤
1) **抗 A 型インフルエンザウイルス剤**：アマンタジン，ザナミビルなど
2) **抗ヘルペスウイルス剤**：IULI（イドクスウリジン），ACV（アシクロビル）など
3) **抗サイトメガロウイルス剤**：DHPG（ガンシクロビル），VACV（バラシクロビル）など

8.4 抗生物質

A 抗生物質とは

　微生物によって生産され微生物やその他の生細胞の機能を阻止する物質を**抗生物質**と呼ぶ．この抗生物質は英国のフレミングによって発見されたが，1941 年にはこの大量生産の研究が始まり，やがて 1943 年には米国でペニシリン（penicillin）のタンク培養生産が開始された．さらに 1944 年にはストレプトマイシン（streptomycin）が発見され，以来多くの抗生物質の生産が行われている．

　多くの抗生物質の生合成は菌増殖がほとんど停止したあとに開始され微

生物生存とは無関係な副次的な二次代謝産物である．抗生物質はアミノ酸などの菌体合成必須物質の生合成経路から派生して合成される代謝産物が多く，増殖のためのエネルギー生産と密接に関連しているアルコール発酵や乳酸発酵とは基本的に異なる合成システムで行われている．

B 抗生物質の検索法

新しい抗生物質の生産が工業化されるまでには，野外からの抗生物質生産菌の探索，抗菌力の検索，毒性試験，中間タンク培養試験などを行って製品化される．

a）野外生産菌の検索

野外からの抗生物質生産菌の検索は通常，土壌から行う．通常の土 1 g には 10^7 の放線菌，10^{10} のカビが存在しているので野外から採取してきた土を段階希釈して一般的な培地で平板培養を行い微生物分離を行う．多数の微生物から抗生物質の生産菌を選ぶことをスクリーニングと呼んでいる．

b）抗生物質の力価検定法

抗生物質の力価検定は，国家検定法では正確な精度をもつペニシリンカップ法が採用されている．カップ法は円筒平板法ともいわれるバイオアッセイ（生物学的定量法）である．

8.5 薬剤感受性と薬剤耐性

A 薬剤感受性

化学療法剤に対する微生物の感受性を知るための検索法を薬剤感受性試験という．この試験法には希釈法と拡散法がある．

a）希釈法

調べる薬剤を 2 倍段階に希釈し，それを含有している培地中に標的とする微生物を培養し，その微生物の増殖の有無によって判定する．この感受性の程度は**最小発育阻止濃度（MIC）**として表す．

b）拡散法

培地上に一定量の標的とする微生物を接種し，その表面に調べる薬剤を

含んだディスク（感受性試験ディスク）を置き培養する．薬剤含有ディスクから拡散した薬剤によって増殖阻止円が感受性試験ディスクのまわりにできる．この阻止円の大きさから感受性の程度を測定して判定する．

B 薬剤耐性

例えばある慢性感染症になり，長期間にわたって一種類の抗菌剤を使用すると，やがて，その抗菌剤が効かなくなることは，よく知られている．このような場合，その抗菌剤に対して耐性になったという．わが国では，かつて赤痢菌の治療にはサルファ剤が有効であったが，現在では，赤痢菌はサルファ剤に耐性ができており治療は無効である．そのために他の薬剤を使用せざるを得なくなっている．

1) **薬剤感受性菌**：通常の薬剤有効濃度で増殖が阻止される微生物は「**薬剤感受性菌**」である．
2) **薬剤耐性菌**：通常の薬剤有効濃度で増殖が阻止されない微生物は「**薬剤耐性菌**」という．
3) **自然耐性菌**：薬剤が使用される以前から耐性菌である微生物は「**自然耐性菌**」という．
4) **薬剤獲得耐性菌**：薬剤耐性が微生物菌体の核外遺伝子（プラスミド）の伝達によって出現した薬剤耐性菌は「**薬剤獲得耐性菌**」という．
5) **交差耐性菌**：1種類の遺伝子変異によって2種類以上の抗菌剤に同時に薬剤耐性を示す微生物を「**交差耐性菌**」という．
6) **多剤耐性菌**：薬剤耐性を支配する別々の遺伝子が，同じ核外遺伝子に存在するために2種類以上の薬剤に耐性を示す菌を「**多剤耐性菌**」という．

8.6 食物の腐敗・変質

A 腐敗と変質

微生物は，生存するために食物に付着して食物中の諸成分を分解し生産物を産生する．このような微生物活動は食物の腐敗につながり，微生物の菌数と腐敗のあいだには関連性がある．

a) 食物の腐敗

食物が微生物によって変質，可食性を失う現象をいい，狭義には食物中のタンパク質が微生物によって主に嫌気的に分解される過程を意味し各種

のアミノ酸，アミン，硫化水素，メルカプトエタノール，アンモニアなど臭気のある物質を産生することを指す．

b）食物の変質

食物中の炭水化物や脂肪が微生物の作用で分解され風味をそこない可食性を失った状態は変敗または変質とよび，タンパク分解による腐敗とは区別する．

c）腐敗による変化

微生物が付着し増殖してくると食物は腐敗して，におい，色調，味覚などが変化する．

1) **におい**：ヒトのいわゆる五感のうち，臭覚が最も鋭敏であるが，その感覚閾値は，におい物質の多くが $1\times10^{-7}\sim1\times10^{-12}$ モル濃度の範囲にある．腐敗臭は，アンモニア，トリメチルアミンのような揮発性アミン類や酪酸，カプロン酸などの揮発性脂肪酸と，そのエステル，そしてケトン，アルデヒドなどのカルボニル化合物や硫化水素，メチルカプタンなどの硫黄化合物などの混合した物質である．

2) **色　調**：腐敗による色調や外見の変化は菌体内外の色素による食物の着色による．微生物の産生する色素はカロチノイド系色素やメラノイジン系色素などである．セラチナ菌は蛍光色素のフルオレセイン，ピオシアニン，クロラフィンなどを産生する．食肉および肉製品の緑変は，微生物の硫化水素の生成によってスルフミオグロビンが生成して変色が促進されるためである．

3) **風　味**：タンパク性食物では腐敗によって苦味，しぶ味が発現することがある．とくに牛乳にグラム陰性桿菌シュードモナス菌が増殖すると苦味が生じる．また米飯やパンなどの炭水化物性食物では酸味が発現することがあるが，これは微生物が産生する酸性物質で乳酸菌，グラム陽性芽胞菌バシラスやクロストリジウムなどが関与している．

4) **軟　化**：デンプンやタンパク性食物の腐敗が進行すると食物組織の崩壊が生じるが，野菜，果実などはグラム陰性桿菌エルウィニアによって組織中のペクチンが分解されることがある．このような食物組織の崩壊から他の腐敗フローラの増殖が始まり急速に腐敗が進行する．

5) **ネ　ト**：ロープ（糸引き）ともよばれる腐敗による食物の変質は，食物に付着し増殖した菌体や代謝産物によるものである．牛乳の腐敗でみられる粘稠性の増加やロープは，グラム陰性桿菌アルカリゲネス，パンのロープはグラム陽性芽胞桿菌枯草菌，魚肉ソーセージのネトはミクロコッカスが，それぞれ関与している．代謝産物によるネトの成

分はバシラス菌やシュードモナス菌からのレバン，またロイコノストック菌からのデキストランである．

6) **ガ　ス**：とくに包装食物，缶詰・びん詰食物が腐敗するとガスによる膨張がある．これは食物中の微生物の産生するガスによる．二酸化炭素，水素，窒素などである．発色剤として用いる硝酸塩から生成する窒素もある．この窒素はバシラス菌，シュードモナス菌，ミクロコッカス菌など，また二酸化炭素や水素はクロストリジウム菌，酵母などの微生物に由来することが多い．

d) 腐敗の生成物

食肉などの動物性食物と穀類などの植物性食物では腐敗末期に産生される生成物の組織や量も異なることが多い．タンパク性食物は分解されアンモニアやアミン，硫化物などを生成する．炭水化物性食物は有機酸やアルデヒド，炭酸ガスなどを生成する．

1) **アンモニア生成**：多くの微生物はアミノ酸からの脱アミノ反応系によってアンモニアを生成する．生成されるアンモニアは腐敗臭としてヒトに感じられ腐敗指標に用いられる．
2) **アミン生成**：アミノ酸からの脱炭酸反応によってアミンが生成される．アミンはアンモニアとともに腐敗指標として用いられる．
3) **トリメチルアミン生成**：魚肉に特異的に存在するトリメチルアミンオキシドが腐敗微生物の作用で還元されてトリメチルアミンが生成される．この生成反応はアンモニア産生より早いために魚介類の腐敗指標物質として用いられることがある．
4) **硫化物の生成**：タンパク性食物に多く存在している含硫アミノ酸は腐敗によって揮発性硫化物を生成して食物を黒変させ品質を低下させるとともに腐敗臭を発生する．メチオニンは枯草菌などによってメチルメルカプタンと α-ケト酪酸を生成し，システインやシスチンは腸内細菌群によって硫化水素，アンモニアなどを生成する．
5) **有機酸類など**：炭水化物の嫌気的分解や脂肪酸化によって生成される酢酸，酪酸，プロピオン酸などの揮発有機酸は腐敗による不快臭のひとつとなる．これらの有機酸は主に嫌気性菌によって生成される．またアルコール，エステルなどの微生物代謝産物が腐敗の生成物となる．

B 食物の保存法

a) 食物の保存

微生物による食物の汚染，腐敗・変質を防ぐために食物の保存法は多く

あるが，これを微生物の働きを防ぐという立場から整理すると，1）微生物の殺滅，2）微生物の増殖阻止，3）微生物と食物の隔離，があげられる．

b）食品微生物の殺滅

ここでは牛乳処理で用いられている方法を述べる．

1) **パストゥーリゼーション**（低温保持殺菌，LTLT 法）：牛乳やブドウ酒を 61〜65℃・30 分間加熱滅菌する．低温殺菌法とも呼ばれる．
2) **HTST 法**（高温短時間殺菌法）：72〜78℃・10〜15 秒間加熱滅菌する方法．一部の耐熱性微生物が残存する可能性がある．この滅菌法による牛乳消費期限は 4〜6 日と短期間となる．
3) **UHT 法**（超高温瞬間殺菌法）：120〜135℃・1〜3 秒間加熱殺菌する方法．耐熱性微生物もほとんど死滅する．消費期限は冷蔵で 10 日間程度とされる．また 135〜150℃・1〜3 秒間加熱滅菌する方法も UHT 法と呼ぶこともある．この方法では殺菌率は高く，**LL 牛乳**（long life milk）は，この方法で製造されて常温で 3 カ月程度保存可能である．

c）食品微生物の増殖阻止

食品微生物の増殖阻止には，以下のような伝統的な「食品保存法」が知られている．①塩蔵，②糖蔵，③酢漬，④燻煙，⑤冷蔵，⑥冷凍，⑦低温ショック，⑧凍結融解，⑨乾燥，⑩風乾，⑪凍結乾燥など．

8.7 バイオセーフティ

A バイオハザードとバイオセーフティ

ヒトが生物や生物由来の材料を取り扱うことで，さまざまな病気を引き起こす**危険性**のことをバイオハザードというが，このバイオハザードに対する**安全性対策**はバイオセーフティ（bio-safety）と呼ばれている．バイオセーフティで対象とする疾病は一般的には「微生物による病気，すなわち感染症」である．したがって微生物を取り扱う実験室，検査室また医療機関や工場などが主な対象となる．

わが国では「**感染症の予防及び感染症の患者に対する医療に関する法律（略称：感染症法）**」が 2006 年に施行された．ここでは「特定病原体」のみならずボツリヌス毒素やシガ毒素などの「毒素」についても管理規定を定めている．日本細菌学会では 1974 年「日本バイオハザード防止指針」を公表して以来，病原体等に関する危険防止に関する管理方針について提

案してきたが，2007年3月「**病原体等安全取扱・管理指針**」を刊行した．

B バイオセーフティレベル（BSL）

a）バイオセーフティのレベル

多く存在している病原微生物のヒトに対する危険性は地域の環境に左右される．前述「病原体等安全取扱・管理指針」では病原体の危険度レベルについて以下のような基準を提唱している．

1) **レベル1（個体および地域社会に対する低危険度）**：ヒトに疾病を起こし，あるいは動物に獣医学的に重要な疾患を起こす可能性のないもの．
2) **レベル2（個体に対する中程度危険度，地域社会に対する軽微な危険度）**：ヒトあるいは動物に病原性を有するが実験室職員，地域社会，家畜，環境等に対し，重大な災害とならないもの，実験室内で曝露されると重篤な感染を起こす可能性はあるが，有効な治療法，予防法があり，伝播の可能性は低いもの．
3) **レベル3（個体に対する高い危険度，地域社会に対する低危険度）**：ヒトに感染すると重篤な疾病を起こすが，他の個体への伝播の可能性は低いもの．
4) **レベル4（個体および地域社会に対する高い危険度）**：ヒトまたは動物に重篤な疾病を起こし，罹患者より他の個体への伝播が，直接または間接に起こり易いもの．

b）病原体の危険度

感染症の病原体や毒素の感染性や重篤度などに応じて，一種病原体から四種病原体にランク付けがされている．

1) **一種病原体など**：感染すれば生命・身体に回復しがたい程の極めて重大な被害を及ぼすおそれがある病原体等．例えばエボラウイルス，クリミア・コンゴ出血熱ウイルスなど．
2) **二種病原体など**：感染すれば一種病原体等と同様に生命・身体に重大な被害を及ぼすおそれがあり，さらに生物テロに使用される危険性も指摘される病原体等．炭疽菌，野兎病菌，ペスト菌など．
3) **三種病原体など**：実験室や施設などでの曝露は重篤な感染を起こす可能性があるが，有効な治療法がある病原体等．狂犬病ウイルス，ブルセラ菌，発疹チフスリケッチアなど．
4) **四種病原体など**：疾患を起こす可能性はあるが重大な災害の可能性はない．コレラ菌，インフルエンザウイルス，クリプトスポリジウムなど．

第8章 まとめ

1消毒・滅菌の用語：滅菌，消毒，殺菌，除菌，静菌，洗浄，防腐

2微生物の死滅：微生物増殖能力の不可逆的な失活．微生物の死滅速度は生菌数と比例する．
死滅の対数法則：生菌数の対数と処理時間との直線関係．

3微生物の制御法：加熱滅菌法，濾過滅菌法，照射滅菌法，化学滅菌法．

4間欠滅菌法：1日1回，100℃，30分間ずつ3日間連続して蒸気滅菌する．

5加熱滅菌の効果：D値（90％死滅時間），TDT（加熱致死時間），Q10（温度係数）

6濾過滅菌法，照射滅菌法（紫外線照射，放射線照射，高周波滅菌），化学滅菌法：ガス滅菌法，薬剤滅菌法，消毒剤・防腐剤・保存剤・サニタイザー

7消毒剤の種類：アルコール類，石炭酸，クロルヘキシジン（商品名：ヒビテン），ヨウ素（ヨードチンキ，ルゴール，ポビドンヨード），塩素（さらし粉，次亜塩素酸ナトリウム，クロラミン），酸化剤（過酸化水素，過マンガン酸カリウム，過酢酸），ホウ酸，酢酸，サリチル酸，生石灰，ホルムアルデヒド，グルタルアルデヒド（グルタラール），フタラール，エチレンオキサイド，界面活性剤，重金属化合物（水銀化合物，銀化合物）

8化学療法剤：化学合成薬剤・抗生物質

9食物の腐敗・変質：におい，色調，風味，ネト，ガス，腐敗生成物：アンモニア，アミン，トリメチルアミン，硫化物の生成，有機酸類などの産生

10食物保存法：微生物の殺滅/微生物の増殖阻止/微生物と食品の隔離．

11食品微生物の増殖阻止：塩蔵，糖蔵，酢漬，燻煙，冷蔵，冷凍，低温ショック，凍結融解，乾燥（風乾，凍結乾燥）

12食品微生物の殺滅：パストゥーリゼーション（低温保持殺菌，LTLT法）/HTST法（高温短時間殺菌法）/UHT法（超高温瞬間殺菌法）：LL牛乳（long life milk）

13バイオセーフテイ：感染症の予防及び感染症の患者に対する医療に関す法律（略称：感染症法）

CHAPTER 9

ヒトと微生物

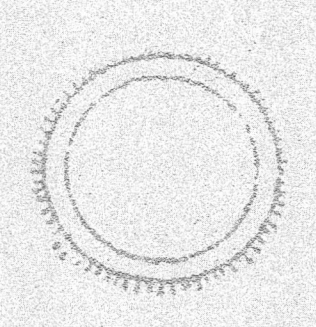

9.1 ヒトと微生物の出会い

　生物は，他の生物との相互作用のなかで生活を営んでいるが，ヒトもまた数多くの生物，とくに無数の微生物の集団との交渉のなかで一生を過ごす．

9.2 微生物叢の成立

　母親から生まれた新生児は，生後まもなく体表の皮膚や粘膜をはじめ口腔，消化管，呼吸器，生殖器など，外界と通じるすべての管腔に微生物の侵入を受ける．これらの微生物は，ヒトが乳幼児から成人になる過程でさまざまな因子や環境の影響を受けて淘汰され，生体の部位の条件に適応した微生物群のみが生存して定着する．これらは生体の常在微生物叢（常在ミクロ微生物叢または微生物叢）と呼ばれ，ヒト固有の微生物としてヒトと共生して存在している．

9.3 ヒトの常在微生物叢

　健康なヒトは体表や体腔に $10^3 \sim 10^{18}/cm^2$ 内外の微生物を付着して生活している（**表9.1**）．

表 9.1　ヒトに常在する微生物の数

皮膚	$10^5 \sim 10^6$/cm²
口腔・上気道	$10^4 \sim 10^8$/cm²
消化管	$10^3 \sim 10^{12}$/cm²

A 皮膚の微生物叢

　皮膚の襞（ひだ），皮脂腺，汗腺などには，微生物の集団が生息しており，この微生物の動向は，生体の皮脂や皮膚の状況，またその pH や体温などの影響を受けている．健康なヒトの皮膚にはおおよそ $10^5 \sim 10^6$/cm² 内外の菌が常在している．

　微生物の種類は，細菌群のグラム陽性球菌群である**表皮ブドウ球菌**やレンサ球菌群，またグラム陽性桿菌群のコリネバクテリア，プロピオン酸菌，さらに真菌類のカビや酵母などである．これらの菌叢は，年齢や体部位で変動しており，加齢とともに，微生物叢の構成は単純化して細菌群よりも真菌群などが増加する．

　健康なヒトの皮膚常在菌叢は，皮脂腺など皮膚深部に生息しており入浴や手洗いなどにはあまり影響されない．しかし一過性の付着菌群は，洗浄すれば除去される．外出後に手洗いやうがいなどを励行することで，外来の有害な微生物を除去できる．多くの場合，毛髪や手指には，ヒト鼻腔内から移行したと思われるブドウ球菌が出現することがあるが，手洗いなどを励行すれば容易に除かれる．

B 上気道・口腔微生物叢

　ヒトの鼻腔から咽頭に至る上気道には呼吸器系の常在菌叢が生息している．これらの上気道由来菌は，呼吸，咳，くしゃみなどとともに**エアロゾル**（泡沫粒子）となって飛び散る．

　健康なヒトの約 80 〜 50％は，鼻前庭や上気道には**ブドウ球菌**が多く存在しているといわれている．この黄色ブドウ球菌は**食中毒起因菌**で，ヒトから分離した菌株の 60％はエンテロトキシン産生株であったという．この菌種はまた **MRSA**（マーサ）（メチシリン耐性黄色ブドウ球菌）などの**日和見感染症**の起因菌として知られている．

　人体構造では口腔から上気道そして呼吸器につながるが，口腔内の常在微生物叢もまた上気道の微生物との連続的な生息域に存在している．口腔内の微生物叢は，これまで多種多様な約 500 種以上の微生物種の存在が知られている．口腔内の粘膜，歯表層，歯肉溝などの部位によって菌種や菌

数の分布が異なる．とくに口腔粘膜には多様な菌群が存在するなかでグラム陽性のレンサ球菌群が優占菌種として知られており，口腔レンサ球菌と呼ばれている．この菌群には**むし歯（齲歯）**の原因となる**ミュータンス菌**や抜歯後に傷口から血中に侵入して心内膜炎を発症する微生物も多い．

歯表層には歯垢やむし歯では 1 mg あたり 10^8 以上の菌が付着していることが知られている．歯と歯肉の間にある歯肉溝は**嫌気的環境**である．そのために，この部位には**偏性嫌気性菌**が多く常在しており，グラム陰性球菌ベイヨネラ菌（*Veillonella alcaecens*）やポルフィロモナス菌（*Porphyromonas gingivalis*）や口腔らせん菌などが多い．なかでもベイヨネラ菌はグルコースを利用できないが乳酸をエネルギー源として増殖するので，むし歯のワクチン利用を研究されたこともある．

歯ブラシや口腔洗浄液などを利用する口腔内の清浄，いわゆる「歯みがき」は，口腔や喉頭のみならず気管や肺などの呼吸器疾病予防，とくに肺炎や肺がんの予防に有効であるとの説もある．喉頭には α 溶血レンサ球菌やナイセリア菌が，多く見出されるが，声帯以下の呼吸器は，通常は微生物が見出されない無菌領域である．

C 膣内微生物叢

健康なヒトの尿道，膀胱，腎臓などは**無菌領域**であるが，尿道下部になるとレンサ球菌やブドウ球菌，腸球菌などが存在する．

健康なヒトの膣内は pH 4.4 〜 4.6 に保持されているが，これは**デーデルライン桿菌**（Döderlein bacillus）と呼ばれる**乳酸菌群**（*Lactobacillus acidophilus*・*Lactobacillus fermentum*・*Lactobacillus salivarius* など数種類）が 10^5 〜 10^6/ml 存在しているためである．このデーデルライン桿菌の存在は膣内の清浄度と高い相関を示しており，健康な女性ほど微生物叢の作用は安定している．

デーデルライン桿菌の安定性は，卵巣機能の支配を受ける膣粘膜上皮のグリコーゲン量と膣内の酸度に大きく影響される．加齢や妊娠によって膣上皮へのグリコーゲン貯蔵が中断されるとこの菌群が増殖しなくなる．その結果，外界からの大腸菌や腸球菌などの腸内細菌やレンサ球菌，ブドウ球菌などが増殖する危険性が高まり，出産時にレンサ球菌による産褥熱などが発症することもある．なお膣内には，ブドウ球菌やミクロコッカスなどのグラム陽性球菌群，カンジダ，ウレプラズマ，トリコモナス原虫が分離されることも多い

D 腸管微生物叢

a) 腸管微生物叢の定着と安定

新生児が誕生した直後の胎便は，ほとんど無菌的であるが，誕生の翌日には糞便中には 10^{10}/g 以上の微生物が認められる．84 時間以内に腸管は大腸菌などの腸内細菌，ブドウ球菌類で占められるが，生後 72 ～ 96 日目になると，ビフィズス菌が出現しはじめ，やがて腸内細菌は減少して新生児の腸管内には，優占種としてビフィズス菌叢が構成される．

ビフィズス菌を優占種として成立した乳児腸管微生物叢は，健康なヒトが正常な日常活動を続けるならば，その構成は，老年期になるまで安定し，その菌数も 1 ml 当たり 10^3 から 10^{12} に増加している．

b) 腸管各部位の微生物叢

消化管各部位には同じ菌叢が必ずしも構成されているのではなく上部では無菌に近い部位もある（**図 9.1**）．

c) 腸管微生物叢のバランス

腸管各部位に生息している常在微生物叢は，口腔から流入してくる栄養素を基質にして増殖を続けるが，代謝産物や腸管の環境条件によって一定の菌数に保持されている．

微生物叢の平衡状態は，ヒトと腸管微生物叢の関係および腸内の微生物叢相互の関係が働き合って成立する．そして，その結果として「ヒトと正

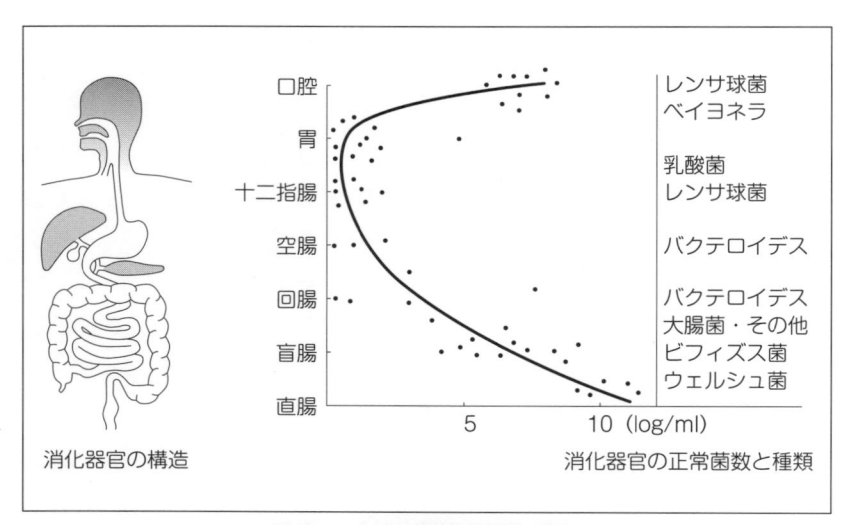

図 9.1 腸管の微生物叢の推移

常微生物叢の共生関係」が成立する．

　ビフィズス菌，大腸菌など構成菌種は，ヒトまたは動物に固有で，土壌中や水圏などには定住していない．一方，腸管内には常在微生物叢を構成する微生物の種類以外に，8～3日腸管に出現し消失するトランジットと呼ばれる**通過菌**がある．この通過菌は，食物などに付着して腸管内に侵入するが，そこに永住することができず，やがて常在微生物叢やヒト自身の感染防御力によって排除される．食物の中で増殖している乳酸菌やバシラスなど非病原菌をはじめ，サルモネラ，赤痢菌，コレラ菌などの食中毒菌，伝染病菌など多くの外来菌が含まれる．

　常在の腸管微生物叢が存在しているために，外来菌体が定着できずに，感染症が防御できることは，ヒトの自然抵抗性の大きな役割のひとつである．大腸菌をはじめとする腸内細菌は，口腔や咽喉に侵入しても定着できないが，これは固有のレンサ球菌などの拮抗作用があるためである．

d）腸管微生物の役割

　ヒトの腸管内に適応馴化した常在微生物叢は，ある場合はヒトの栄養摂取や外来の病原菌の排除などに役立つ側面と，腸内腐敗や毒素を産生したりする有害な側面とをもっている．食物の消化作用は，咀嚼，攪拌などの機械的消化，胃液や胆汁などの消化液による化学的消化などとともに，常在微生物叢による微生物消化も行われる．

　常在微生物叢によってビタミン合成やタンパク合成も行われ，身体の栄養に貢献している．微生物消化は，身体に有用な物質を産生する一方，有害と考えられている物質も産生する．健康なヒトが1日8Lも産生するといわれる腸管内ガス，いわゆる「おなら」のうち炭酸ガス，メタン，水素，硫化水素，スカトール，VFA（揮発性脂肪酸）などが産生される．これらの代謝産物は，食物の量や種類，また「食べ合わせ」によって大きく変動し，その効果もまた変化する．

E　健康と常在微生物叢

　人類は，微生物の集団と絶えず交渉しつづけながら進化してきた．通常の環境下では体組織の発育や機能は，皮膚や粘膜，また外界と接する呼吸器や消化器などの諸器官の微生物によって影響を受けている．

　ヒトはこの常在微生物叢という環境に適応して微生物と**共生関係**を保持して生存している．したがってヒトは微生物叢に頼ってはじめて正常な発育を示し正常な能力を示すことができるといえる．身体の正常微生物叢は，健康なヒトの発育や生理的機能には不可欠な役割を果たしている．健康な

表9.2 ヒト生体の各部位の無菌領域と微生物のいる生体領域

偏性無菌領域 　脳，脊髄（中枢神経），神経系，骨，関節と筋肉 **清浄機能をもつ無菌領域** 　心臓・血管（心臓血管系），リンパ系，肺および下部気道，肝臓，腎臓，輸尿管と膀胱
微生物汚染領域 　皮膚，結膜，上部気道，胃，十二指腸，空腸，回腸 **微生物集落（コロニー）形成領域** 　皮膚，外耳管，鼻咽喉と上部気道，口腔，咽頭，下部小腸（回腸末端）大腸，腟，尿道末端

　ヒトには常在微生物叢が必ず構成されており，けっして無菌のヒトとなることはない．

　ヒトの健康度，ヒトの清潔度は，身体の正常な常在微生物叢を保持管理しているかどうかにかかっている．もちろん健康なヒトの身体には，脳，神経系など無菌的部分や肝臓，肺のように微生物の排除部分などが存在しており，これらは厳密に区分されている（**表9.2**）．

9.4 ヒトと微生物のバランス

A 宿主と寄生体の関係

a）共生と寄生

　ヒトに付着し，やがて固有となった腸管微生物叢や皮膚微生物叢は，ヒトに特異的なもので，その身体の生理機能にさまざまな影響を与えている．
　その一方，ヒトの身体の生理条件は，微生物叢の構成や数に影響を与える変動要因でもある．このヒトと微生物のように異種の生物が一緒に生活を営み，互いに影響を及ぼしあっている関係は「共生」と呼ばれる生物学的現象である．
　ヒトと微生物の共生関係は，相対的な条件によって「相利共生」，「片利共生」がある．また寄生虫病におけるヒトと寄生虫の関係は「寄生的共生」である．例えばヒトと常在微生物叢の関係は，ある場合には相利共生であり，また片利共生や，一方的な寄生であったりしている．

b）寄生関係

　コレラ菌や赤痢菌など明らかな病原体がヒトに付着すると，ヒトは次第に衰弱し，場合によっては致死的な疾病にとつながってゆく．また，いわ

ゆる寄生虫による寄生虫病の発症などのヒトと微生物，寄生虫の関係は寄生的共生である．

c) 宿主・寄生体関係

宿主とはヒトのこと，また寄生体とは微生物のことである．微生物の侵入によって，ヒトは一方的な損傷を受けるが，しかし，生体の保持している防御機構によって微生物の侵入を排除しようとする抵抗性が働く．このような微生物とヒトの関わりあいは「**宿主・寄生体関係**」と呼ばれる．

B 微生物の感染と発症

a) 感染と発症

微生物が人体に侵入して増殖して，ヒトの防御機構が，これに対して炎症や免疫応答を発現する状態を「感染」という．感染の結果，ヒトに明らかな病的徴候が起こることを「発症」または「発病」といい，この状態を「感染症」とする．

感染が起これば，当然のことながら，ヒト生体には，なんらかの組織障害が発現する．これが軽微で発症しないことがあり，これを「**不顕性感染**」という．これに対して発症して感染症になった際には，これを「**顕性感染**」と呼ぶ．顕性感染と不顕性感染の区別は，かなりあいまいであるが，一般には本人が病的な徴候を自覚症状として認識しなければ，不顕性感染として扱われる．

感染症の種類によって，顕性感染と不顕性感染の比率は異なることが多い．例えば水痘や麻疹では，ほとんどは顕性感染であるが，日本脳炎などでは不顕性感染である．

感染症を発現する潜在能力をもつ微生物を「**病原体**」という．感染症の発症は，微生物が保有している病原性（ヒト生体に感染して発病に至る能力）とヒト生体の抵抗性のバランスで決まる．

なお，抵抗性の低いヒト生体は，「易感染性宿主」であり健常な人びとでは感染症を起こすことがないような弱毒微生物でも感染症を発症する場合がある．このような感染症を「日和見感染症」と呼び，その原因となる微生物を「日和見病原体」という．たとえば土壌やほこりなどに存在している微生物や健康なヒトの常在微生物であった微生物が，病原菌に変身してヒトに障害を与えることがある，このような微生物は日和見病原体で，感染や発症の変化のパターンもまた宿主と寄生体との関係のバランスによる．

表 9.3　細菌感染症の経過

感染症は病原体の侵入と増殖によって開始される
(1) **潜伏期**：感染と疾病の徴候や症状が発現するまでのあいだの期間をいう．
(2) **前駆期**：病原体が生体組織に侵入を開始する時期で，早期の非特異的症状も発現する．
(3) **侵襲期**：典型的な徴候や症状が強力に出現する時期で，劇症化することもある．
(4) **衰退期**：生体防御能が感染を制御して症状を沈静化するが，二次感染の機会が残る．
(5) **回復期**：生体組織の障害は修復する．しかし，他に病原体を伝播する可能性は残る．

b) 細菌感染症の現状

　微生物，とくに細菌の感染症は，原因菌の病原性の機序によって2つに区分される．1つはボツリヌス菌，コレラ菌などの**外毒素**によって起こる感染症であり，他は**内毒素**をもつチフス菌，赤痢菌などの侵入によって起こる感染症である．

　感染症は，今日，世界中の人類の死因のなかで第一位である．なんらかの原因で死亡するヒトは年間5,000万人以上とされているが約1,800万（34％）のヒトが感染症により死亡するという．これらの死の大半は，非衛生的な生活状況が広範囲にわたり，適当な栄養，ワクチン接種プログラムと効果的な抗生物質の利用が限られている発展途上国で生じる．しかしながら感染症は感染予防手段がとられている国でも大きな被害を出し続けている．

c) 細菌感染症の経過

　ヒト生体の微生物感染，とくに細菌感染では，病原菌が生体に侵入し，さらに増殖を始めると，その生体の病状は変化する．その一般的な経過は，(1) 潜伏期，(2) 前駆期，(3) 侵襲期，(4) 衰退期，(5) 回復期，を経過する．感染症経過の説明を**表9.3**に掲げた．

C　微生物の感染様式

　ヒトに親和性のある微生物がヒトに付着するには，ヒトからヒトへ移行し増殖することが一番容易である．この伝播のパターンはいろいろあるが，大別すると，**水平伝播**と**垂直伝播**に区分される（**図9.2**）．

a) 水平伝播

　微生物を保持している個人が他の個人へ水平に伝播することを「**水平伝**

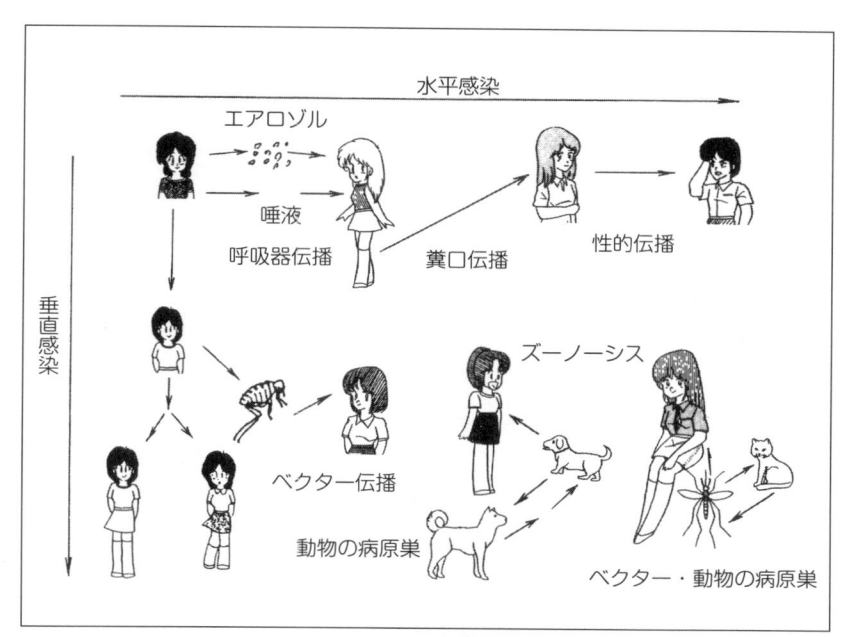

図9.2　垂直感染と水平感染（今井壯一）

播」という．ポリオ，腸チフス，流感（流行性感冒，インフルエンザ）などがある．この伝播はまた，いろいろな様式があるがヒトとヒトの伝播だけでなく，昆虫や動物が介在するベクター伝播様式がある．このような動物と共通の疾病は**ズーノーシス**（ヒトと動物の共通感染症）という．**水平伝播**する感染経路には，呼吸器伝播，糞口伝播，性的伝播などの接触感染，経口感染，飛沫感染，創傷感染などがある．

b）垂直伝播

微生物を保持している親が，精子，卵子，胎盤，母乳，母子接触などで子供にその微生物を伝播することを「**垂直伝播**」という．白血病ウイルスや先天性風疹などの病原菌を始め，正常微生物叢のある種も，親からの伝播があるとされている．垂直伝播のうち，母子感染には経胎盤感染，産道感染によるものがある．

D わが国の感染症法（感染症の法律）

a）感染症法・感染症類型

第1章で述べたように，人類の歴史のなかで微生物が原因となっている病気が流行して人びとを苦しめ多くの生命が失われてきた．この微生物による疾病は，一般的に**感染症**または**伝染病**と呼ばれている．わが国では「感

染症の予防及び感染症の患者に対する医療に関する法律（平成11年4月1日施行）」（略称：**感染症法**）で，法的に感染症を一類から五類までに区分する感染症類型を定めている（**表9.4**）．

1) **一類感染症**

　危険性がきわめて高い感染症で，原則入院，消毒，通行制限などの対物措置．

2) **二類感染症**

　危険性が高い感染症で，状況に応じて入院，消毒，特定職種への就業制限などの対物措置．

3) **三類感染症**

　危険性は高くないが，特定の職業への就業によって集団発生を起こしうる感染症で，特定の職種への就業制限，消毒などの対物措置．

4) **四類感染症**

　ヒトからヒトへの伝染はないが，動物や飲食などを介してヒトに感染し，健康に影響を与えるおそれのある感染症で，媒介動物の輸入規制，消毒，

表9.4　感染症法で定められている感染症類型と対象疾患（2012.1.1現在）

一類感染症
　エボラ出血熱，クリミア・コンゴ出血熱，痘瘡（天然痘），南米出血熱，ペスト，マールブルグ熱，ラッサ熱．
二類感染症
　急性灰白髄炎，結核，ジフテリア，重症急性呼吸器症候群（病原体がコロナウイルス属SARSコロナウイルスであるものに限る．），トリインフルエンザ（病原体がインフルエンザA属インフルエンザAウイルスであって，その血清亜型がH5N1に限る）．
三類感染症
　コレラ，細菌性赤痢，腸管出血性大腸菌感染症（O157等），腸チフス，パラチフス．
四類感染症
　E型肝炎，A型肝炎，黄熱，Q熱，狂犬病，炭疽，トリインフルエンザ（H5N1型については二類感染症なので除かれる．），ボツリヌス症，マラリア，野兎病，ウエストナイル熱，エキノコックス症，オウム病，オムスク出血熱，回帰熱，キャサヌル森林病，コクシジオイデス症，サル痘，腎症候性出血熱，西部ウマ脳炎，ダニ媒介脳炎，つつが虫病，デング熱，東部ウマ脳炎，ニパウイルス感染症，日本紅斑熱，日本脳炎，ハンタウイルス肺症候群，Bウイルス病，鼻疽，ブルセラ症，ベネズエラウマ脳炎，ヘンドラウイルス感染症，発しんチフス，ライム病，リッサウイルス感染症，リフトバレー熱，類鼻疽，レジオネラ症，レプトスピラ症，ロッキー山紅斑熱．
五類感染症
　ウイルス性肝炎（E型及びA型肝炎を除く），クリプトスポリジウム症，後天性免疫不全症候群，梅毒，アメーバ赤痢，急性脳炎（ウエストナイル脳炎及び日本脳炎を除く），クロイツフェルト・ヤコブ病，劇症型溶血性レンサ球菌感染症，ジアルジア症，髄膜炎菌性髄膜炎，先天性風疹症候群，破傷風，バンコマイシン耐性黄色ブドウ球菌感染症，バンコマイシン耐性腸球菌（VRE）感染症，風疹，麻疹，RSウイルス感染症，咽頭結膜熱，A群溶血性レンサ球菌咽頭炎，感染性胃腸炎，水痘，手足口病，伝染性紅斑，突発性発疹，百日咳，ヘルパンギーナ，流行性耳下腺炎，インフルエンザ（トリインフルエンザを除く），急性出血性結膜炎，流行性角結膜炎，性器クラミジア感染症，性器ヘルペスウイルス感染症，尖圭コンジローマ，淋菌感染症，クラミジア肺炎（オウム病を除く），細菌性髄膜炎（髄膜炎菌性髄膜炎を除く），ペニシリン耐性肺炎球菌感染症，マイコプラズマ肺炎，無菌性髄膜炎，メチシリン耐性黄色ブドウ球菌感染症，薬剤耐性緑膿菌感染症

物件廃棄などの対物措置.

5) 五類感染症

　国が感染症発生動向を全数把握,定点把握,また小児科,眼科,性感染症定点,基幹定点などの把握調査を行い,必要な情報を医療関係者や一般に提供公開し感染症発生やまん延を防止する.

6) 指定感染症

　感染症類型のなかで一類から三類感染症に分類されないが,これら感染症に準じる対応の必要が生じた感染症を指定感染症という.現在では,法改正によって二類感染症に類別されている「重症急性呼吸器症候群

表 9.5　最近起きた主なエマージング感染症(新興・再興感染症)

年	病　気	病原体	種類	自然宿主	発生地ほか
1957	アルゼンチン出血熱	フニンウイルス	ウイルス	アルゼンチンヨルマウス	
1959	ボリビア出血熱	マチュポウイルス	ウイルス	ブラジルヨルマウス	
1967	マールブルグ病	マールブルグウイルス	ウイルス		ミドリザルの輸入による
1969	ラッサ熱	ラッサウイルス	ウイルス	マストミス(ネズミ)	
1976	エボラ出血熱	エボラウイルス	ウイルス	不明	ザイール(現コンゴ),スーダンで発生
1976	下痢	クリプトスポリジウム	原虫		
1977	在郷軍人病	レジオネラ菌	細菌		アメリカで発生
1977	*リフトバレー熱	リフトバレーウイルス	ウイルス	ヒツジ,ヤギ,ウシ	エジプトで大流行
1977	下痢	カンピロバクター	細菌		
1979	*エボラ出血熱	エボラウイルス	ウイルス	不明	スーダンで発生
1980	ヒトT細胞白血病	HTLV-1	ウイルス	ヒト	日本,カリブ海の地方病
1981	エイズ	ヒト免疫不全ウイルス(HIV)	ウイルス	ヒト	
1982	ライム病	ボレリア菌	細菌		
1982	毒素性ショック症候群	TSST 毒素産生ブドウ球菌	細菌		
1982	腸管出血大腸菌症	大腸菌 O157	細菌		
1983	胃潰瘍	ヘリコバクター・ピロリ	細菌		
1985	牛海綿状脳炎	BSE プリオン	プリオン	ヒツジ	スクレイピー汚染餌によるウシの感染
1988	突発性発疹	ヒトヘルペスウイルス6型	ウイルス	ヒト	
1988	E型肝炎	E型肝炎ウイルス	ウイルス	ヒト	
1989	C型肝炎	C型肝炎ウイルス	ウイルス		
1989	エボラウイルス感染	エボラウイルス・レストン株	ウイルス	不明	輸入サルによる致命的感染
1991	ベネズエラ出血熱	グアナリトウイルス	ウイルス	コットンラット	
1992	コレラ	コレラ菌 O139	細菌		
1992	ネコひっかき病	バルトネラ・ヘンセレ	リケッチア		
1993	*リフトバレー熱	リフトバレーウイルス	ウイルス	ヒツジ,ヤギ,ウシ	エジプトで再流行
1994	ハンタウイルス肺症候群	ハンタウイルス	ウイルス	シカネズミ	アメリカ南西部で発生
1994	*エボラ出血熱	エボラウイルス	ウイルス	不明	コートジボアールでの研究者の感染
1994	ヘンドラウイルス病	ヘンドラウイルス	ウイルス	オオコウモリ	オーストラリアでウマとヒトの感染
1994	ブラジル出血熱	サビアウイルス	ウイルス	齧歯類?	
1995	*エボラ出血熱	エボラウイルス	ウイルス	不明	ザイールで大流行
1995	G型肝炎	G型肝炎ウイルス	ウイルス	ヒト	
1996	*エボラ出血熱	エボラウイルス	ウイルス	不明	ガボンで流行
1996	*エボラ出血熱	エボラウイルス	ウイルス	不明	南アフリカで流行
1997	*リフトバレー熱	リフトバレーウイルス	ウイルス	ヒツジ,ヤギ,ウシ	ケニア,ソマリアで発生
1997	トリインフルエンザ	トリインフルエンザウイルス	ウイルス	トリ	香港で発生
1998	ニパウイルス病	ニパウイルス	ウイルス	オオコウモリ	マレーシアで発生
1999	*マールブルグ病	マールブルグウイルス	ウイルス		コンゴでの発生
1999	西ナイル熱	西ナイルウイルス	ウイルス	トリ	アメリカ・ニューヨークで発生
2000	新型アレナウイルス感染	ホワイトウオーターアロヨウイルス	ウイルス	ノドジロウッドラット	アメリカ・カリフォルニアで発生
2002	SARS	SARS ウイルス	ウイルス	不明	中国広東省で発生

＊は再興感染症を示す　引用:ニュートン臨時増刊 03/08/01

(SARS)」は 2008 年から 1 年間, また「**トリインフルエンザ**（H5N1 型に限る）」は，2006 年から 1 年間指定感染症として指定された経緯がある．

7) 新感染症

ヒトからヒトに伝染すると認められた疾病であって，既知の感染症と明らかに異なり，その伝染力および罹患した場合の重篤度から判断した危険性が極めて高い感染症を新感染症と呼んでいる．

b) エマージング感染症（新興感染症・再興感染症）

病原菌は約 800 菌種あるが，これらの多くの菌種は 1800 年代から 1900 年代前半までに見出され，その予防法や治療法が確立され制圧されてきた．しかし 1950 年代後半から突然，出現し人々に重大な障害をもたらし世界中を震撼させるような感染症「**エマージング感染症**」が，増加している．エマージング（emerging）とは，「新たに出現する」という意味である．このエマージング感染症のうち，これまで知られていなかった病原体による感染症を「**新興感染症**」と呼ぶ．この新興感染症はエボラ出血熱，エイズ，O157 などで，少なくとも約 30 種類はあると思われている．また逆に以前から存在していたが，最近，顕著に増加傾向にある感染症，例えば結核症，デング熱，百日咳などは「**再興感染症**」と呼び，これらの感染症の警戒がなされている（**表 9.5**）．

c) 国際感染症・検疫感染症（輸入感染症）

ポリオ，回帰熱，マラリア，発疹チフス，インフルエンザなどは WHO などの国際監視下にあるが，ラッサ熱，マールブルグ病，エボラ出血熱，クリミア・コンゴ出血熱，アルゼンチン出血熱などは，世界的な対策が迫られている感染症なので「**国際感染症**」と呼ぶ（**表 9.6**）．

表 9.6　主な国際感染症・検疫感染症（輸入感染症）

A：国際感染症
ラッサ熱，マールブルグ病，エボラ出血熱，クリミア・コンゴ熱，アルゼンチン出血熱
B：国際監視下にある感染症
発疹チフス，回帰熱，マラリア，ポリオ，インフルエンザ
C：検疫感染症（輸入感染症）
ウイルス性感染症
ラッサ熱，マールブルグ病，エボラ出血熱，クリミア・コンゴ熱，アルゼンチン出血熱，ボリビア出血熱，腎症候性出血熱，デング熱，A 型肝炎
細菌性感染症
コレラ，腸チフス，赤痢
原虫性感染症・寄生虫症
マラリア症，アメーバ赤痢，日本住血吸虫，マラリア

海外からの感染症は上陸時の検疫によって対処される**検疫感染症（輸入感染症）**と呼ばれ，ペスト，コレラ，黄熱および一類感染症のエボラ出血熱，クリミア・コンゴ熱，マールブルグ病，ラッサ熱は検疫感染症と指定している．

E 動物とヒトの共通感染症

　動物からヒトへ，またヒトから動物へと，人間と動物の間で伝播する感染症を「動物とヒトの共通感染症」「人獣共通感染症」または「動物由来感染症」などと呼ぶ．WHO/FAO は，「ヒトとその他の脊椎動物との間を自然に移行する疾患および感染」を**ズーノーシス**（Zoonosis：動物とヒトの共通感染症）と定義している．

　このような動物との共通感染症は，これまでに 800 種以上の疾病が確認されており，その主な疾病名を**表 9.7** に掲げた．これらは，近年，社会的な不安をあおるような疾病，例えば BSE（牛海綿状脳症），新型インフルエンザウイルス，高病原性トリインフルエンザ，腸管出血性大腸菌 O157，O111 などがある．

　動物とヒトの共通感染症の病原体は，もちろん微生物であるが，動物からヒトに感染または伝播する様式は「**直接伝播**」と「**間接伝播**」に大別される．

表 9.7　ヒトと動物に共通の主な感染症

細菌性疾患 　炭疽，豚丹毒，リステリア症，結核症，ブドウ球菌症，レンサ球菌症，大腸菌感染症，サルモネラ症，エルシニア症，野兎病，ブルセラ病，カンピロバクター，Q 熱，オウム病，レプトスピラ，猫ひっかき病，ライム病，リケッチア症
ウイルス性疾患 　牛痘，偽牛痘，伝染性膿胞性皮膚炎，牛丘疹性口炎，サル痘，B ウイルス病，東部馬脳炎，西部馬脳炎，ベネズエラ馬脳炎，日本脳炎，ウエストナイル感染症，高病原性トリインフルエンザ，豚インフルエンザ，ヘンドラウイルス感染症，ニパウイルス感染症，狂犬病，ラッサ熱，エボラ出血熱，マールブルグ出血熱，クリミア・コンゴ出血熱，腎臓症候性出血熱，ハンタウイルス肺症候群，リフト・バレー熱，カリシウイルス感染症，SARS（サーズ）
プリオン病 　伝染性海綿状脳症
真菌性疾患 　皮膚糸状菌症，クリプトコッカス症
原虫性疾患 　クリプトスポロゾイト症，トキソプラズマ症，アメーバ赤痢，アフリカトリパノソーマ症，リーシュマニア症，バベシア症
寄生虫症 　無鉤条虫症，有鉤条虫症，トリヒナ症（旋毛虫症），エキノコッカス症，肝蛭症

a) 動物からの直接伝播

病原菌体が，直接ヒトや動物に運ばれ伝播する様式である．病原菌を持っている動物と直接，触れあってする「接触感染」，またイヌやネコなどの動物に咬まれたり，ひっかかれたりして感染する「咬傷感染」がある．

b) 動物からの間接伝播

「動物媒介感染」は，動物がヒトに直接，病原菌を伝播する「機械的感染」と動物が病原菌を体内で増殖して感染性動物に変身してヒトに感染性を示すようになる「生物学的感染」がある．例えば，動物が保持している病原菌体が食品原料を汚染し，これをヒトが摂取して経口的に感染する消化管感染症や食中毒などは「食品媒介感染」，また動物の被毛や動物体液などが飛散して大気中に浮遊している飛沫核に病原菌が付着してヒトに感染する「飛沫感染」もある．

c) ベクターによる伝播感染

動物からヒトへ，またヒトから動物へ病原菌体を運搬伝播する役割を蚊（か）やダニなどの節足動物が担い感染病原菌体を媒介することも多い．このような感染に関与する節足動物の役割をベクター（媒介動物）という．**表9.8**には，節足動物が媒介する主な動物との共通感染症を掲げた．

このような動物からヒトへの感染は，わが国の感染症の伝播にも大きな影響を与えることも予想されている．「感染症法」では，輸入を禁止している動物を指定している（**表9.9**）．

表9.8　節足動物が媒介する動物とヒトに共通の主な感染症

感染症	媒介する節足動物
日本脳炎	コガタアカイエカ・アカイエカ
黄熱	ネッタイシマカ
ベネズエラ馬脳炎	ネッタイシマカ
デング熱	ネッタイシマカ，ヒトスジシマカ
セントルイス脳炎	アカイエカ，チカイエカ，コガタアカイエカ，ネッタイイエカ
ウエストナイル熱	アカイエカ，コガタアカイエカ，ヒトスジシマカ
東部ウマ脳炎	ヤブカ，イエカ
ネコひっかき病	ネコノダニ
野兎病	ダニ，アブ
ペスト	ケオビスネズミノミ
マラリア	ハマダラカ
つつが虫病	アカツツガムシ
イヌ糸条虫症	コガタアカイエカ・トウゴウヤブカ

表 9.9 感染症法にもとづく輸入禁止動物

輸入禁止動物	主な対象感染症
サル	エボラ出血熱，マールブルグ病
プレーリードッグ	ペスト
ハクビシンなど	SARS（サーズ）
コウモリ	ニパウイルス感染症，リッサウイルス感染症，狂犬病
マストミス（ヤワゲネズミ）	ラッサ熱

9.5 微生物の侵入と病原因子

A 微生物の侵入門戸

さまざまな微生物がヒトに感染する最初の侵入門戸は，体表の皮膚や腸管，呼吸器，泌尿生殖器，結膜などの粘膜である．皮膚面では生じた創傷や刺傷などが微生物感染のきっかけとなるが，消化管をはじめとする粘膜では微生物の付着は「感染の始まり」である．これらの微生物感染では，体の表層に限局して起こる感染と上皮下組織に波及する感染がある．

B 菌体のヒトへの付着

多くの微生物は生体侵入器官の粘膜細胞の表層に付着する．細菌では付属構造である**線毛**や**アドヘジン**（付着素）と呼ばれる菌体表層タンパク質などによって生体粘膜に付着する．なお元来，細菌の運動器官として知られている**鞭毛**も粘着に一定の役割を果たしている．またグラム陰性菌の菌体表層タンパク質が生体付着に関与しており，とくにグラム陰性球菌の淋菌（ナイセリア）の**外膜タンパク質**はヒト尿路粘膜の付着に関与している．

C 生体への侵入：菌体の増殖

a）増殖因子と侵襲性因子

一般的な病原性の多くの微生物はウイルスと細菌である．もちろん，プリオン，真菌，原虫，またさらに寄生虫などの病原体も存在する．病原体はヒトの体内に侵入すると，そのヒトの組織に付着して増殖を開始する．体内で**病原体の増殖**が成功するとヒトは病原体に感染して「感染が成立する」とされる．病原体が増殖するためには増殖に関与する**増殖因子**が必要である．増殖因子として生体組織細胞からエネルギーを獲得するためのタ

ンパク分解酵素，脂質分解酵素，DNA分解酵素などがあり，このような酵素類はまた組織侵襲性を持つことから侵襲性因子とも呼ばれる．

　ひとたび感染が成立するとさまざまな傷害をヒトに与える．**ウイルス感染**では生体細胞に侵入して宿主の遺伝機構を乗っ取り，細胞が正常な機能を果たす能力を破壊する．**細菌感染**では生体細胞を殺す毒素を分泌し組織から栄養分を奪って組織を破壊する．このような細菌の侵襲性は菌体内の侵襲性プラスミドと染色体上の遺伝子が作用しており，侵襲性プラスミドを失活した微生物は病原性も消失する．

b）バイオフィルムの形成

　ヒト生体粘膜に対して付着に成功すると微生物は増殖を開始するが，ブドウ球菌やレンサ球菌などは生体細胞内に侵入し，その部位で増殖して定着したりする．そして時にはバイオフィルムを形成することがある．微生物菌体外に分泌される粘液多糖体中にまみれて増殖し菌叢形成をする．バイオフィルムは口腔内のむし歯（齲歯），生殖器粘膜，呼吸器粘膜などに形成されるが，まれに心臓の人工弁やカテーテルなどでの形成が報告されている．

c）グラム陽性菌の感染

　生体に侵入したグラム陽性菌の破傷風菌やブドウ球菌などは，生体内で増殖する際に菌体外に代謝産物のひとつである外毒素を産生する．この毒素産生はその細菌の病原性発現となる．生体に侵入して増殖する病原菌は，生体の免疫応答などの防御作用を回避するために，様々な防御策を施す．例えば食細胞を避けるため莢膜多糖類で菌体を囲む莢膜構造，また生体の貪食作用に障害を与え炎症反応を阻止する外毒素や抗補体酵素を分泌するなどである．

d）グラム陰性菌の感染

　サルモネラ，リステリアなどのグラム陰性菌の病原物質は，菌体成分であるリポ多糖体である内毒素による．グラム陰性菌の感染によって発症したヒトは高熱，悪寒，白血球増加などの症状を呈して敗血症または内毒素ショックと呼ばれる病状を示すこともある．

e）ウイルスの感染

　ウイルスは生体感染によって自己増殖をする．ウイルス感染は生体細胞表層にあるウイルス受容体に吸着することから開始される．ウイルス表層にエンベロープ構造を持たないウイルスでは，エンドサイトーシスにより

生体細胞内に取り込まれる．一方，エンベロープを持つウイルスは，エンベロープが生体細胞膜と融合して生体の細胞内部に侵入する．生体細胞の内部に侵入できたウイルスは，ウイルスタンパク質の殻から中身の核酸が外部に放出されて脱殻する．脱殻によって生体細胞に放出されたウイルス核酸遺伝情報はメッセンジャーRNAに転写されてウイルスタンパク質に翻訳される．このようなウイルスタンパク質は，核酸情報の発現する複製酵素タンパク質とウイルス粒子を組み立てる構造タンパク質から構成されている．ウイルス核酸は複製され多数のウイルス核酸粒子を生成して構造タンパク質とともに集合しウイルス粒子が構成される．その後，生体細胞膜をエンベロープとして覆いかぶされ成熟して細胞外に放出される．ヒト生体の自然免疫システムでは長期的な防御，また獲得免疫システムでは特異抗体と免疫細胞の産生によってウイルス増殖を阻止する．このようなウイルスに感染した細胞は抗ウイルス活性をもつIFN-α（インターフェロン・アルファ）やIFN-β（インターフェロン・ベータ）を放出してウイルスを殺滅する．免疫抗体はウイルスを中和するが，抗体曝露を逃れたウイルスは免疫細胞の傷害やサイトカインによってウイルス粒子の複製を制御する．

f）真菌（糸状菌・酵母）感染

真菌の病原性は直接的な真菌感染症，真菌アレルギー，マイコトキシン（真菌性毒素）に区分される．真菌の病原性の始まりは真菌細胞による生体細胞間質への接着因子による．真菌細胞の細胞壁成分であるβ-D-グルカンや莢膜はヒト生体の免疫細胞による貪食作用や殺菌に抵抗性を持っている．ヒト生体の好中球欠損や機能不全，また細胞性免疫不全によって真菌感染症が発現することが多いが，免疫細胞の多くは病原性真菌に対して直接的な細胞障害活性を示すことが知られている．真菌の代謝物質であるタンパク分解酵素やホスホリパーゼはヒト生体の抗菌作用を発現する物質を分解して生体への侵襲性を促進する．とくに皮膚糸状菌ではケラチン分解酵素の分泌によってヒト表皮角質層や毛髪を分解する．また炭水化物や脂質などエネルギー代謝や生合成とは関係のない二次代謝産物である色素やマイコトキシンと呼ばれる毒素が病原因子として作用する．なお**真菌性アレルギー**は真菌胞子がアレルゲンとなり呼吸器官に侵入してアレルギーを発現する．また**マイコトキシン中毒**は真菌の産生する低分子の二次代謝産物であるマイコトキシン（真菌性毒素）によるが，カビの生じた食品の経口による中毒が多い．

g）原虫・寄生虫感染

原虫・寄生虫の感染には，液性免疫および細胞免疫の両者が必要なこと

が多い．例えば旋毛虫（*Trichinella spiralis*）に感染したヒト生体防御のなかには免疫抗体 IgE による免疫細胞の抵抗がある．

D 病原性と感染性日和見

微生物がヒト生体に侵入すると病原性が発現される．微生物が感染症を起こし得る特性を「病原性（パトジェネシティ）」といい，その強さを「毒力（ビルレンス）」という．しかしヒト生体抵抗性の低下があると，これまで非病原菌とされていた微生物が「日和見感染性」を発現することも多い．このようなビルレンスを決定する「病原因子」には，定着因子，侵襲因子，毒素因子などが挙げられている．

E 細菌の毒素産生

細菌の毒素は内毒素と外毒素に区分される．これらの性状の差異については**表9.10**に掲げた

a）内毒素

内毒素は大腸菌やサルモネラなどグラム陰性菌の細胞壁表層の LPS（リポ多糖体）である．本体はリピド A，免疫学的には O 抗原である．LPS の大量摂取ではショック症状を呈し致死量以下では発熱する発熱物質である．このような内毒素について**表9.11**にまとめた．

b）外毒素

破傷風毒素，ボツリヌス毒素などである．本体はタンパク質で菌体代謝産物の神経毒，溶血毒，細胞毒などで，これらについて**表9.12**に掲げた．

表9.10　内毒素と外毒素の比較

	内毒素	外毒素
所　　在	おもにグラム陰性菌の細胞壁成分	菌体内で合成され体外に放出（代謝成分）
化学組成	リポ多糖体（LPS）	多くはポリペプチド，タンパク質
熱感受性	耐熱性	易熱性
作　　用	各毒素作用は類似している	各毒素特有の作用
毒　　性	μg ～ mg 量で作用	ng ～ μg 量で作用
	外毒素の1千倍量が必要	内毒素の1千分の1の量
ホルマリン	無毒化されない	無毒化される
病　原　菌	大腸菌，サルモネラなど	炭疽菌，ブドウ球菌など

表 9.11　細菌の内毒素

内毒素＝細菌の細胞壁の構成成分に存在するLPS（lipopolysaccharideリポ多糖体）
　　　　である．
① LPSはグラム陰性菌のみに存在する．
② LPSは細胞壁の構成要素でリピドAと多糖体を基本構造とする．
③ LPSの一部はO抗原（オーコウゲン）である．
④ O抗原はグラム陰性菌群（大腸菌やサルモネラ，コレラ菌など）の血清型である．
　O157＝出血性大腸炎と溶血性尿毒症症候群を呈する大腸菌群のことである．
⑤ LPSはエンドトキシン（endotoxin：内毒素）そのものである．
⑥ LPSは高サイトカイン血症を誘発して敗血症になることがある．

表 9.12　細菌の主な外毒素

菌種名	毒素名	毒素の主な作用
ボツリヌス菌	神経毒	弛緩性麻痺（地上最強の生物毒素）
破傷風菌	神経毒	運動中枢神経阻害，痙攣性麻痺
ウェルシュ菌	α毒素・腸管毒	細胞破壊，溶血毒，リン脂質分解
炭疽菌	神経毒	浮腫作用と致死作用・出血斑
セレウス菌	腸管毒	水・電解質の過剰消失，下痢
ジフテリア菌	ジフテリア毒素	タンパク合成阻害
ブドウ球菌	腸管毒	下痢，食中毒
	αヘモリジン	溶血毒
レンサ球菌	発赤毒素	血管拡張，斑丘疹
コレラ菌	コレラ毒素	下痢，水・電解質の過剰消失

9.6　ヒト生体による感染防御

A　生体防御の基本型

　ヒトの病的な行動は感染後に生存可能性を最大にするようにデザインされた進化戦略である．ヒトが病原体に感染すると，生体は防御能を発現するとともに感染した微生物の脆弱性につけ込むように作動する．外部から異物として感染した微生物に対し活発な防御を開始するにはヒト生体は**発熱反応**を開始させ感染した病原体の増殖能力を遅延させる．そしてさらに生体の免疫システムを動員しなければならない．しかし，これらの防御反応を開始させるには，生体はかなりの代謝エネルギーを必要とする．例えばヒト生体体温を1℃上げるには代謝活動を18％増加させる必要があるという．そのためヒトは睡眠や休息に多くの時間を割り当てて代謝に必要な過程のエネルギーを節約して，接触する微生物の攻撃を回避するような努力をする．

B 生体の異物（病原体）認識

さまざまな病原体は，ヒトの生活のなかで，生体侵入の機会をうかがっている．生体防御システムではこれを防衛する体制である非特異的防御システムである自然免疫システムを常時，保持している．自然免疫システムでは，外来の病原体が皮膚や粘膜などの体表バリヤーを乗り越え侵入をすると，免疫担当細胞のマクロファージや樹状細胞などの貪食細胞，さらにまた「補体」など体液性タンパク質によるオプソニン化などで病原体を迎え撃つ．

さらに病原体は特異的防御システムである獲得免疫システムの攻撃に出合う．これら病原体にはヒト細胞には存在しない**分子型 PAMP**（病原体特有分子構造：pathogen-associated molecular pattern）を保持している．この PAMP は免疫細胞である貪食細胞群マクロファージや樹状細胞表面に存在している **PRR**（型認識受容体：pattern recognition receptor）によってパターン認識される．さらに病原体の生体侵入に対しては生体粘膜細胞が，この異物を直ちに認識をして受容体 **TLR**（Toll 様受容体：toll-like receptor）を発現する．この TLR は炎症性サイトカイン転写を誘導して病原体を認識する．このような生体による病原体の認識は，さらに獲得免疫で認識される T 細胞受容体や MHC 分子などによって修飾される．

C 傷害からの自己保全

生物は自己のおかれた環境に順応して環境からの被害を避けるとともに，自己保全の反応性を発現させる方向で進化を遂げてきた．生物が環境の被害から生命を保持する仕組みをもつことは，**生物進化の所産**である．このことに関係した反応は，生体の防御反応として現れる．生体外からの異物侵入に対しては貪食作用による異物消化，無害化，走化性，走光性などによる**加害物からの逃避**，また損傷箇所の修復能などは生体の防御機構による．この傷害に対する応答には，①傷害に対する予防，②傷害の即時修復，③傷害の局所的処置，④傷害の全身防御性，⑤傷害の再発防止性などがある．

D ヒトの免疫システム

ヒトの免疫システムは，**自然免疫システム**と**獲得免疫システム**から構成されている．免疫システムはヒトの健康を維持する防衛システムであるが，

時には，アレルギーや自己免疫疾患などヒト生体に損傷を与える．

a）病原体に対する免疫応答

免疫システムは相互に作用する「さまざまな細胞」および「可溶性分子」から構成されている．この免疫システムの機能は血液と組織を回遊して異物の存在を探索することである．異物のことを免疫学では「**抗原**」と呼ぶ．通常は病原微生物，病原菌，病原体である．またアレルギーでは「アレルゲン」と呼ばれ，その存在によって疾患を引き起こす．

免疫システムは，異物の存在を確認すると活性化して，その異物を捕捉して，失活させ殺滅して生体から排除する**生体の防衛防御システム**である．しかし生体から病原体（抗原）を除去するプロセスではしばしば組織に損傷を与えることもある．このような抗原に対する免疫システムの反応は，「**アレルギー**」として知られている臨床症状をときどき引き起こす．例えば鼻腔また咽喉に感染したインフルエンザウイルスの免疫作用による**感染経過**では，粘液分泌の増加，体温上昇，関節痛，食欲不振，無気力を引き起こすが，2～3日後には健康な状態に回復する．ウイルス感染による生体のさらに重篤な反応は，肝炎ウイルスの肝細胞感染などの際に発現する．感染した肝細胞の殺滅は，一時的に肝機能障害を引き起こして，その結果，黄疸や極度の無気力が発現する．しかしウイルス感染した肝細胞がすべて除去されると，傷害を受けた肝臓は，元のように再生して正常な健康状態を回復する．

健常な生体機能は免疫システムの正常な機能と関連している．日常生活のなかで高レベルのストレスを受けると，それに対するホルモンの応答が作動して免疫システムの機能が変化して病原体の排除が損なわれることがある．このようにストレスは免疫システム機能の変化を通して健康状態を変化させる一因ともなる．

b）自然免疫と獲得免疫

病原体による疾病，感染症に対する生体の防御の機能的な側面は二つに大別される．ひとつは遺伝的にすでに存在している非特異的抵抗性である**自然免疫システム**，他のひとつは侵入する病原体によって活性化して特異的抵抗性を発現する**獲得免疫システム**である．これらの二つの免疫システムについて**表 9.13** に示した．

表 9.13 自然免疫と獲得免疫の特徴

	自然免疫システム	獲得免疫システム
感染防御性	非特異的抵抗性	特異的抵抗性
免疫性	先天的免疫性・遺伝的免疫性	後天的免疫性・適応的免疫性
免疫応答性	即時的な免疫応答	緩やかな免疫応答
免疫担当細胞	骨髄球（ミエロイド系白血球・食細胞）	リンパ球（リンパ系・T細胞，B細胞）
保有生物種	無脊椎動物以上の動物種	脊椎動物のみ
免疫認識細胞	PAMP	抗原
免疫認識受容体	PRR	TCR，BCR

PAMP＝病原体関連分子パターン（pathogen-associated molecular pattern）
PRR＝パターン認識レセプター（pattern recognition receptor）
TCR＝T細胞受容体（T cell receptor）BCR＝B細胞受容体（B cell receptor）

第9章 まとめ

1 ヒトと微生物の出会い

2 微生物叢の成立

3 ヒトの常在微生物叢：皮膚の微生物叢/上気道・口腔微生物叢/腟内微生物叢/腸管微生物叢/健康と常在微生物叢

4 ヒトと微生物のバランス：宿主と寄生体の関係/微生物の感染と発症/微生物の感染様式/わが国の感染症法/動物とヒトの共通感染症

5 微生物の侵入と病原因子：微生物の侵入門戸/菌体のヒトへの付着/生体への侵入：菌体の増殖/細菌の毒素産生

6 ヒト生体による感染防御：生体防御の基本型/生体の異物（病原体）認識

Self Check

セルフチェック演習問題

A) 三択問題

第1章 微生物の起源と研究の歴史

設問1：微生物学の先駆者が見出した事象です．誤っているのはどれですか．
- (a) ドイツのコッホ ―― 細菌培養法の発明．
- (b) フランスのパストゥール ―― 低温滅菌法．
- (c) 日本の北里柴三郎 ―― 赤痢菌の発見．　　答え _____

設問2：日本人微生物学者の問題です．誤っているのはどれですか．
- (a) 北里柴三郎はペスト菌を発見した．
- (b) 志賀潔は赤痢菌を発見した．
- (c) 森林太郎（森鷗外）はコレラ菌を発見した．　　答え _____

設問3：パストゥーリゼーション（低温殺菌法）の問題です．誤っているのはどれですか．
- (a) 60℃前後で数分間の加熱を行う．
- (b) 100℃前後で数分間の加熱を行う．
- (c) 現在も牛乳殺菌に使用されている．　　答え _____

設問4：ワクチンの問題です．誤っているのはどれですか．
- (a) 免疫応答のひとつである．
- (b) 微生物の化学反応のひとつである．
- (c) ワクチンには生（なま）ワクチンと死菌ワクチンがある．　　答え _____

設問5：微生物機能の説明です．誤りはどれですか．
- (a) ぶどう酒製造は酵母発酵で進行する．
- (b) アミノ酸発酵は日本で開発された．
- (c) 野口英世は酵素剤タカジアスターゼを商品化した．　　答え _____

設問6：抗生物質の開発に関する説明です．誤りはどれですか．
- (a) ペニシリンはフレミングが発見した．
- (b) コッホはストレプトマイシンを使用しなかった．
- (c) 日本の土壌から抗生物質が発見されていない．　　答え _____

設問 7：微生物を利用する鉱物の精錬処理の問題です．誤りはどれですか．
- (a) ペニシリンカップ法は使用しない．
- (b) バクテリアリーチングとは呼ばない．
- (c) 遺伝子組換え技術は用いない． 答え＿＿＿＿＿＿

設問 8：環境微生物に関する問題です．誤りはどれですか．
- (a) 環境微生物の機能は純粋生命体では発現しない．
- (b) 環境微生物の栄養共生が知られている．
- (c) 環境微生物の機能は共存生命体で発現しない． 答え＿＿＿＿＿＿

設問 9：地球上の生命の起源の問題です．誤っているのはどれですか．
- (a) ウイルスが起源ではない．
- (b) 微生物が起源ではない．
- (c) アメーバが起源ではない． 答え＿＿＿＿＿＿

設問 10：地球上の原始大気の組成に関する問題です．誤っているのはどれですか．
- (a) 水素は増加した．
- (b) 酸素は増加した．
- (c) 二酸化炭素が増加しなかった． 答え＿＿＿＿＿＿

第2章 微生物の区分・構造・変異

設問 1：微生物学に必須な研究方法で正しいのはどれですか．
- (a) 統計法，顕微鏡，電信法の3つである．
- (b) 顕微鏡，滅菌法，純粋培養法の3つである．
- (c) 種痘，外科手術，滅菌法の3つである． 答え＿＿＿＿＿＿

設問 2：長さを測定する最小の単位はどれですか．
- (a) ミリメートル（m）．
- (b) ミクロメートル（μ）．
- (c) ナノメートル（n）． 答え＿＿＿＿＿＿

設問 3：光学顕微鏡でコンデンサーはどのような機能ですか
- (a) 光線を私たちの目に焦点を合わせる．
- (b) 光線が試料を通過してから光線を拡大する．
- (c) 試料の上で光線の焦点合わせを行う． 答え＿＿＿＿＿＿

設問 4：細菌細胞の三次元像を観察できる顕微鏡技術はどれですか．
- (a) 透過型電子顕微鏡法．
- (b) 走査型電子顕微鏡法．
- (c) 位相差顕微鏡法． 答え＿＿＿＿＿＿

設問5：微生物分類階級の問題です．誤りはどれですか．
(a) 綱は「コウ」と発音する．
(b) 目は「　メ　」と発音する．
(c) 種は「シュ」と発音する．　　　　　　　　　　　　答え＿＿＿＿＿＿＿

設問6：細菌分類に用いられる菌体細胞壁の染色法はどれですか．
(a) 莢膜染色法．
(b) グラム染色法．
(c) 芽胞染色法．　　　　　　　　　　　　　　　　　答え＿＿＿＿＿＿＿

設問7：生菌と死菌の区別で正しいのはどれですか．
(a) 培養して出現する細菌は生菌である．
(b) 鏡見下で観察できない細菌は全菌である．
(c) 鏡見下で観察できる細菌は生菌である．　　　　　答え＿＿＿＿＿＿＿

設問8：細菌の構造に関する問題です．誤りはどれですか．
(a) 細胞壁成分によって4つに分けることが可能である．
(b) 細胞壁の厚い菌がグラム陽性菌である．
(c) 細胞壁の薄い菌がグラム陰性菌である．　　　　　答え＿＿＿＿＿＿＿

設問9：栄養要求変異株の取得には原株を処理し完全培地に集落を形成させます．
さらに次の培地に培養しますが，その培地はどれですか．
(a) 最小培地
(b) 限定培地
(c) 栄養培地　　　　　　　　　　　　　　　　　　　答え＿＿＿＿＿＿＿

設問10：完全培地で培養した菌株をビロード円筒でスタンプして最小培地に移植するような変異株採取方法は次のどれですか．
(a) レプリカ法
(b) スタンプ法
(c) ビロード法　　　　　　　　　　　　　　　　　　答え＿＿＿＿＿＿＿

第3章　微生物の増殖・栄養・代謝

設問1：微生物の増殖に必要な条件はどれですか．誤りはどれですか．
(a) 温度
(b) pH（水素イオン濃度）
(c) 放射能　　　　　　　　　　　　　　　　　　　　答え＿＿＿＿＿＿＿

| セルフチェック演習問題 | 参 考 文 献 | 索　　　引 |

設問 2：増殖に太陽光を必要とする微生物はどれですか．
　(a)　光合成菌
　(b)　化学合成菌
　(c)　有機栄養菌　　　　　　　　　　　　　　　　　　　答え＿＿＿＿＿＿

設問 3：微量の空気（酸素）があると，絶対に増殖できなくなる菌はどれですか．
　(a)　通性好気性菌
　(b)　偏性嫌気性菌
　(c)　通性嫌気性菌　　　　　　　　　　　　　　　　　　答え＿＿＿＿＿＿

設問 4：微生物の栄養に関する問題です．正しいのはどれですか．
　(a)　大腸菌は光合成菌である．
　(b)　クロストリジウムは光合成菌である．
　(c)　サルモネラは化学合成菌である．　　　　　　　　　答え＿＿＿＿＿＿

設問 5：微生物の栄養に関する問題です．誤りはどれですか．
　(a)　微生物は炭素源と窒素源が必要である．
　(b)　微生物にはビタミンは必要でない．
　(c)　微生物の栄養には生育因子が必要である．　　　　　答え＿＿＿＿＿＿

設問 6：微生物の培養に関する問題です．誤りはどれですか．
　(a)　嫌気性培養には嫌気培養ジャーが必要である．
　(b)　好気性培養には好気培養ジャーが必要である．
　(c)　嫌気性培養には酸素を吸収する薬剤が必要である．　答え＿＿＿＿＿＿

設問 7：細菌の分離培養法の問題です．誤りはどれですか．
　(a)　平板培養法は一般的な培養法である．
　(b)　混釈平板法はヨーグルトの細菌検査に使用される．
　(c)　嫌気培養法は細菌培養に使用されない．　　　　　　答え＿＿＿＿＿＿

設問 8：細菌の増殖に関する問題です．誤りはどれですか．
　(a)　細菌培養の増殖曲線は 4 つの期に大別される．
　(b)　細菌増殖には定常期（静止期）が存在する．
　(c)　細菌増殖には対数期が存在していない．　　　　　　答え＿＿＿＿＿＿

設問 9：菌が分裂して増殖するまでに要する時間を世代時間といいます．世代時間（もとの菌濃度の 2 倍になるのに必要な時間）は以下のどれですか．
　(a)　倍加世代
　(b)　増殖時間
　(c)　倍加時間　　　　　　　　　　　　　　　　　　　　答え＿＿＿＿＿＿

第4章　原核生物の性状と種類（1）　ヒトに関する細菌

設問 1：グラム陽性球菌以外の細菌はどれですか．
  (a)　黄色ブドウ球菌
  (b)　枯草菌
  (c)　腸球菌　　　　　　　　　　　　　　　　　　　　　　　答え＿＿＿＿＿＿

設問 2：MRSA（マーサ）に関する問題です．誤りはどれですか．
  (a)　MRSA は抗生物質耐性菌のことである．
  (b)　MRSA はメチシリン耐性菌のことである．
  (c)　MRSA は黄色ブドウ球菌の変異株のことでない．　　　　答え＿＿＿＿＿＿

設問 3：ブドウ球菌（グラム陽性菌）の毒素成分はどれですか．
  (a)　ペプチドグルカン
  (b)　代謝産物
  (c)　LPS（リポ多糖体）　　　　　　　　　　　　　　　　　答え＿＿＿＿＿＿

設問 4：病原性グラム陽性球菌の問題です．誤りはどれですか．
  (a)　黄色ブドウ球菌は健康なヒトからも検出されることがある．
  (b)　化膿レンサ球菌は米国のランスフィールドが分類した．
  (c)　黄色ブドウ球菌は食中毒に関係していない．　　　　　　答え＿＿＿＿＿＿

設問 5：芽胞菌に関する問題です．誤りはどれですか．
  (a)　セレウス菌は好気性芽胞菌である．
  (b)　ウェルシュ菌は嫌気性芽胞菌である．
  (c)　ボツリヌス菌は好気性芽胞菌である．　　　　　　　　　答え＿＿＿＿＿＿

設問 6：芽胞菌についての問題です．誤りはどれですか．
  (a)　炭疽菌は枯草菌と同じ耐熱性の芽胞菌である．
  (b)　セレウス菌食中毒の臨床症状は下痢型と嘔吐型がある．
  (c)　セレウス菌は皮膚の創傷（きず）から感染する．　　　　答え＿＿＿＿＿＿

設問 7：粘膜感染の多いグラム陰性桿菌の問題です．誤りはどれですか．
  (a)　レジオネラ菌は室内クーラーや循環性浴槽で感染することがある．
  (b)　肺炎桿菌は呼吸器や尿路感染することが多い．
  (c)　粘膜感染が多いグラム陰性桿菌には乳酸菌も存在する．　答え＿＿＿＿＿＿

設問 8：大腸菌の宿主への粘着因子はどれですか．
  (a)　芽胞による粘着．
  (b)　LPS による粘着．
  (c)　線毛による粘着．　　　　　　　　　　　　　　　　　　答え＿＿＿＿＿＿

| セルフチェック演習問題 | 参 考 文 献 | 索　　　引 |

設問 9：LPS（菌体内毒素）の性状と異なるものはどれですか．
  (a)　リピドA
  (b)　O抗原性
  (c)　代謝産物　　　　　　　　　　　　　　　　　　　答え　　　　　　　　　

設問 10：腸管病原菌の問題です．誤りはどれですか．
  (a)　赤痢菌はすべて病原性をもつ．
  (b)　大腸菌はすべて病原性をもつ．
  (c)　サルモネラとチフス菌は同じ菌属である．　　　　答え　　　　　　　　　

設問 11：病原性大腸菌 O157 の問題です．誤りはどれですか．
  (a)　O157 は病原大腸菌のことである．
  (b)　O157 は腎臓障害を引き起こすことがある．
  (c)　O157 はペストのような症状を示すので有名である．　答え　　　　　　　　

設問 12：赤痢菌についての問題です．誤りはどれですか．
  (a)　赤痢菌は日本人の志賀潔によって発見された．
  (b)　赤痢菌は少量の菌量でも感染して発症する病原菌である．
  (c)　赤痢菌はネズミやウシなどの動物に由来する病原菌である．　答え　　　　

設問 13：コレラに関する問題です．誤りはどれですか．
  (a)　コレラは二類感染症に指定されている．
  (b)　コレラは腸炎ビブリオと同じような菌の形をしている．
  (c)　コレラは病原大腸菌と異なり食品からは感染しない．　答え　　　　　　　

設問 14：動物との共通病原菌の問題です．以下のどれが誤りですか．
  (a)　ブルセラ菌は地中海マルタ島で発見された．
  (b)　エルシニア菌はペストや食中毒を引き起こす菌種も含まれる．
  (c)　パスツレラは出血性敗血症を発症しない．　　　　答え　　　　　　　　

設問 15：らせん菌に関する問題です．誤りはどれですか．
  (a)　STD として有名な梅毒はトレポネーマである．
  (b)　レプトスピラは一類感染症である．
  (c)　ライム病は野外でマダニなどが媒介する．　　　　答え　　　　　　　　

設問 16：食品由来の多いグラム陽性桿菌の問題です．誤りはどれですか．
  (a)　リステリア菌は輸入チーズや食肉から検出されることがある．
  (b)　放線菌は抗生物質の検出によく使用される．
  (c)　乳酸菌はサルモネラと同じような食中毒を起こすこともある．　答え

設問 17：結核菌に関する問題です．誤りはどれですか．
  （a）　BCG は結核菌のワクチンに使用する．
  （b）　レプラ菌と結核菌は同じ抗酸菌である．
  （c）　結核菌は抗酸性染色では染色できない．　　　　　　　　　　　　　答え＿＿＿＿＿＿＿

設問 18：リケッチアの問題です．誤りはどれですか．
  （a）　リケッチアは昆虫が媒介してヒト体細胞のなかで増殖する．
  （b）　発疹チフスは寄生昆虫のシラミが媒介する四類感染症である．
  （c）　Q 熱はダニなど昆虫が媒介して埃（ほこり）にまみれた食品から感染する．　　答え＿＿＿＿＿＿＿

設問 19：クラミジアの問題です．誤りはどれですか．
  （a）　クラミジアは細胞内で増殖する細胞寄生性である．
  （b）　クラミジアには STD の菌種があり世界的に増加の傾向にある．
  （c）　クラミジアは海水から検出されることが多い．　　　　　　　　　　答え＿＿＿＿＿＿＿

設問 20：マイコプラズマの問題です．誤りはどれですか．
  （a）　マイコプラズマは細胞壁がない細菌である．
  （b）　マイコプラズマはヒトに肺炎を発症させることが多い．
  （c）　マイコプラズマは食中毒菌として有名である．　　　　　　　　　　答え＿＿＿＿＿＿＿

第 5 章　原核生物の性状と種類（2）　環境に関与する細菌・古細菌

設問 1：環境に関連する細菌・古細菌の問題です，誤りはどれですか．
  （a）　光合成をして窒素を発生させる細菌が地球上に存在する．
  （b）　光合成をして酸素を発生しない細菌が地球上に存在する．
  （c）　光合成をせずに増殖できる細菌が地球上に存在する．　　　　　　　答え＿＿＿＿＿＿＿

設問 2：環境に関連する紅色細菌の問題です，誤りはどれですか．
  （a）　紅色細菌には硫黄を産生する細菌がいる．
  （b）　紅色細菌には光合成をする細菌がいる．
  （c）　紅色細菌は光合成をせずに湖沼や沼沢に生息している．　　　　　　答え＿＿＿＿＿＿＿

設問 3：環境に関連するシアノバクテリアの問題です，誤りはどれですか．
  （a）　シアノバクテリアは富栄養化した湖沼や沼沢のよどみに群生する．
  （b）　シアノバクテリアは別名を藍色植物，藍藻類ともいう．
  （c）　シアノバクテリアに属する菌種にはスピロヘータもいる．　　　　　答え＿＿＿＿＿＿＿

設問 4：環境に関連する化学合成菌に関連する問題です，誤りはどれですか．
  （a）　化学合成菌は光合成をしないで炭酸同化をする細菌である．
  （b）　化学合成菌は無機物の酸化で化学エネルギーを獲得する細菌である．
  （c）　化学合成菌はヒトや動物の皮膚に付着して増殖することがある．　　答え＿＿＿＿＿＿＿

| セルフチェック演習問題 | 参　考　文　献 | 索　　　引 |

設問 5：環境を浄化する細菌の問題です．誤りはどれですか．
　(a)　環境浄化細菌は有機物の豊富な堆肥や活性汚泥に存在している．
　(b)　環境浄化細菌は生育速度が速く 24 時間で 3 倍になる．
　(c)　環境浄化細菌には突起菌，有鞘菌，滑走菌などが存在している．　　答え

設問 6：窒素固定菌に関する問題です．誤りはどれですか．
　(a)　窒素固定菌にはマメ科植物に感染して根毛に根粒を形成する菌群もいる．
　(b)　窒素固定菌にはマメ科植物ダイズにしか寄生できない細菌がいる．
　(c)　窒素固定菌にはカボチャやトマトにしか寄生できない細菌がある．　　答え

設問 7：植物共生菌群に関する問題です．誤りはどれですか．
　(a)　植物共生菌群にはヒトの皮膚に障害を与える菌種がいる．
　(b)　植物に結節を形成するので植物ガン腫菌とも呼ばれる細菌が多い．
　(c)　植物共生菌には植物遺伝子組換え植物の作出に利用される菌種がいる．　答え

設問 8：植物共生菌群に関連する問題です．誤りはどれですか．
　(a)　植物共生菌の同定では菌瘤形成の様式が重要な指標となる．
　(b)　植物共生菌群は好気性桿菌が多く生育温度も 25℃近辺である．
　(c)　植物共生菌群には窒素固定と関係する包嚢形成細菌がいる．　　答え

設問 9：古細菌に関する問題です．誤りはどれですか．
　(a)　古細菌は細菌とは異なる細胞壁の組成を持っている．
　(b)　古細菌は細菌とは物質代謝の様式が類似している．
　(c)　古細菌は細菌と同じヒト生体内の臓器から分離される．　　答え

設問 10：古細菌に関する問題です．誤りはどれですか．
　(a)　古細菌は海底火山や温泉噴出口などの極限環境から分離される菌種も多い．
　(b)　古細菌には超好熱硫黄代謝菌種や無細胞壁菌種も多い．
　(c)　古細菌には海底に生息しているシラスウナギから分離される菌種も多い．　答え

第 6 章　ウイルスの性状と種類

設問 1：ウイルス性状の問題です．誤っているのはどれですか．
　(a)　ウイルスはバクテリアの 1 種である．
　(b)　ウイルスは核酸 RNA と DNA のどちらか 1 つをもつ．
　(c)　ウイルスは偏性細胞寄生体である．　　答え

設問 2：ウイルス性状の問題です．誤っているのはどれですか．
　(a)　RNA ウイルスと DNA ウイルスは感染性粒子である．
　(b)　動物ウイルスは人間には感染しないウイルスである．
　(c)　植物ウイルスは植物に寄生するウイルスである．　　答え

設問 3：ウイルスの問題です．誤っているのはどれですか．
(a) ポックスウイルス（天然痘ウイルス）は DNA ウイルスである．
(b) ウイルス性肝炎はこれまでに A，B，C，D，E の各型が知られている．
(c) C 型肝炎も生ものを食べると感染することがある． 　　　答え＿＿＿＿＿＿

設問 4：ウイルスの問題です．誤っているのはどれですか．
(a) ノロウイルス感染症は食品衛生法に指定されている．
(b) ノロウイルスはサポウイルスの仲間である．
(c) ノロウイルスはインフルエンザウイルスの 1 種である． 　　　答え＿＿＿＿＿＿

設問 5：ウイルスの問題です．正しいのはどれですか．
(a) デング熱や日本脳炎はヒトからヒトに伝播する．
(b) デング熱は蚊が媒介する感染症である．
(c) インフルエンザは蚊が媒介する感染症である． 　　　答え＿＿＿＿＿＿

設問 6：ウイルスの問題です．誤っているのはどれですか．
(a) エイズウイルスは動物からヒトに感染する．
(b) インフルエンザウイルス H 型とは血球凝集素型のことである．
(c) インフルエンザウイルス N 型とはノイラミニダーゼ型のことである． 答え＿＿＿＿＿＿

設問 7：ノロウイルスの問題です．誤りはどれですか．
(a) ノロウイルスの予防は手洗いの励行が推奨されている．
(b) ノロウイルスはサッポロウイルスと酷似している性状である．
(c) ノロウイルスは食肉を食べると感染することが多い． 　　　答え＿＿＿＿＿＿

設問 8：ノロウイルスの問題です．誤りはどれですか．
(a) ノロウイルス感染は食品の加熱によって防げる．
(b) ノロウイルスはヒトからヒトに感染することがある．
(c) ノロウイルスは冷凍によって死滅する． 　　　答え＿＿＿＿＿＿

設問 9：BSE（狂牛病）の病原体はどれですか．
(a) O-157 である．
(b) RNA ウイルスである．
(c) プリオンである． 　　　答え＿＿＿＿＿＿

設問 10：バクテリオファージの問題です．誤りはどれですか．
(a) 細菌に感染するウイルスである．
(b) 動物に感染するウイルスである．
(c) ヒト腸管に存在することがある． 　　　答え＿＿＿＿＿＿

第7章 真核微生物（真菌類・原虫・藻類）

設問1：真核微生物に関する問題です．誤りはどれですか．
 (a) 真核微生物は動物に感染する菌種もある．
 (b) 真核微生物は植物に感染する菌種もある．
 (c) 真核微生物は原虫に感染するウイルスである． 答え＿＿＿＿＿＿

設問2：真菌性の呼吸器疾患の問題です．誤りはどれですか．
 (a) ヒストプラズマ症は真菌性の呼吸器疾患のひとつである．
 (b) 白癬菌症（はくせんきん）は真菌性の呼吸器疾患のひとつである．
 (c) ノカルジア症は真菌性の呼吸器疾患のひとつである． 答え＿＿＿＿＿＿

設問3：真菌性皮膚感染症の問題です．誤りはどれですか．
 (a) 皮膚糸状菌症は皮膚病のひとつである．
 (b) カンジダ症は皮膚感染症のひとつである．
 (c) ツツガムシ症は皮膚感染症のひとつである． 答え＿＿＿＿＿＿

設問4：真核微生物には以下の生物が属しています．誤りはどれですか．
 (a) カンジダ
 (b) アスペルギルス
 (c) サルモネラ 答え＿＿＿＿＿＿

設問5：真核微生物の問題です．誤りはどれですか．
 (a) 細胞構造が複雑である．
 (b) 細胞内にゴルジ体が存在している．
 (c) 細胞内にプラスミドが存在する． 答え＿＿＿＿＿＿

設問6：真核微生物の問題です．誤りはどれですか．
 (a) アスペルギルス症は呼吸器疾患である．
 (b) カンジダ酵母はヒトの腸管から検出されることが多い．
 (c) 脂肪酵母はヒトの皮膚疾患起因菌である． 答え＿＿＿＿＿＿

設問7：真核微生物の問題です．誤りはどれですか．
 (a) ペニシリウムはアオカビともいう．
 (b) ベニコウジカビは菌叢が紅色である．
 (c) 紫色コウジカビは菌叢が紫色である． 答え＿＿＿＿＿＿

設問8：真核微生物の問題です．誤りはどれですか．
 (a) 赤痢アメーバは原虫である．
 (b) トリパノソーマは原虫である．
 (c) トリコモナスは細菌である． 答え＿＿＿＿＿＿

設問 9：真核微生物の問題です．誤りはどれですか．
  （a） トキソプラズマはヒトと動物共通病原体である．
  （b） サルコシストは食肉から検出される住肉胞子虫である．
  （c） ランブル鞭毛虫は皮膚寄生性原虫である．   答え＿＿＿＿＿＿＿

設問 10：経口感染しない原虫症・寄生虫病はどれですか．
  （a） トキソプラズマ症
  （b） エキノコッカス症
  （c） マラリア症   答え＿＿＿＿＿＿＿

第8章　滅菌と消毒・微生物の制御

設問 1：微生物の滅菌消毒の問題です．誤りはどれですか．
  （a） 常圧の蒸気滅菌ではコッホ釜を使用する．
  （b） 高圧の蒸気滅菌では高圧滅菌釜（オートクレーブ）を使用する．
  （c） ブドウ糖の滅菌には121℃15分間の蒸気滅菌をする．   答え＿＿＿＿＿＿＿

設問 2：微生物の滅菌消毒の問題です．誤りはどれですか．
  （a） 微生物の滅菌には加熱滅菌法がある．
  （b） 微生物の滅菌には濾過滅菌法がある．
  （c） 微生物の滅菌には洗浄滅菌法がある．   答え＿＿＿＿＿＿＿

設問 3：微生物の滅菌消毒の問題です．誤りはどれですか．
  （a） 加熱滅菌の効果表示にはD値がある．
  （b） 加熱滅菌の効果表示にはTDT値がある．
  （c） 加熱滅菌の効果表示にはMS値がある．   答え＿＿＿＿＿＿＿

設問 4：微生物の滅菌消毒の問題です．誤りはどれですか．
  （a） ビーカーなど　ガラス器具は乾熱滅菌法で滅菌する．
  （b） ビーカーなどガラス器具は乾熱滅菌法では滅菌をしない．
  （c） ビーカーなどガラス器具は煮沸滅菌法で滅菌する．   答え＿＿＿＿＿＿＿

設問 5：微生物の滅菌消毒の問題です．誤りはどれですか．
  （a） 照射滅菌には紫外線照射がある．
  （b） 照射滅菌にはX線照射がある．
  （c） 照射滅菌には赤外線照射がある．   答え＿＿＿＿＿＿＿

設問 6：放射線照射の滅菌効果の問題です．誤りはどれですか．
  （a） 微生物のDNA変性による滅菌効果がある．
  （b） 果物に対する熟成効果はない．
  （c） 滅菌効果には5段階のレベルがある．   答え＿＿＿＿＿＿＿

設問7：微生物の滅菌消毒の問題です．誤りはどれですか．
  (a) フェノールは消毒効果はない．
  (b) アルコールは 60 〜 95％濃度で使用する．
  (c) ヨウ素はヨードチンキで使用することがある． 　　　　答え _____

設問8：消毒剤の効力検定の問題です．誤りはどれですか．
  (a) 効力検定には石炭酸係数がある．
  (b) 効力検定には塩素検定法がある．
  (c) 効力検定にはアルカリ検定法がある． 　　　　答え _____

設問9：食品腐敗と変質の問題です．誤りはどれですか．
  (a) 食品が微生物によって可食性を失うことを腐敗という．
  (b) 食品に食塩を加えて水分活性を低下させて微生物増殖を制御する．
  (c) 食品に高濃度の食油を加えて微生物増殖を制御する． 　　　　答え _____

設問10：バイオセーフティの問題です．誤りはどれですか．
  (a) バイオセーフティは微生物の安全対策のことである．
  (b) バイオセーフティはレベル1〜レベル4まである．
  (c) バイオセーフティはヒトと動物では異なる． 　　　　答え _____

第9章 ヒトと微生物

設問1：感染症の問題です．正しいのはどれですか．
  (a) レンサ球菌は風疹の原因菌である．
  (b) マイコプラズマはオウム病の原因菌である．
  (c) 赤痢アメーバは原虫である． 　　　　答え _____

設問2：病原因子に直接関係しないバクテリア構造はどれかです．
  (a) 線毛
  (b) LPS（リポ多糖体）
  (c) プラスミド 　　　　答え _____

設問3：微生物伝播の問題です．誤りはどれですか．
  (a) いとしい恋人から感染した風邪は水平伝播である．
  (b) ペットのイヌから感染した大腸菌症は糞口伝播である．
  (c) ペットのネコから感染したインフルエンザは性的伝播である． 　　　　答え _____

設問4：ベクター（媒介体）感染の問題です．誤りはどれですか．
  (a) 黄熱病は蚊が媒介する．
  (b) ペストはノミが媒介する．
  (c) オウム病はハエが媒介する． 　　　　答え _____

設問 5：感染症法の問題です．誤りはどれですか．
  （a）　結核は二類感染症である．
  （b）　ジフテリアは二類感染症である．
  （c）　コレラは一類感染症である．　　　　　　　　　　　　　答え＿＿＿＿＿＿＿

設問 6：感染症法の問題です．誤りはどれですか．
  （a）　エボラ出血熱は一類感染症である．
  （b）　クリミア・コンゴ熱は三類感染症である．
  （c）　腸チフスは三類感染症である．　　　　　　　　　　　　答え＿＿＿＿＿＿＿

設問 7：生体防御の問題です．誤りはどれですか．
  （a）　生体防御は加齢に左右される．
  （b）　生体防御は寒冷感作に左右される．
  （c）　生体防御は大気汚染に左右されない．　　　　　　　　　答え＿＿＿＿＿＿＿

設問 8：ヒトの免疫システムの問題です．誤りはどれですか．
  （a）　自然免疫は母親から受け継がれる先天的システムである．
  （b）　自然免疫は非特異的な生体防衛機構である．
  （c）　自然免疫は個人の成長とともに発達する後天免疫である．答え＿＿＿＿＿＿＿

設問 9：ヒトの免疫システムの問題です．誤りはどれですか．
  （a）　自然免疫は寒く乾燥した天候では低下する．
  （b）　自然免疫は老人になると低下する．
  （c）　自然免疫は疲れても低下しない．　　　　　　　　　　　答え＿＿＿＿＿＿＿

設問 10：常在菌叢の問題です．誤りはどれですか．
  （a）　ヒトの皮膚や粘膜には微生物は生息していない．
  （b）　ヒトの皮膚や粘膜にはブドウ球菌が多く生息している．
  （c）　ヒトの口腔には微生物が多く存在している．　　　　　　答え＿＿＿＿＿＿＿

B) 用語説明

下記の微生物学的用語を50字以内で説明してください．

(1) ミクロコスモス
(2) 低温殺菌法（パストゥーリゼーション）
(3) 日和見感染菌
(4) グラム陽性菌とグラム陰性菌
(5) 好気性菌と嫌気性菌
(6) 内毒素と外毒素
(7) 増殖曲線
(8) 化学療法
(9) レンサ球菌のβ溶血
(10) グラム染色
(11) 菌　形
(12) Lancefield（ランスフィールド）の分類
(13) 芽　胞
(14) 水平感染と垂直感染
(15) 顕性感染と不顕性感染
(16) 感染症対策
(17) 新興感染症と再興感染症
(18) 自然免疫
(19) 細菌性食中毒
(20) 獲得免疫

セルフチェック演習問題：解　答

A) 三択問題

第1章

| 設問1：(c) | 設問2：(c) | 設問3：(b) | 設問4：(b) | 設問5：(c) |
| 設問6：(c) | 設問7：(b) | 設問8：(c) | 設問9：(b) | 設問10：(c) |

第2章

| 設問1：(b) | 設問2：(c) | 設問3：(a) | 設問4：(b) | 設問5：(b) |
| 設問6：(b) | 設問7：(a) | 設問8：(a) | 設問9：(a) | 設問10：(a) |

第3章

| 設問1：(c) | 設問2：(a) | 設問3：(b) | 設問4：(c) | 設問5：(b) |
| 設問6：(b) | 設問7：(c) | 設問8：(c) | 設問9：(c) | |

第4章

設問1：(b)	設問2：(c)	設問3：(b)	設問4：(c)	設問5：(c)
設問6：(c)	設問7：(c)	設問8：(c)	設問9：(c)	設問10：(b)
設問11：(c)	設問12：(c)	設問13：(c)	設問14：(c)	設問15：(b)
設問16：(c)	設問17：(c)	設問18：(c)	設問19：(c)	設問20：(c)

第5章

| 設問1：(a) | 設問2：(c) | 設問3：(c) | 設問4：(c) | 設問5：(b) |
| 設問6：(c) | 設問7：(a) | 設問8：(c) | 設問9：(c) | 設問10：(c) |

第6章

| 設問1：(a) | 設問2：(b) | 設問3：(c) | 設問4：(c) | 設問5：(b) |
| 設問6：(a) | 設問7：(c) | 設問8：(c) | 設問9：(c) | 設問10：(b) |

第7章

| 設問1：(c) | 設問2：(b) | 設問3：(c) | 設問4：(c) | 設問5：(c) |
| 設問6：(c) | 設問7：(c) | 設問8：(c) | 設問9：(c) | 設問10：(c) |

第8章

| 設問1：(c) | 設問2：(c) | 設問3：(c) | 設問4：(b) | 設問5：(c) |
| 設問6：(b) | 設問7：(a) | 設問8：(c) | 設問9：(c) | 設問10：(c) |

第9章

| 設問1：(c) | 設問2：(c) | 設問3：(c) | 設問4：(c) | 設問5：(c) |
| 設問6：(b) | 設問7：(c) | 設問8：(c) | 設問9：(c) | 設問10：(a) |

B) 用語説明

解答ヒント：(1) から (20) までの語彙は，本文を熟読すれば解答が作成できます．50字以内で作成してみましょう．

References

参考文献

執筆に際して以下の文献を参考にした．記して謝意を表する．なお，さらに微生物に関する詳細な情報を求める読者は，これらの文献を参考にすることをお勧めする．

第1章　微生物の起源と研究の歴史
1：板野新夫（1931）「土壌微生物学」産業図書
2：ポール・ド・クライフ（秋元寿恵夫 訳）（1997）「微生物の狩人：上・下」岩波文庫：岩波書店
3：ハインリッヒ・ザッター（岡本節子 訳）（1999）「免疫学者ベーリングの生涯」近代文芸社
4：Margulis, L. (1999), *Synbiotic Planet*, Brockman USA
5：Joklik, W. K. L. et al. (ed.) (1999), *Microbiology : a Centenary Perspective*, ASM Press
6：レイモンド W. ベック（嶋田甚五郎・中島秀喜 訳）（2004）「微生物学の歴史 I」朝倉書店
7：ダルモン P.（寺田光徳・田川光照 訳）（2005）「細菌と人類」藤原書店

第2章　微生物の区分・構造・変異
1：Schlegel, H. G. (1992), *Allgemeine Mikrobiologie*, Georg Tieme Vel. Stuttgart
2：Charlebois, R. L. (1999), *Organization of the Procaryotic Genome*, ASM Press
3：Alcamo, I. E. (2001), *Fundamentals of Microbiology*, Jones & Bartlett, Pub. USA

第3章　微生物の増殖・栄養・代謝
1：Yanagita, T. (1990), *Natural Microbial Communities*, JSSP/Springer-Verlag
2：ボート，R. G.（相田浩・扇元敬司・末柄信夫 訳）（1991）「食品微生物学入門」培風館
3：相田浩（1995）「応用微生物学」同文書院
4：Hurst, C. J. et al. (ed.) (1997), *Manual of Environmental Microbiology*, ASM Press
5：Lengeler, J. W., Drews, G. & Schlegel, H. G. (1999), *Biology of the Prokaryotes*, Georg Thieme Verlag
6：Alcamo, I. E. (2001), *Fundamentals of Microbiology*, Jones & Bartlett, Pub. USA

第4章・第5章　原核生物の性状と種類
1：Ogimoto, K. & Imai, S. (1981), *Atlas of Rumen Microbiology*, JSSP
2：Howland, J. L. (2000), *The Surprising Archaea*, Oxford Univ. Press
3：Boone, O. R. & Castenholz, R. W. (ed.) (2001～), *Bergery's Manual of Systematic Bacteriology*, 2nd ed., Vol. 1, ～ Springer-Verlag
4：国立感染症研究所学友会 編（2004）「感染症の事典」朝倉書店
5：日本細菌学会用語委員会 編（2007）「微生物学用語集　英和・和英」南山堂
6：Harvey, R. A. & Champe, P. C. (ed.) (2007), *Lippincott's Illustrated Reviews : Microbiology*, 2nd ed., Lippincott Williams & Wilkins.

第6章　ウイルスの性状と種類
1：見上彪 編（1995）「獣医微生物学」文永堂出版
2：Flint, S. L., Enquist, L. W. et al. (2000), *Principles of Virology*, ASM Press
3：山西弘一 監修，平松啓一・中込治 編（2007）「標準微生物学」第9版　医学書院

第7章　真核微生物（真菌類・原虫・藻類）
1：扇元敬司 訳（1989）「ハウスマン原生動物学入門」弘学出版
2：石井明・鎮西康雄・大田伸生 編（1998）「標準医動物学」2 医学書院
3：有賀祐勝ら 編（2000）「藻類学　実験・実習」講談社
4：Kirk, P. M. et al. (2001), *Dictionary of Fungi*, 9th ed., CABI Pub.
5：Carlile, M. J. et al. (2001), *The Fungi*, 2nd ed., Academic Press

第8章　滅菌と消毒・微生物の制御
1：小林寛伊 編（2002）「消毒と滅菌のガイドライン」へるす出版
2：関顕，北原光夫，上野文昭，越前宏俊 編（2005）「治療薬マニュアル2005」医学書院
3：日本細菌学会（2008）「病原体等安全取扱・管理指針」日本細菌学会

第9章　ヒトと微生物
1：扇元敬司（1994）「バイオテクノロジーテキスト・微生物学」講談社
2：桂栄（1999）中文訳「生活微生物学」川島書店．[扇元敬司（1989）『生活微生物学入門』川島書店]
3：Edward Alcamo (2001), *Fundamentals of Microbiology*, 6th ed., Jones and Barlett Pub.
4：扇元敬司（2002）「バイオのための基礎微生物学」講談社
5：東京都福祉保健局 編（2005）「東京都感染症マニュアル改訂版」東京都生活文化局
6：扇元敬司（2008）「わかりやすいアレルギー・免疫学講義」講談社

Index

索引

英数

ABPA 150
AIDS（エイズ） 123
archaea 50
ATL 123
A型肝炎 112, 190
A型肝炎ウイルス 114
bacteria 50
BOD 48
BSE 130, 191
BSL 177
Bウイルス 111
B型肝炎 112
B型肝炎ウイルス 112
B群レンサ球菌 55
CFU 17
COD 48
Cryptococcus neoformans 150
C型肝炎 112
C型肝炎ウイルス 117, 119
DHL寒天培地 58
DNA型ウイルス 13, 109
DNA形質転換実験 54
DNAワールド 2
D型肝炎 112
D値 164
EBウイルス 110
ECテスト 64
EHEC 58
EMP経路 46
Enterococcus 55
EUE 131
E型肝炎 112
FSE 131
HHV6 111
HIV 123
HIV-2 123
HSV-1型 110
HSV-2型 110
HTST法 176
H抗原 58
IFN 195
IgE 196
IMVIC（イムビック）テスト 64, 64
K1莢膜抗原大腸菌 60
Kingella 56
K抗原 58
life cycle 36
LL牛乳 176
LPS 21, 196
LTLT法 176
MHC分子 198
MIC 172
MRSA 52, 180
NAG（ナグ）ビブリオ 65
O111 59, 191
O145 59
O157 58, 59, 191
O抗原 58, 190
O抗原多糖体 21
PAMP 198
pH 39
Pneumocystis carinii 152
prion 130
PRR 198
Q10 165
Q熱コクシエラ 84
RNA型ウイルス 13, 113
RNAファージ 132
RNAワールド 2
RSウイルス 121
R型 29
Rコア 21
Sarcodina 156
SARS（サーズ） 129, 190
SARS-CoV 129
SCP 8
simian IV 123
SOS修復 32
S-R変異 29
SS 48
STD 56, 72
S型 29
T4ファージ 132
TDT 164
TLR 198
TME 131
Toll様受容体 198
T細胞受容体 198
UHT法 176
VFA 183
Vibrio 64
VRE 55
X線その他の放射線照射 165
137Ce 165
1型アレルギー枯草熱 75
1段階選択 29
230 nm 40
60Co 165
α型溶血 54
α溶血 54, 55
β型溶血 54
β-溶血毒 68
γ型溶血 54

あ

アーキア 50
アエロモナス 68
アオカビ 138, 139
赤色酵母 144
赤カビ病原 154
赤チン 169
アガロース型物質 159
秋疫 81
秋疫Aレプトスピラ 81
秋疫Bレプトスピラ 81
亜急性結膜炎 56
アクチノバシラス 72
アクチノバシラス菌 72
アクチノミセス 81
アグロバクテリウム 95
アザラシ 119
アジアかぜ 120
足菌腫 152
アシクロビル 108
アシネトバクター 56
足白癬 153
亜種 15
亜硝酸菌群 92
亜硝酸酸化菌 88
亜硝酸酸化菌群 92
アストロウイルス 115
アスペルギルス 153
アスペルギルス・オクラセウス 154
アスペルギルス・パラジチカス 154
アスペルギルス・フミガーテス 150
アスペルギルス・フラバス 154
アスペルギルス症 150
アセトンブタノール菌 77
アデノウイルス 111
アナモルフ 141
アノマラ 145
アヒル 119
アフトウイルス 113
アフラトキシン 139, 154
アフリカ・トリパノソーマ 157
アマンタジン 108
アミノ酸発酵 7
アミン生成 175
アメーバ赤痢 190
アメリカ・トリパノソーマ 157
亜目 15
アルカリ 168
アルカリゲネス 72
アルギニン酸 159
アルキル化剤 27, 168
アルコール類 166
アルゼンチン出血熱 125, 190
アルファウイルス 116
アルボウイルス 126
アルマジロ 79
アレナウイルス 124
アレルギー 199
アレルギー性気管支肺アスペルギルス症 150
アレルゲン 199
アワモリコウジ 139
アンカ 140
暗黒期 100, 106, 132
暗視野法 15
暗修復 32
安全性対策 176
アンモニア生成 175
アンモニア酸化菌群 92

い

硫黄細菌 89
硫黄細菌群 91
胃（潰瘍） 69
胃がん 69
易感染性宿主 185
医原感染菌 70
医原性クロイツフェルト・ヤコブ病 130
イシディア 160
異染小体 22
位相差法 15
イソプロピルアルコール 166
一次代謝 45
一量体 32
一類感染症 124, 125, 126, 188
遺伝暗号 30
遺伝形質 27
遺伝子再集合 120
遺伝的組換え 32
イドクスウリジン 109
イヌ病原性イヌジステンパーウイルス 121
イヌ流産菌 73
稲ばか苗病菌 140
異物消化 198
イムビック試験 64
陰性期 132
インターフェロン 108, 195
院内感染菌 70
インフルエンザ 190
インフルエンザウイルス 119
インフルエンザ菌 71

う

ヴィノグラドスキー 11
ウイルス 13, 100, 129, 195
ウイルス核酸遺伝情報 195
ウイルス肝炎 112
ウイルス感染 194
ウイルスの干渉 108
ウイルス表層 194
ヴィルレントファージ 131
ウイロイド 13, 129, 129
ウエストナイル脳炎 117

索引

う
ウエストナイル脳炎ウイルス 118
ウェルシュ菌 75
ウサギ出血熱ウイルス 115
齲歯 181, 194
牛海綿状脳症 191
ウシ感染 130
ウシ口蹄疫病原体 100
ウシ病原性牛疫ウイルス 121
ウシ流産菌 73
ウスニン酸 160
渦鞭毛虫 156
ウマインフルエンザウイルス 119
ウレアプラズマ 85
ウレプラズマ 181
運動器官 25

え
エイケネラ 57
エイムス法 27, 156
栄養型 158
栄養型細胞 24
栄養共生 11
栄養素 41
栄養増殖 37
栄養要求株 27, 30, 28
エーリヒ 9
液体培地 43
エクソファオリアチン 52
エクリプス期 106, 132
エコーウイルス 114
エシェリキア 58
エステル 165
エチルアルコール 166
エチレンオキサイドガス 166
エネルギー代謝 45
エピデルモフィトン属 153
エボラ出血熱 128, 190
エボラ出血熱ウイルス 126
エマージング感染症 190
エルシニア 67
エルシニア菌 67
塩感性菌 40
塩基の欠失 30
塩基の挿入 30
塩基の置換 30
炎症性サイトカイン転写 198
塩素殺菌作用検定法 170
エンテロウイルス 113, 114
エンテロトキシン 5, 75
エンベロープ 105, 195
エンベロープ構造 194
塩類 39

お
黄金藻類 159
黄菌色種 52
黄色色素シトリニン 139
黄色ブドウ球菌 52
黄疸出血性レプトスピラ 81
黄熱 128
黄熱ウイルス 117
黄変米起因菌 139
オウム病クラミジア 84, 85

か
大型コウモリ 121
オートクレーブ 164
オキシドール 168
オクラトキシン 154
おたふくカゼ 121
オプソニン化 198
オルガネラ 18
オンチーム 140
温度係数 165

か
加圧蒸気滅菌 164
回帰熱 190
回帰熱ボレリア 80
外生芽胞 24
解糖系 46
外毒素 62, 186, 196, 197
回復期 186
外膜 21
界面活性剤 168
外来性有蹄類脳症 131
火炎滅菌 164
化学合成独立栄養菌群 91
化学合成菌 41
化学合成細菌 41
化学合成従属栄養菌 41, 42
化学合成独立栄養菌 41
化学進化 2
化学滅菌法 163
化学療法 9, 170
化学療法剤 170
化学療法指数 170
牙関緊急 75
夏季下痢症 113
核 18
核外遺伝子 24
核交換 37
核酸 105
拡散法 172, 172
核小体 18, 156
獲得免疫 198
獲得免疫システム 195, 198, 199
隔壁 137
寒天 44
核膜 18
核様構造 19, 23
核様体 23
核領域 23
過酢酸 168
過酸化水素 167
ガス 175
ガス壊疽菌群 76
かすがい連結 137
ガス滅菌法 166
仮性結核菌 68
かぜ症候群ウイルス 114
仮定 156
家族性クロイツフェルト・ヤコブ病 130
型認識受容体 198
カタラーリス菌 56
かつおぶしカビ 139
活性汚泥法 10, 47, 48
滑走菌群 93
カテーテル 194

か
加熱致死時間 164
加熱滅菌の効果表示 164
化膿性肉芽腫瘍 152
化膿レンサ球菌 54
カビ毒 153
カプシド 100, 105
カプスラーツム 148
カプセル 22
カプソメア 105
芽胞の形成 24
芽胞の抵抗性 24
過マンガン酸カリ 168
過マンガン酸カリウム 168
下面酵母 144
カモ 119
可溶性分子 199
ガラクトース 159
カリオソーム 156
カリシウイルス 115
肝炎ウイルス 112
環境殺菌剤 166
環境浄化 4
環境浄化菌群 92
桿菌 20
管腔粘膜菌 38
間欠滅菌 164
カンジダ 145, 181
カンジダ・アルビカンス 150
カンジダ・トロピカル 150
カンジダ症 150
がん腫瘍 152
環状一本鎖DNAファージ 132
間接伝播 191
汗腺 180
感染 185
感染経過 199
感染症 4, 185, 186, 187
感染症法 176, 187
感染症類型 187, 188
感染の始まり 193
感染防御 197
腎臓毒性 154
乾熱滅菌 164
乾熱滅菌法 163, 164
カンピロバクター 69
管理指針 177

き
機械的感染 192
気管支敗血症菌 70
気菌糸 137
危険性 176
黄麹カビ 138
記載 14
希釈法 172
寄生関係 40
寄生菌 42
寄生形発育 146
寄生体 185
寄生的共生 184, 185
偽足 156
北里柴三郎 6
拮抗 40

き
キノコ 140
揮発性脂肪酸 183
逆性石鹸 168, 169
逆転写酵素 123
球菌 20
急性ウイルス感染 107
吸着 105
好気性芽胞菌バシラス 74
狂牛病 130
狂犬病ウイルス 122
狂犬病ワクチン 7
凝集付着性大腸菌 60
共生 40, 179, 184
共生関係 183
共生生命体 11
共生と寄生 184
共存共生 11
共通感染症 81
共通寄生虫症 156, 158
強度薬剤 169
莢膜 19, 22
莢膜構造 194
莢膜多糖類 194
莢膜膨化反応 54
極限環境菌 88
極限環境微生物 10
局所感染症 107
局所的処置 198
銀化合物 169
キンゲラ 57
菌糸 137
菌糸・酵母二形性菌種 37
菌糸結合組織 137
菌糸体 137
菌腫 152
菌蕈類 140
菌叢 137
菌糸形成 194
菌体抗原 54
菌体の増殖 193
菌瘤 95

く
偶蹄類の口蹄疫ウイルス 114
クールー病 130
草色カビ 139
クスダマカビ属 151
組換え修復 32
組換え検定法 28
組み立て 105
クモノスカビ 142
クモノスカビ属 151
クラミジア 20, 84
グラム陰性 20
グラム陰性桿菌 57
グラム陽性菌 20
グリコーゲン量 181
グリセリン 167
クリプトコッカス症 150
クリプトコッカス髄膜炎 151
クリプトスポリジウム 158
クリミア・コンゴ出血熱ウイルス 127
クリミア・コンゴ熱 128, 190
グルタラール 168

グルタルアルデヒド 168
グレーデ法 169
クレゾール石鹸液 166
クレブシラ 62
クレンアーキオータ 96
黒麹カビ 138
クロストリジウム 75
クロモバクテリウム 57
クロラミン 167
クロルヘキシジン 167
クロレラ 159

け
経口感染の三つの感染経路 154
蛍光菌 70
形質転換 32
形質導入 33
ケイソウ土 165
経胎盤感染 187
経皮感染 154
ケカビ 142
血清型 15
ゲライテ 44
ケラチン分解酵素 195
ゲルトマン・ストロイスラー・シャインカー病 130
原栄養菌 30
原栄養体 28
検疫感染症 190, 191
検疫寄生虫症 156
原核生物 13
嫌気芽胞菌 75
嫌気性菌 40
嫌気性処理 47
嫌気的環境 181
原始スープ 2
減少期 35, 36
顕性感染 185
原生動物 13, 134, 155
元素進化 2
減衰期 36
原虫 13, 134, 155
原虫・寄生虫感染 195
原虫性感染症 190
顕微鏡 5

こ
コアー 105
コアグラーゼ 52
コアグラーゼ産生菌種 52
コアグラーゼ非産生菌種 53
抗A型インフルエンザウイルス剤 171
高圧滅菌機 164
抗ウイルス化学療法剤 171
抗ウイルス薬剤 108
光栄養菌 41
好塩菌 39
高温菌 39
光学顕微鏡 15
抗癌性化学療法剤 171
好気性菌 40
抗菌剤 43
口腔 179

口腔トリコモナス 156
口腔らせん菌 181
抗原 199
光合成 45, 46, 88
光合成細菌 41
光合成従属栄養菌 41
光合成独立栄養菌 41
交互接種群 95
国際監視下にある感染症 190
抗細菌化学療法剤 171
抗サイトメガロウイルス剤 171
交差耐性菌 173
交差免疫 108
抗酸菌 78
コウジカビ 138
高周波滅菌法 165
咬傷感染 192
紅色硫黄細菌類 89
紅色非硫黄細菌類 90
抗真菌化学療法剤 171
構成元素 40
抗生物質 9, 170, 171
抗生物質生産菌 172
光線 40
高温培地 43
酵素の袋 8
抗体法 29
好中球欠損 195
口蹄疫ウイルス 114
後天性トキソプラズマ症 158
後天性免疫不全ウイルス 123
後天性免疫不全症 152
後天性免疫不全症候群 123
高度好塩菌 39
好熱バシラス菌 75
高病原性トリインフルエンザ 119, 191
抗ヘルペスウイルス剤 171
酵母 13, 134, 135, 143
酵母エキス 43
酵母型真菌 150, 152
抗補体酵素 194
厚膜胞子 138
コウモリ 193
コーヒー 154
固化剤 44
コガタアカイエカ 118
小型球形ウイルス 115
呼吸 45, 46
呼吸器 179
呼吸器感染 154
呼吸器系アスペルギルス症 150
呼吸器粘膜 194
国際感染症 190
コクサッキーウイルス 113
コクシジオイデス症 148
黒色糸状菌症 152
黒色真菌症 152
固形培地 43
古細菌 13, 20, 50, 96
枯草菌 75
固着地衣 160
コッホ 6

コッホ滅菌釜 163
コドン 30
孤発性クロイツフェルト・ヤコブ病 130
股部白癬 153
コリネバクテリア 180
コリネバクテリウム 78
ゴルジ体 18
コレラ 190
コレラ菌 6, 65, 183
コレラの歴史 65
コロナウイルス 129
コロニーの変異 28
コロラドダニ熱ウイルス 114
根状菌糸束 137
コンデンサー 15
根粒菌 95

さ
サーズウイルス 129
細菌 13, 50
細菌ウイルス 101
細菌感染 194
細菌性感染症 190
再興感染症 190
最小殺菌濃度測定 170
最小培地 30
最小発育阻止濃度 170, 172
サイトファジ 11
サイトロバクター 63
サイトメガロウイルス 110
再発防止性 198
細胞寄生 101
細胞質膜 19
細胞小器官 18
細胞性免疫不全 195
細胞内寄生菌 73
細胞壁 19
細胞壁成分 21
酢酸 168
作州熱 81
サシチョウバエ 157
サッカロミセス・セレビシエ 144
殺菌 162
殺菌濃度指数 170
サッポロ・ウイルス 115
サニタイザー 166
サボウイルス 115
さらし粉 167
サリチル酸 168
サル 193
ザルコシスト 158
サル痘ウイルス 110
サルバルサン 9
サルヘルペスウイルス感染症 111
サルモネラ 60, 183, 194
サルモネラ食中毒 61
酸 168
酸化剤 167
酸化池 47
散水濾床法 10, 47, 48
酸素 37
酸素発生型光合成菌群 90

産道感染 187
三本鎖DNA 109
産膜酵母 144
三類感染症 60, 61, 188

し
次亜塩素酸ナトリウム 167
ジアスタティクス 144
シアノバクテリア 3, 90
ジェンナー 7
紫外線 165
紫外線耐性 28
紫外線抵抗性変異 29
紫外線ランプ 40
志賀潔 6, 9
志賀毒素 60
自家不和合性 142
色素産生 28
色調 174
軸糸構造 26
シゲラ 60
歯垢 22
自己増殖 194
自己保全 198
子実体 137
糸状菌 13, 134, 135
糸状菌形 146
糸状緑色硫黄細菌類 89
シスト 156
自然環境 70
自然耐性菌 173
自然突然変異 27
自然発酵 198
自然発生説 5
自然変異 27
自然免疫システム 195, 198, 199
自然免疫と獲得免疫の特徴 200
持続ウイルス感染 107
シチメンチョウ 119
シックハウス症候群 151
実体顕微鏡法 16
湿熱滅菌法 163
シトリニン 154
子嚢菌類 136, 138
子嚢胞子 137
子嚢胞子形成 37
指標菌 64
しぶり腹 60
ジベレリン 9, 140
死滅 163
死滅速度 163
死滅速度恒数測定 170
死滅の対数法則 163
ジャーファーメンター 44
シャガス病 157
斜面培地 43
重金属化合物 169
集光器 15
周産期リステリア症 78
重症急性呼吸器症候群 129, 189
集積培養 44
従属栄養菌 41, 42

索 引

シュードモナス 70
住肉胞子虫 158
十二指腸潰瘍 69
修復能 198
周鞭毛 25
集落の変異 28
宿主 185
宿主・寄生体関係 185
宿主細胞 100
樹枝状地衣 160
手指白癬 153
出芽 146
出芽型胞子 138
出芽痕 143
出芽増殖 35
出血性敗血症 72
出血性敗血症菌 72
出血熱症状を示すウイルス 117
種痘ウイルス 109
シュレージング 10
純粋培養法 6
消化管 179
硝化菌 10
上気道感染症 129
蒸気滅菌 163
昇汞水 169
常在性真菌類 151
常在微生物叢 179, 183
常在ミクロ微生物叢 179
硝酸化成菌 10
硝酸銀 169
硝酸菌群 92
硝酸スピロヘータ 92
照射滅菌法 163
醸造業 7
消毒 162
消毒剤 166
消毒薬の効果 169
消毒薬の殺菌スペクトル 169
小胞子菌症 153
小胞体 18
上面酵母 144
除去修復 32
除菌 162
食中毒ウイルス 115
食中毒起因菌 180
食中毒菌 67, 74
植物ウイルス 101
植物共生性菌群 95
食物の消化作用 183
食物の腐敗 173
食物の変質 174
食物の保存 175
食用キノコ 140
食品媒介感染 192
飼料酵母 144
仁 18
真核生物 13
真核微細藻類 13
新型インフルエンザウイルス 191
新型インフルエンザ等感染症 120
新感染症 190

真菌 13
真菌性アレルギー 195
真菌性毒素 195
真菌類 134, 180
神経系 184
神経毒 76
神経毒性 154
新興感染症 124, 158, 190
新興感染症ウイルス 125, 126
深在性白癬 153
侵襲期 186
人獣共通感染症 191
侵襲性アスペルギルス症 150
侵襲性因子 193, 194
侵襲性プラスミド 194
腎症候性出血熱 127, 128, 190
新生児 182
新生児結膜炎 56
心臓の人工弁 194
浸透圧 39
侵入 105
侵入門戸 193
深部培養 44
深部皮膚真菌症 147

す
水銀化合物 169
水素 183
水素イオン濃度 39
衰退期 186
垂直伝播 186, 187
水痘 110
水平伝播 124
水平伝播 186, 187
髄膜炎起因菌 56
髄膜炎菌 56
ズーノーシス 187, 191
スカトール 183
スクレイピー病 130
ススカビ 141
ストレプトマイセス 82
ストレス 199
ストレプトゾシン 27
ストレプトマイシン 9, 171
スピリルム 69
スピラ 8
スピルリナ 159
スペインかぜ 120
ズボアジイ 148
スポロトリクム症 152
スポロトリコーシス 152
スルホンアミド剤 9

せ
生育因子 42, 43
生化学的突然変異 28
生活環 36
性器クラミジア症 84
静菌 162
生菌数 17
性決定因子 24
性行為感染症 56, 72
生細胞 100
精子 187
静止期 36

生殖器 179
生殖器粘膜 194
生殖毒性 154
成人T細胞白血病 123
生石灰 168
生体機能 199
生体侵入 198
生体内毒素型食中毒 75
静置培養 44
西部ウマ脳炎ウイルス 117
生物学的感染 192
生物学的定量法 172
生物型 15
生物膜法 47
石炭酸係数法 170
石炭酸類 166
石油酵母 144
赤痢 190
赤痢アメーバ 156
赤痢菌 6, 60, 183
世代交代 37
接眼レンズ 15
赤血球凝集素 119
接合菌症 142, 151
接合 32
接合菌類 142
接合胞子 137
接触感染 192
摂取食品 154
節足動物媒介ウイルス 116, 117
節足動物媒介性 117
セプチカム菌 77
セラチア 62
ゼラチン 44
セルロース 165
セレウス菌 74
セレオリジン 75
全菌数 17
前駆期 186
浅在性白癬 153
穿刺培養 44
洗浄 162
染色糸 18
染色分 23
染色体 23
全身防御性 198
選択毒性 170
先天性トキソプラズマ症 158
先天性風疹症候群 116
セントルイス脳炎 117
セントルイス脳炎ウイルス 118
潜伏感染 107
潜伏期 186
線毛 19, 25
織毛虫類 155, 158

そ
走化性 198
総菌数 17
走光性 198
走査型電子顕微鏡 16
創傷感染 75
増殖 146

増殖因子 193
増殖曲線 35
増幅動物 118
相利共生 184
藻類 13, 134, 158
藻類代謝産物 159
即時修復 198
鼠咬症スピリルム 69
ソレディア 160

た
体液性タンパク質 198
耐塩菌 40
タイコ酸 21
第三性病菌 72
代謝 45
代謝エネルギー 197
代謝システム 45
代謝制御 46
代謝調節 46
代謝産物 28
帯状疱疹ウイルス 110
対数期 35, 36
耐性変異 29
大腸アメーバ 156
大腸菌 58
大腸菌含有培地 94
大腸菌群 64
大腸バランチジウム 158
胎盤 187
体表バリヤー 198
対物レンズ 15
体部白癬 153
ダイマー 32
唾液レンサ球菌 55
タカジアスターゼ 8
高峰譲吉 8
多剤耐性菌 173
多段階選択 30
ダニ媒介性ボレリア 80
タバコモザイク病 100
ダブリングタイム 36
タマカビ 138
卵形マラリア原虫 157
タマネギ病原菌 70
単細胞タンパク質 8
炭酸ソーダ 164
担子菌類 136, 140
担子胞子 138
単純ヘルペスウイルス 110
誕生痕 143
炭疽菌 6, 22, 74
炭素源 42
タンパク合成 183
タンパク消化物 43
単複相環 159
単鞭毛 25

ち
地域流行型真菌症 147, 148
地衣表層 160
地衣類 160
地球上の物質循環 47
致死性家族性不眠症 130
チチカビ 141

窒素源　42, 43
窒素固定菌群　94
窒素固定　95
窒素循環　10
膣トリコモナス　156
遅発感染　107
チフス菌　6
チフス性疾患　61
中央ヨーロッパ脳炎　117
中央ヨーロッパ脳炎ウイルス　118
中温菌　39
中度好塩菌　39
中度薬剤　169
腸アメーバ症　156
腸炎エルシニア菌　67
腸炎菌　61
腸炎ビブリオ　65
超音波破砕器　165
腸管外アメーバ症　156
腸管感染症起因菌　59
腸管出血性大腸菌　59, 191
腸管組織侵入性大腸菌　59
腸管毒　68, 75
腸管微生物叢　183, 184
腸管病原性大腸菌　59
腸球菌　55
釣菌　44
超好塩古細菌群　98
超高熱菌　39
超好熱古細菌　96
超好熱性硫黄代謝古細菌　97
腸炭疽　74
腸チフス　190
腸チフス菌　61
腸トリコモナス　156
腸内細菌　182
腸内細菌科　58
腸内腐敗　183
直接伝播　191
チョコ　154

つ
通過菌　183
通性嫌気性菌　38
ツェツェバエ　157
つちあおカビ　141
ツツガムシ　83
恙虫　83
ツツガムシ病リケッチア　83
爪白癬　153
ツンドラ地帯　160

て
手足口病　113
低温菌　38
低温殺菌法　6
低温保持殺菌　176
抵抗力　24
定常期　35, 36
低度好塩菌　39
低度薬剤　169
呈味性ヌクレオチド　7
デーデルライン桿菌　181
適応期　35

デプシド類　160
デプシドン類　160
テレモルフ　141
添加物　43
デング熱　128, 190
デング熱ウイルス　117
電子顕微鏡　15, 16
電子レンジ　165
伝染性単核症　110
感染症法　188
伝染性軟疣腫ウイルス　109
伝染病　187
伝達性ミンク海綿状脳症　131
天然痘　109
テンペ　142

と
透過型電子顕微鏡　16
透析培養　44
痘瘡　109
痘瘡ウイルス　109
冬虫夏草菌　140
同定　14
陶土　165
導入　32
逃避　198
痘苗　109
東部ウマ脳炎ウイルス　116, 117
動物ウイルス　101
動物サルモネラ症　62
動物とヒトの共通感染症　191
動物媒介感染　192
動物糞塊含有培地　94
動物由来感染症　191
頭部白癬　153
豆腐羮　140
トウモロコシ　154
トウモロコシ黒穂病菌　140
トガウイルス　116
トキソイドワクチン　75
トキソプラズマ　158
特異基質資化菌　88
毒キノコ　141
毒性ファージ　131
毒素　183
毒素原性大腸菌　59
毒素産生性変異　29
独立栄養菌　41, 42
毒力　196
土壌肥沃度　10
突起菌群　93
突然変異　26
突然変異率　27
ドノバン・リーシュマニア　157
トマト葉カビ病菌　141
トラコーマ　84
トランジション　30
トランスバージョン　30
トランスポゾン　32
トリインフルエンザ　190
トリインフルエンザウイルス　119
トリコスポロン・アサヒ　151

トリコスポロン症　151
トリコテセン　154
トリコフィトン属　153
トリコモナス　156, 181
トリパノソーマ　156
トリ病原性ニューカッスル病ウイルス　121
トリ病原性ユカイバウイルス　121
トリプチダーゼ　43
トリメチルアミン生成　175
トレポネーマ　80
貪食細胞　198

な
内生芽胞　24
内臓型リーシュマニア症　157
内毒素　21, 62, 186, 194, 196, 197
軟化　174
軟性下疳菌　72
ナンセンス変異　31
南米出血熱　125, 128
南米分芽菌症　149

に
ニードランス　139
におい　174
ニキビ菌　78
肉エキス　43
肉質均衡　155, 156
二形性　146
二形性真菌　149
二形性真菌類　135, 146
二酸化炭素要求菌　38
二次菌糸　137
二次代謝　45
二次代謝産物　153, 172
ニパウイルス　121
二分裂増殖　35
煮干し　154
日本紅斑熱リケッチア　83
日本住血吸虫　190
日本脳炎　117
日本脳炎ウイルス　117
二名法　14
乳化病菌　75
乳酸菌群　181
乳酸レンサ球菌　55
乳児嘔吐下痢症　114
乳児ボツリヌス症　76
乳糖発酵性　64
ニューモシスチス・カリニ肺炎　152
尿路病原性大腸菌　60
二量体　32
二類感染症　188

ぬ
ヌクレオカプシド　105

ね
ネコ海綿状脳症　131
ネズミチフス菌　61
熱帯マラリア原虫　157

熱帯リーシュマニア　157
ネト　174
粘液層　19
粘質物質　159

の
ノイラミニダーゼ　119
脳　184
野兎病菌　71
囊子型　156, 158
ノーウオーク・ウイルス　115
ノカルジア　82
ノカルジア症起因菌　82
野口英世　6
ノネズミ　124
ノビ菌　77
ノロウイルス　115

は
バークホルデリア　71
肺アスペルギローマ　150
灰色カビ病菌　141
肺炎桿菌　22
肺炎クラミジア　84
肺炎マイコプラズマ　85
肺炎レンサ球菌　54
バイオアッセイ　44, 172
バイオエレメント　41
バイオセーフティ　176
バイオセーフティのレベル　177
バイオハザード　176
バイオフィルム　194
媒介昆虫　82
媒介動物　192
倍加時間　36
排水処理　47
肺炭疽　74
梅毒トレポネーマ　80
バイオセーフティ　176
馬鹿稲病菌　9
白癬菌症　153
バクテリオファージ　101
バクテリア　50
バクテリアリーチング　10
バクテリオファージ　29, 131
バクテロイデス　73
ハクビシン　129, 193
波佐見熱　81
破傷風菌　6, 75, 194
パスツレラ　72
パスツレラ症菌　72
パストゥーリゼーション　6, 176
パストゥール　5
パターン認識　198
秦左八郎　9
麦角菌　140
白血球増加　194
発酵　45
発酵食品　4
発症　185
発疹チフス　190
発疹チフスリケッチア　83
発熱反応　197

索引

発病 185
パベーズ 22
パポバウイルス 112
パラインフルエンザ 121
パラインフルエンザウイルス 121
パラコクシジオイデス症 149
パラチフスA菌 61
パラ百日咳菌 70
パルボウイルス 112
ハンゲート 11
パン酵母 144
反芻胃 11
ハンゼン 7
ハンタウイルス 127
ハンタウイルス肺症候群 128
半担子菌 140
半流動培地 43

ひ
ピーナッツ 154
ビール酵母 144
非黄色菌種 53
光回復 31
微好気性菌 38
ピコルナウイルス 113
皮脂腺 180
ヒスチジン遺伝子 27
微生物 179
微生物消化 183
微生物叢 179
微生物定量法 44
鼻疽菌 71
ビタミンB_2 9
ビタミン合成 183
ビダラビン 109
ヒト亜急性結膜炎 56
ヒトアデノウイルス 111
ヒトインフルエンザCウイルス 119
ヒトインフルエンザウイルス 119
ヒトインフルエンザの流行 120
ヒト型結核菌 79
ヒト接合菌症 142
ヒトの腸管常在菌 58
ヒトパピローマウイルス 112
ヒストプラズマ症 148, 149
ヒトヘルペスウイルス6 111
ヒビテン 169
ビフィズス菌 77, 182
皮膚カンジダ症 153
皮膚糸状菌症 147, 153
皮膚常在菌叢 180
皮膚深部 180
皮膚炭疽 74
皮膚の襞 180
皮膚微生物叢 184
ビブリオ 64
非溶血レンサ球菌 55
病原因子 22, 196
病原性 196
病原性原虫 156
病原性真菌類 147

病原性大腸菌群 59
病原体 185
病原体特有分子構造 198
病原体の危険度 177
病原体の増殖 193
表在抗原変異 29
標準平板菌数 17
標的器官 107
表皮菌症 153
表皮ブドウ球菌 53, 80
表面培養 44
肥沃化 4
日和見感染 53, 70, 145
日和見感染症 185, 196
日和見真菌感染症 149
日和見真菌症 147, 148
ピリ 25
ビリオン 105
微量栄養素 41
微量元素 41
微量成分 43
ピルビン酸 46
ビルレンス 196
ピロリ菌 69

ふ
ファージ耐性 28
ファルシミノーシス 149
風疹ウイルス 116
風味 174
富栄養 159
フェカーリス菌 55, 72
フェナントリジン 27
フェニルカルボン酸 160
フェノール 167
フェノール類 166
フェレット 69
不完全菌類 136, 141
福岡県七日熱 81
複製 105
複相環 159
フグ毒 159
不顕性感染 185
不顕性保菌者 156
フザリウム 153, 154
腐生菌 42
腐生形発育 146
腐生生物 134
腐生ブドウ球菌 53
フソバクテリア 73
ブタインフルエンザ 120
ブタインフルエンザCウイルス 119
ブタインフルエンザウイルス 119
ブタ水疱疹ウイルス 115
ブタ流産菌 73
復帰突然変異 28
復帰変異 31
物質循環 9
物質代謝 45
ブドウ球菌 52, 180, 194
ブドウ球菌類 182
ブドウ酒酵母 144
ブニヤウイルス 126

腐敗 4
腐敗菌症 135
腐敗と変質 173
腐敗による変化 174
腐敗の生成物 175
ブフナー 8
フミガーツス 139
不明出血熱 125
プラーク 100
ブライアント 11
フライド・エッグ状 85
ブラジル出血熱 125
ブラストミセス症 149
プラスミド 24
フタラール 168
フランシセラ 71
プリオン 13, 129, 130
ブルセラ菌 73
ブルニフィカス菌 66
フルビアリス菌 66
フレームシフト変異 31
プレーリードッグ 71, 193
プレジオモナス 68
フレミング 9
プロテイン銀 169
プロテウス 63
プロピオン酸菌 78, 180
糞口感染 115
分枝増殖 35
糞生菌 42
分生子 138
分生芽胞 138
分生胞子 138
分類 14
分類階級 14

へ
ベイアヌス 145
ベイエリング 10
形態変異 28
平板培地 43
ベイヨネラ 57
ベイヨネラ菌 181
ベクター 82
ベジウイルス 115
ペスト菌 6, 67
ベニコウジカビ 138, 140
ペニシリウム 139, 153
ペニシリウム・シトリナム 154
ペニシリン 9, 171
ペニシリン化学療法指数 171
ペニシリンカップ法 172
ペニシリンスクリーニング 29
ベニチラス 138
紅乳腐 140
ベネズエラウマ脳炎ウイルス 117
ベネズエラ出血熱 125
ヘパトウイルス 113
ヘパトウイルス属 114
ペプチドグルカン 21
ペプトッカス 55
ペプトン 43
ヘモフィラス 71

ヘモリジン 52
ヘリコバクター 69
ヘルパンギーナ 113
ヘルペスウイルス科 110
ヘルペス脳炎 110
変異原処理 29
変異誘起剤 27
偏性嫌気性菌 38, 55, 181
偏性好気性菌 38
ヘンドラウイルス 121
鞭毛 19, 25
鞭毛虫類 155, 156
片利共生 40, 184

ほ
防衛防御システム 199
防御反応 198
ホウ酸 168
胞子虫類 155, 157
胞子嚢胞子 138
放線菌症菌 81
包嚢 95
防腐 162
防腐剤 166
保菌動物 82
北米分芽菌症 149
母子接触 187
ホスホリパーゼ 75
保存剤 166
補体 198
保虫動物 156
北極地方 160
ポックスウイルス科 109
ボツリヌス菌 76
ボツリヌス毒素製剤 76
母乳 187
哺乳類オルトレオウイルス 114
ポリオ 190
ポリオウイルス 113
ポリオーマウイルス 112
ボリビア出血熱 125, 190
ボルデテラ菌 70
ボルフィロモナス 181
ボルニチン顆粒 19, 22
ホルマリンガス 168
ホルムアルデヒド 168
ボレリア 80
ホロモルフ 141
香港かぜ 120

ま
マーキュロクーム 169
マールブルグウイルス 125
マールブルグ病 128, 190
マイクロ波加熱 165
マイコトキシン 153, 195
マイコトキシン症 153
マイコトキシン中毒 195
マイコプラズマ 20, 85
マイトマイシンC 27
麻疹 121
麻疹ウイルス 121
マストミス 193
マズラ菌症 152

マズレラ・ミセトミイ 153
マッコンキー寒天培地 58
マラリア 190
マラリア原虫 157
マラリア症 190
マルタ熱菌 73
マルネッフェイ型ペニシリウム症 149
マレー渓谷脳炎 117
マレー渓谷脳炎ウイルス 118
慢性感染 107
慢性消耗病 130
慢性保菌者 61
マンニット食塩培地 52

み
ミクロコスモス 1
ミクロコッカス 181
ミクロスポルム属 153
ミケル 10
ミスセンス変異 30
三日熱マラリア原虫 157
三つの研究方法 6
ミトコンドリア 18
ミミカス菌 66
ミュータンス菌 181

む
無害化 198
ムギ赤かび病 154
無機塩類 42
麦さび病菌 140
無機窒素 42
無菌的部分 184
無菌領域 181
ムコール症 142, 151
ムコペプタイド 21
ムコペプチド 21
無細胞壁古細菌群 98
むし歯 181, 194
虫歯菌 22
無性世代 37
無性増殖 36
無性胞子 138
無胞子酵母 143
ムレイン 21
ムンプスウイルス 121

め
明視野法 15
命名 14

メソゾーム 22
メタン 183
メタン生成古細菌 98
メタン発酵法 10, 47, 48
滅菌 162
滅菌法 6
メトレ 139
免疫記憶 7
免疫抗体 IgE 196
免疫細胞 195
綿果病原菌 9
メソゾーム 19
メンブランフィルター 165

も
モノマー 32
モラクセラ 56
モルガネラ 63

や
野外生産菌の検索 172
薬剤獲得耐性菌 173
薬剤感受性 172
薬剤感受性菌 173
薬剤感受性試験 172
薬剤耐性 28, 173
薬剤耐性因子 24
薬剤耐性菌 173
薬剤耐性変異 29
薬剤滅菌法 166
野性型 28
ヤワゲネズミ 193

ゆ
有機酸類 175
有機窒素 42
ユーグレナ 156
有鞘菌群 93
有性世代 37
有性増殖 36
有性胞子 137
誘導期 35
誘発突然変異 27
誘発変異 27
有胞子酵母 143
ユーリアーキオータ 96, 98
輸入感染症 123, 124, 190, 191
輸入寄生虫症 156
輸入真菌症 148
ユミケカビ属 151

よ
陽イオン界面活性剤 168
ヨウ化カリ 167
溶菌斑 100
溶血環 54
溶血性変異 29
溶血毒 68, 75
葉状地衣 160
陽性球菌群 181
ヨウ素 167
ヨウ素剤 167
沃素剤 167
ヨードチンキ 167
ヨーロッパ腐蛆病 75
四日熱マラリア原虫 157
予防 198
四類感染症 117, 120, 121, 122, 188
四連球菌 55

ら
らい球 79
らい菌 79
ライノウイルス 113
ライム病ボレリア 80
ラクナータ菌 56
ラゴウイルス 115
らせん菌 20
ラッサ熱 128, 190
ラッサ熱ウイルス 124
ラブドウイルス 122
ラムダファージ 132
卵黄加マンニット食塩培地 52
卵子 187
ランスフィールド 54
ランスフィールドの分類 54
ランブル鞭毛虫 157
卵胞子 137

り
リーシュマニア 157
力価検定 172
裏急後重 60
リケッチア 20, 82
リザーバー 82
リステリア 194
リステリア症 78
リゾムコール属 151
リッサウイルス感染症 123
リピド A 21, 196
リフトバレー熱 128

リフトバレー熱ウイルス 128
リボソーム 19, 23
リポ多糖体 21, 21, 196
リポタンパク質 21
硫化物の生成 175
流行性筋痛症 113
流行性耳下腺炎 121
硫酸還元好熱古細菌群 98
緑色硫黄細菌類 89
緑色レンサ球菌 54
緑膿菌 70
緑レン菌 54
淋菌 56
リン脂質 21
リンデマン肉胞子虫 158
リンパ球脈絡髄膜炎 125

る
ルーキシイ 145
ルーメン 11, 88
ルゴール 167
ルビウイルス 116

れ
レーウェンフック 5
レカノール酸 160
レジオネラ菌 70
レジオネラ肺炎菌 70
レトロウイルス 123
レプトスピラ 81
レプリカ法 29
レンサ球菌 53, 180

ろ
ロールチューブ 11
濾過滅菌法 163
ロシア春夏脳炎 117
ロシア春夏脳炎ウイルス 118
ロタウイルス 114
ロッキー山紅斑熱リケッチア 83

わ
ワイル-フェリックス反応 83
ワイル氏病菌 81
ワクシニアウイルス 109
ワクチン接種 186
ワックスマン 9

著者紹介

扇元　敬司（医学博士・農学博士）

略　歴	1959年東北大学大学院修了後，ミュンヘン大学，東北大学などで微生物学・寄生虫学の教育研究に携わる． 1981年 マレーシア国立大学生命科学科客員教授． 1989〜1995年 東北大学大学院動物微生物科学教授． 1995〜2011年 日本獣医生命科学大学客員教授． 2004〜2015年 十文字学園女子大学非常勤講師．
現　在	翻訳活動を行う．
専　門	微生物学・寄生虫免疫学
学　会	日本寄生虫学会評議員，日本細菌学会，日本免疫学会などに所属
著　書	・わかりやすいアレルギー・免疫学講義（2007）：講談社 ・バイオのための基礎微生物学（2002）：講談社 ・生活微生物学入門（1989）：川島書店 ・Atlas of Rumen Microbiology（1981）（JSSP）　その他多数
翻訳書	・心理免疫学概論（2008）英訳書：川島書店 ・食品微生物学入門（1991）英訳書：培風館 ・ハウスマン原生動物学入門（1989）独訳書：弘学出版　など

NDC 465　231 p　26 cm

バイオのための微生物基礎知識
ヒトをとりまくミクロ生命体

2012年 3月 5日　第1刷発行
2023年 1月20日　第4刷発行

著　者	扇元　敬司
発行者	髙橋　明男
発行所	株式会社　講談社　KODANSHA 〒112-8001　東京都文京区音羽 2-12-21 　　販　売　(03)5395-4415 　　業　務　(03)5395-3615
編　集	株式会社　講談社サイエンティフィク 代表　堀越俊一 〒162-0825　東京都新宿区神楽坂 2-14　ノービィビル 　　編　集　(03)3235-3701
印刷所	株式会社双文社印刷
製本所	株式会社国宝社

落丁本・乱丁本は，購入書店名を明記のうえ，講談社業務宛にお送りください．送料小社負担にてお取替えします．なお，この本の内容についてのお問い合わせは講談社サイエンティフィク宛にお願いいたします．
定価はカバーに表示してあります．

© K. Ogimoto, 2012

本書のコピー，スキャン，デジタル化等の無断複製は著作権法上での例外を除き禁じられています．本書を代行業者等の第三者に依頼してスキャンやデジタル化することはたとえ個人や家庭内の利用でも著作権法違反です．

JCOPY　〈(社)出版者著作権管理機構　委託出版物〉

複写される場合は，その都度事前に(社)出版者著作権管理機構(電話 03-5244-5088，FAX 03-5244-5089，e-mail : info@jcopy.or.jp)の許諾を得てください．
Printed in Japan

ISBN978-4-06-153730-9